U0419782

科技创新应用导论

主　编　陈　兴　丁　涵　王　欣
副主编　吴　琳　杨　柳

北京理工大学出版社
BEIJING INSTITUTE OF TECHNOLOGY PRESS

内 容 简 介

本书根据教育部最新创业教育与创业人才培养理念，结合大学生自主创业时期的特点，在吸收和借鉴当今国内外市场创新思维的新观点、新方法的基础上，详细介绍了科技创新理论、互联网及其科技创新、大学生创新创业竞赛以及科技创新项目实施落地等方面的知识。旨在培养大学生的创新精神、创业意识和创新创业能力。

全书语言流畅，结构清晰，案例丰富，体例规范，内容完整。既可以作为各级高校大学生的创新创业教材，也可以作为有志于创业的各类人士的参考读物。

图书在版编目（CIP）数据

科技创新应用导论/陈兴，丁涵，王欣主编. --北京：北京理工大学出版社，2021.9

ISBN 978-7-5763-0230-1

Ⅰ.①科… Ⅱ.①陈… ②丁… ③王… Ⅲ.①技术革新-研究-中国 Ⅳ.①G322.0

中国版本图书馆CIP数据核字（2021）第172976号

出版发行／北京理工大学出版社有限责任公司
社　　址／北京市海淀区中关村南大街5号
邮　　编／100081
电　　话／（010）68914775（总编室）
　　　　　（010）82562903（教材售后服务热线）
　　　　　（010）68944723（其他图书服务热线）
网　　址／http：//www.bitpress.com.cn
经　　销／全国各地新华书店
印　　刷／北京国马印刷厂
开　　本／787毫米×1092毫米　1/16
印　　张／16
字　　数／370千字
版　　次／2021年9月第1版　2021年9月第1次印刷
定　　价／49.80元

责任编辑／高　芳
文案编辑／李　硕
责任校对／刘亚男
责任印制／李志强

前言

科技创新是时代进步的重要标志，是世界各国提升综合国力的关键，而具有科技创新应用能力的高素质人才是开展科技创新应用的前提和保障。习近平总书记在党的十九大报告中提出，创新是引领发展的第一动力，是建设现代化经济体系的战略支撑。这正是新时代、新使命、新征程赋予我们的新任务。

纵观世界发达国家的科学技术发展，科技战略储备一直是发达国家社会经济发展的滚滚源泉。因此，我国在未来的发展中，一定要加强科技战略布局。过去一些年，我们在许多大型科学装置方面都有了很好的布局，一大批科研成果相继涌现，既“顶天”提升我国国际影响，又“立地”服务社会、人民与经济主战场。由此可见，创新是强国富民的关键，它能为加快建设创新型国家，实现为建设科技强国、质量强国、航天强国、网络强国、交通强国、数字中国、智慧社会这一系列目标提供有力支撑。

中共中央国务院早在1999年6月发布的《关于深化教育改革全面推进素质教育的决定》中，就已经明确指出：“高等教育要重视培养大学生的创新能力、实践能力和创业精神，普遍提高大学生的人文素养和科学素质。”由此可见，大学生创新创业是个永恒的命题，创新创业既是大学生的内在愿望，也是国家和民族所需。当今，世界创新无处不在，创业机会也无处不是，确实为大学生进行创新创业提供了持续不断的有利环境。国家也从多方面为高校毕业生以及在校学生创新创业提供扶持，如降低创业门槛、鼓励打造创业孵化器、建设众创空间、设立大学生创新创业基金等。同时，互联网与传统产业的深度融合，数字技术对传统制造的渗透改造，以及一些新兴产业、新业态、新技术的持续兴起，也为高校毕业生和在校学生的创新创业提供了极好机遇。麦可思研究院联合中国社科院发布的《2017年中国大学生就业报告》显示，近3年，就业大学生创业率保持在3%左右，每年创业大学生人数超过20万名。近5年来，大学生毕业即创业比例连续从2011届的1.6%上升到2017届的3.0%，接近翻了一番。据《2020年中国大学生就业报告》显示，2020年本科就业率、薪资和就业满意度综合较高的专业，即绿牌专业，包括：信息安全、软件工程、信息工程、网络工程、计算机科学与技术、数字媒体艺术、电气工程及其自动化；另外，随着产业转型升级的深入，相关产业对数字化人才的需求不断扩大，经济较发达地区为其主要就业地。以2020年874万名应届毕业生的总量计算，2020年大学生创业者高达82万名，这是教育部门大力推动创新创业教育的结果。

但是我国大学生创业的成功率并不高，相关数据指出，即使在上海、江苏、浙江、广东等创业环境较好的省份，大学生创业成功率也只有5%左右。这里面既有创业环境尚待完善、创业政策支持缺乏的原因，也与创业者缺乏足够的魄力与胆识、缺乏相应的创业能力和素质密切相关。

本书根据教育部最新创业教育与创业人才培养理念，结合大学生自主创业时期的特点，在吸收和借鉴当今国内外市场创新思维的新观点、新方法的基础上，详细介绍了科技创新理论、互联网及其科技创新、大学生创新创业竞赛以及科技创新项目实施落地等方面的知识。旨在培养大学生的创新精神、创业意识和创新创业能力。

本书由陈兴、丁涵、王欣担任主编，吴琳、杨柳担任副主编，本书在编写过程中，参考和借鉴了许多国内外专家学者的著作和文献材料，在此一并表示感谢，因作者水平有限，书中难免存在不足之处，恳请专家及读者批评指正！

编　者
2021. 05. 20

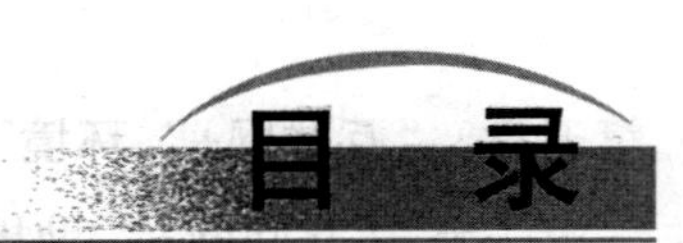

第一篇 科技创新理论

第二篇　互联网及其科技创新

第三篇 大学生创新创业竞赛

第四篇 科技创业实施落地

第一篇
科技创新理论

第一章

关于创新

第一节 创新的内涵

创新是人类特有的认识能力和实践能力，是人类主观能动性的高级表现，是推动民族进步和社会发展的不竭动力。一个民族要想走在时代前列，就一刻也不能没有创新思维，一刻也不能停止各种创新。人类社会从低级到高级、从简单到复杂、从原始到现代的进化历程，就是一个不断创新的过程。不同民族发展的速度有快有慢，发展的阶段有先有后，发展的水平有高有低，究其原因，创新能力的大小是一个主要因素。因此，正确地理解与把握创新概念及本质，是有效提升创新能力的前提和关键。一般说来，可以从经济学、管理学和社会学三个角度解释创新的含义。

一、经济学角度的创新概念

什么是创新？简单地说就是利用已存在的自然资源或社会要素创造新的矛盾共同体的人类行为，或者可以认为是对旧有的一切所进行的替代或覆盖。

创新这一概念是由美籍奥地利经济学家熊彼特在其著作《经济发展理论》中提出的。在他看来，创新是指企业家对于生产要素“进行新的组合”，从而获得超额利润的过程。熊彼特将其所指的创新组合概括为以下五种形式：①引入新的产品或提供产品的新质量；②采用新的生产方法、新的工艺过程；③开辟新的市场；④开拓并利用新的原材料或半制成品提供新的供给来源；⑤采用新的组织方法。熊彼特创立创新理论的主要目的在于对经济增长和经济周期的内在机理提供一种全新的解释，利用创新理论分析资本主义经济运行呈现“繁荣—衰退—萧条—复苏”四阶段循环的原因，说明了不同程度的创新会导致长短不等的三种经济周期，并确认创新能够引发经济增长。熊彼特对创新的定义，突出之处是强调了经济要素的有效组合，即创新应是信息、人才、物质材料与企业家才能等经济要素的有机配合，由此形成独特的协同效用。

熊彼特所描绘的五种创新组合，大致可归纳为三大类：一是技术创新，包括新产品的开发，老产品的改造，新生产方式的采用，新供给来源的获得，以及新原材料的利用；二是市场创新，包括扩大原有市场的份额及开拓新的市场；三是组织创新，包括变革原有组织形式及建立新的经营组织。熊彼特谢世之后，他的主要追随者从不同的角度与层次，对创新理论进行了分解研究，并发展出两个独立的分支：一是技术创新理论，主要以技术创新和市场创新为研究对象；二是组织创新理论，主要以组织变革和组织形成为研究对象。本书所介绍的创新思想是基于技术创新理论的分析和综合。

我国20世纪80年代以来开展了技术创新方面的研究，傅家骥先生对技术创新的定义是：企业家抓住市场的潜在盈利机会，以获取商业利益为目标，重新组织生产条件和要素，建立起效能更强、效率更高和费用更低的生产经营方法，从而推出新的产品、新的生产（工艺）方法、开辟新的市场，获得新的原材料或半成品供给来源或建立企业新的组织，它包括科技、组织、商业和金融等一系列活动的综合过程。

二、管理学角度的创新概念

从企业管理的角度，组织创新作为技术创新的平台，推动技术创新成为企业永续发展的根基，因此技术创新能力的提升是企业核心竞争力提升的关键。技术创新的管理学解释强调了“过程”与“产出”（将设想变为现实，进而推向市场），是指从新思想产生，到研究、发展、试制、生产制造直至首次商业化的全过程，是发明、发展和商业化的聚合。在这一复杂过程中，任何一个环节的短缺，都不能形成最终的市场价值（见图1-1），任何一个环节的低效连接都会导致创新的滞后。

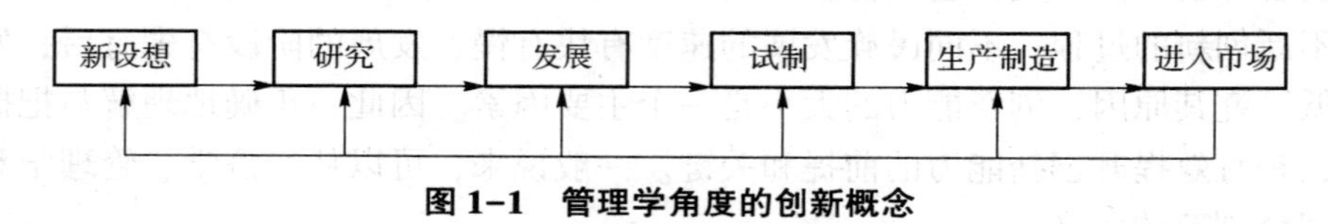

图1-1　管理学角度的创新概念

三、社会学角度的创新概念

创新是指人们为了发展需要，运用已知的信息和条件，突破常规，发现或产生某种新颖、独特的有价值的新事物、新思想的活动。

创新的本质是突破，即突破旧的思维定式，旧的常规戒律。创新活动的核心是“新”，它或者是产品的结构、性能和外部特征的变革，或者是造型设计、内容的表现形式和手段的创造，或者是内容的丰富和完善。

社会创新是社会人对于社会关系的创新性发展。其对于社会关系的内在本质及范畴的发现及创新是对于人类自我解放的自觉实践的反映。只有人类自觉的自我解放行为才可以是真的社会创新，才可以形成整体的社会革命性创新。社会的革命性创新路径依赖的是生产力的解放，是劳动人民内在自我解放能力的提升，是劳动科技中劳动者素质及工具的整体进步。其最终表现为所有劳动者的社会化、总体生产力的提升与劳动者作为人的存在的发展。

第二节　创新的类型

从本质上说，创新是一种变革，在创新过程中聚焦于技术方面的变革是永恒的主题，因此有必要了解创新的多种类型和相关特点。

一、产品创新

产品创新就是指提出一种能够满足顾客需要或解决顾客问题的新产品。产品创新可分为全新产品创新和改进产品创新。全新产品创新是指产品用途及其原理有显著的变化。改进产品创新是指在技术原理没有重大变化的情况下，基于市场需要对现有产品所做的功能上的扩展和技术上的改进。全新产品创新的动力机制既有技术推进型，也有需求拉引型。改进产品创新的动力机制一般是需求拉引型。例如，苹果公司推出的 iPhone 手机、海尔推出的“环保双动力”洗衣机（“不用洗衣粉的洗衣机”）、华为推出的拥有人工智能的 Mate10 智能手机等，都是产品创新的例子。

在产品创新的具体现实中，主要有自主创新、合作创新两种方式。自主创新是指企业不依赖与购买对外技术，而是通过自身的努力和探索产生技术突破，攻破技术难关，达到预期的目标。合作创新是指企业间或企业、科研机构、高等学校之间的联合创新行为。当今全球性的技术竞争不断加剧，企业技术创新活动中面对的技术问题越来越复杂，技术的综合性和集群性越来越强，即使是技术实力雄厚的大企业，也会面临技术资源短缺的问题，单个企业依靠自身能力取得技术进展越来越困难。合作创新通过外部资源内部化，实现资源共享和优势互补，有助于攻克技术难关，缩短创新时间，增强企业的竞争地位。企业可以根据自身的经济实力、技术实力选择适合的产品创新方式。

二、工艺创新

工艺创新，它包括新工艺、新设备及新的管理和组织方法。工艺创新是指企业采取某种方式对新产品及新服务进行生产、传输，是对产品的加工过程、工艺路线以及设备所进行的创新，例如，在新型洗衣机和抗癌新药的生产过程中，对生产工艺及生产设备的调整，银行数据信息处理系统调整相关使用程序及处理程序等。工艺创新和产品创新都是为了提高企业的社会经济效益，但二者途径不同，方式也不一样。产品创新侧重于活动的结果，而工艺创新侧重于活动的过程；产品创新的成果主要体现在物质形态的产品上，而工艺创新的成果既可以渗透于劳动者、劳动资料和劳动对象之中，又可以渗透在各种生产力要素的结合方式上；产品创新的生产者主要是为用户提供新产品，而工艺创新的生产者也是最早的产品使用者。

当然，上述两种区分并不是绝对的，有时两者之间并没有清晰的边界。例如，一台新型的太阳能动力轿车既做到了产品创新，也做到了工艺创新。尤其值得注意的是，在服务领域，产品创新和工艺创新通常交织在一起。

在新的市场竞争中，企业面临着不断提高效率、质量和灵活性的要求。企业如果能够生产出别的企业生产不出的产品，或者企业能够以一种更为经济有效的方式组织生产，那么企业同样能够建立竞争优势。研究表明，企业利用外部技术和快速进入新产品市场的巨大优势来源于企业注重对新产品和新服务进行生产和传输的能力，即企业进行工艺创新的能力。创新型企业就是在其所涉及的领域内持续不断地寻求新的突破，从而降低成本、提高质量、增强灵活性，最终将价格、质量和性能各方面都很突出的产品提供给市场。例如，日本在汽车、摩托车、造船和家用电器等领域的成功很大程度上应归功于其先进的制造能力，而先进的制造能力的来源是持续不断的工艺创新。

三、服务创新

服务创新就是使潜在用户感受到不同于从前的崭新内容。服务创新为用户提供以前没能实现的新颖服务，这种服务在以前由于技术等限制因素是不能提供的。

服务创新是企业为了提高服务质量和创造新的市场价值而发生的服务要素变化，对服务系统进行有目的、有组织的改变的动态过程。服务创新的理论研究来源于技术创新，两者之间有着紧密的联系。服务业的创新与制造业的技术创新有所区别，并有它独特的创新战略。

服务创新可以分为五种类型：服务产品创新、服务流程创新、服务管理创新、服务技术创新、服务模式创新。

（一）服务产品创新

服务产品创新是指服务内容或者服务产品的变革。创新重点是产品的设计和生产能力。例如，在自行车车座内添加灌有凝胶的材料可以增强自行车的减震效果，而并不需要对自行车的其余结构做任何改变。

（二）服务流程创新

服务流程创新是指服务产品生产和交付流程的更新。过程创新可以划分为两类：生产过程创新，即后台创新；以及交付过程创新，即前台创新。在供应商和顾客的关系比较密切的服务企业，顾客需要参与到服务过程中，服务产品由供应商和顾客共同完成，所以在这些企业中，是很难区分产品创新和过程创新的。

（三）服务管理创新

服务管理创新是指服务组织形式或服务管理的新模式。例如，服务企业导入全面质量管理（TQM）、海底捞火锅对员工独特的管理创新等。

（四）服务技术创新

服务技术创新是指支撑所提供服务的技术手段方面的创新，如支付宝推出的“刷脸支付”、华为 Mate8 智能手机的指纹识别服务、电影院推出的网上自助订票选座服务等。

（五）服务模式创新

服务模式创新是指服务企业所提供服务的商业模式方面的创新。例如，初创公司针对传统的洗车店洗车推出 O2O 上门洗车服务、推拿店推出 O2O 上门推拿服务等。

以上五种服务创新都应围绕用户的服务体验为核心，如图 1-2 所示。

图 1-2　服务创新五角星模型

四、商业模式创新

管理学大师彼得·德鲁克曾经说过："当今企业之间的竞争，不是产品之间的竞争，而是商业模式之间的竞争。"

商业模式创新是指对目前行业内通用的为顾客创造价值的方式提出挑战，力求满足顾客不断变化的要求，为顾客提供更多的价值，为企业开拓新的市场，吸引新的客户群。比如：书店决定利用互联网来销售书籍，即开通网上书店。与传统书店相比，亚马逊（Amazon）和当当网就是一种商业模式创新。

那么，什么是商业模式呢？商业模式的定义有很多，但目前最为管理学界所接受的是瑞士作家奥斯特瓦德（Alexander Osterwalder）、比利时教授皮尼厄（Yues Pigneur）等人在2005年发表的《厘清商业模式：这个概念的起源、现状和未来》（Clarifying Business Model: Origin, Present and Future of the Concept）一文中提出的定义："商业模式是一种包含了一系列要素及其关系的概念性工具，用以阐明某个特定实体的商业逻辑。它描述了公司能为客户提供的价值以及公司的内部结构、合作伙伴网络和关系资本等用以实现（创造、营销和交付）这一价值并产生可持续、可营利性收入的要素。"

这个定义明确了商业模式的特征，商业模式所展现的一个公司赖以创造和出售价值的关系和要素可以细分为9个要素（价值主张、消费者目标群体、分销渠道、客户关系、价值配置、核心能力、合作伙伴网络、成本结构、收入模型），衡量一个企业商业模式是否合格，我们就可以用这9个要素去衡量。

- 价值主张（Value Proposition）：公司通过其产品和服务能向消费者提供的价值。价值主张确认了公司对消费者的实用意义。
- 消费者目标群体（Target Customer Segments）：公司所瞄准的消费者群体。这些群体具有某些共性，从而使公司能够（针对这些共性）创造价值。定义消费者群体的过程也被称为市场划分（Market Segmentation）。
- 分销渠道（Distribution Channels）：公司用来接触消费者的各种途径。这里阐述了公司如何开拓市场。它涉及公司的市场和分销策略。

• 客户关系（CustomerRelationships）：公司与其消费者群体之间所建立的联系。我们所说的客户关系管理（Customer Relationship Management）即与此相关。

• 价值配置（Value Configurations）：资源和活动的配置。

• 核心能力（Core Capabilities）：公司执行其商业模式所需的能力和资格。

• 合作伙伴网络（Partner Network）：公司同其他公司之间为有效地提供价值并实现其商业化而形成的合作关系网络。这也描述了公司的商业联盟（Business Alliances）范围。

• 成本结构（Cost Structure）：所使用的工具和方法的货币描述。

• 收入模型（Revenue Model）：公司通过各种收入流（Revenue Flow）来创造财富的途径。

商业模式画布如图 1-3 所示。

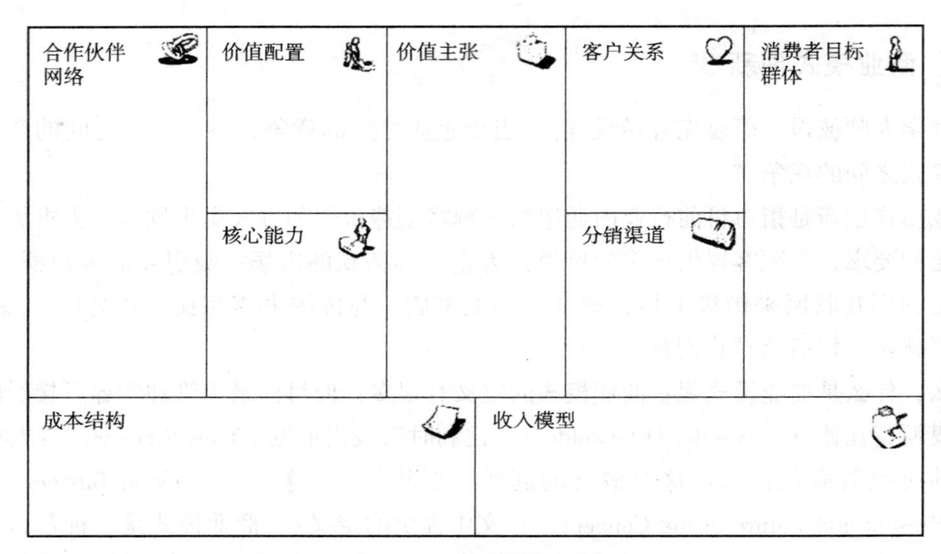

图 1-3　商业模式画布

因此，商业模式创新是把新的商业模式引入社会的生产体系，并为客户和自身创造价值。通俗地说，商业模式创新就是指企业以新的有效方式赚钱。新引入的商业模式，既可能在构成要素方面不同于已有的商业模式，也可能在不同要素间关系或者动力机制方面不同于已有的商业模式。

第三节　创新的方法

一、奥斯本检核表法

（一）奥斯本检核表法的内涵和内容

奥斯本检核表法是美国创新技法和创新过程之父亚历克斯・奥斯本于 1941 年在其出版

的世界上第一部创新学专著《创造性想象》中提出的。奥斯本检核表法，又被称为分项检查法，是以提问的方式，根据创新或解决问题的需要，列出有关问题，形成检核表，然后逐个对问题进行核对讨论，从而发掘出解决问题的大量设想的一种方法。

奥斯本检核表法主要是引导主体在创新过程中对照9个方面的问题进行思考，即能否他用、能否借用、能否改变、能否扩大、能否缩小、能否代用、能否调整、能否颠倒、能否组合，以便启迪思路，拓宽思维想象的空间，促进人们产生新设想和新方案，如表1-1所示。

表1-1　奥斯本检核表法

检核项目	含义	示例
能否他用	现有事物有无其他用途？保持不变能否扩大用途？稍加改变有无别的用途？	电吹风的功能是吹干头发。日本的一位妇女在冬天或雨天使用电吹风将婴儿尿布上的湿气吹干，她的丈夫由此产生联想，创新出了适合宾馆等单位使用的被褥烘干机。
能否借用	能否引用其他的创造新设想？能否从其他领域、产品、专案中引入新的元素、材料、造型、原理、工艺、思路？	医生在治疗肾结石病人的时候，借用现代的爆破技术，将炸药的分量调整到只能粉碎肾脏里的结石而不影响肾脏本身的地步，创新出了医学上的微爆破技术。
能否改变	现有的事物能否做某些改变，如颜色、声音、味道、式样、花色、音响、品种、意义、制造方法，改变后效果如何？	一般漏斗的下端都是圆形的，用来向同样是圆形的瓶口灌装液体，但是因瓶内空气的阻碍，液体不易流下。把漏斗的下端改成方形，插入瓶口时便留出间隙，使瓶内的空气在灌液时能顺利排出。
能否扩大	现有的事物是否能扩大使用范围？能否增加使用功能？能否增加零部件以延长使用寿命？能否增加长度、厚度、强度、频率、速度、数量、价值？	日本某牙膏厂在牙膏中加入特殊物质，当刷牙时间超过3分钟时，该物质会促使口内牙膏由白变黑，以此提醒人们已经达到必要的刷牙时间了。
能否缩小	现有事物能否体积变小、长度变短、重量变轻、厚度变薄以及拆分或省略某些部分（简单化）？能否浓缩化、省力化、方便化？	日本大阪西卡公司推出的超轻型老花眼镜，只有4.5克重（相当于普通眼镜重量的1/5），度数可调，深受人们的喜爱，上市不到1年，就在世界50多个国家售出2 000余万副，从而以“世界上最受老人欢迎的老花眼镜”载入《吉尼斯世界纪录大全》。
能否代用	现有事物能否用其他材料、组件、结构、设备、方法、符号、声音等替代？	用激光代替医生的手术刀治疗某些外科疾病，不但快捷、方便，而且病人几乎没有痛苦，也大大地减轻了医生的工作量。

续表

检核项目	含义	示例
能否调整	现有事物能否交换排列顺序、位置、时间、速度、计划、型号？内部组件可否交换？	过去的老式飞机，螺旋桨是装在头部的，后来有人把它安装在飞机的顶部，于是有了直升机，把它安装在飞机的尾部就有了现代喷气式飞机。
能否颠倒	现有事物能否从里外、上下、左右、前后、横竖、主次、正负、因果等相反的角度颠倒过来？	英国科学家法拉第，把“电流能够产生磁场”的原理颠倒过来，实现了“磁能生电”的设想，为世界上第一台发电机的诞生奠定了基础；把对空发射的火箭颠倒过来，人们发明了探地火箭。
能否组合	能否进行原理组合、材料组合、部件组合、形状组合、功能组合、目的组合？	现在广泛使用的一种多功能小型木工机床，就是将平刨机、凿眼机、木工钻、木工车床组合在一起的，它很受小型木工厂和木工们的欢迎。

奥斯本提出的九个问题能够刺激我们进行多方面的联想，对既有的事物或发明进行改进和完善。

（二）奥斯本检核表法应用案例

能否他用

枪作为武器，在发展过程中已经出现了很多类，如手枪、步枪、机枪、冲锋枪等。有人利用枪的发射原理，将之稍加改进后用于生活中，给人们带来了极大的方便。比如，加拿大研发的种树枪，把种子和土壤装进塑料子弹里，每天可植树 2 000 棵，既提高了种植效率，也提高了成活率；用来给凶猛的动物注射药物的注射枪，减少了兽医的意外伤害；建筑上使用的射钉枪，可以高效、准确地向墙面和木板上钉钉，等。

能否改变

洋娃娃是每个女孩童年必备的玩偶，但随着女孩年龄的增长，她们一般会渐渐忽略洋娃娃的存在。香港某玩偶公司设计了一种拟人化的椰菜娃娃，它不同于传统洋娃娃千篇一律的脸庞和造型，每个娃娃都各有特色，而且每个娃娃都拥有一个电脑随机赋予的名字，且其臀部上印有独特的“出生日期”（注意：不是生产日期或出厂日期），并附有其特有的“出生证明”。更有意思的是，椰菜娃娃只能“认养”，不能买。被认养一周岁时，顾客还会收到厂家寄发的生日卡。椰菜娃娃一经推出便大受欢迎。尽管其价格不菲，但并没有阻挡人们的购买热情。椰菜娃娃一度成为香港女孩最喜欢的玩偶娃娃，父母为子女排队“认养”椰菜娃娃一度成为当地的时尚做法。

能否缩小

人们可能都有这样的经验：同样的东西，小巧精致的更容易让人心动，而且功能一样的情况下，微型的物品也的确更为方便。比如，越来越薄的笔记本电脑、蓝牙耳机，可以安装在手表或者戒指上的微型摄像头、折叠自行车等。法国曾经研制过一种小型摩托车，只有 25 公斤重，时速却可达 80 公里。

能否调整

历史上著名的田忌赛马的故事，大家都非常熟悉，无非是重新调整了三匹马参加比赛的顺序，却胜券稳操，这也不失为一种创新。有位策划师曾经做过一个名噪一时的策划。北京一个文化馆扩建时涉及100户搬迁户，上级部门计划拨款1 400万元作为居民安置费。当时若在城区买一套住房需要20万元，这样就是2 000万元。那么剩下的600万元从哪儿来呢？这位策划师提出让大家到郊区去买房，每套房子只要3~4万元。但是住户不同意，原因是太远，不方便。他又提出给每家买一辆小面包车，大家欣然同意。事实上，每辆小面包车只需4万元，这样，每家加上房子才只需要8万元。这样，所有住户加起来一共只需800万元。他又进一步给大家提出了一个建议：把面包车集中起来成立一个出租车队，既能接送住户上下班，又能租车挣钱。就这样，思路的小小改变，扭转了整个局面。

（三）奥斯本检核表法的实施步骤

奥斯本创造的检核表法中涉及的9个问题，就好像有9个人从9个角度帮助你思考。这体现了检核表法的突出特点：多向思维，即用多条提示引导你去发散思考。你可以把9个思考点都试一试，也可以从中挑选一两条集中精力深思。奥斯本检核表法具体实施步骤如下：

（1）根据创新对象明确需要解决的问题。

（2）参照奥斯本检核表法列出的9个问题，运用丰富的想象力，强制性地逐个核对、讨论，写出尽可能多的新设想。

（3）对提出的新设想进行筛选，将最有价值和创新性的设想筛选出来，根据实际需要，提出改进方案。

二、头脑风暴法

（一）头脑风暴法的内涵

头脑风暴法（Brain Storming），又称“奥斯本智力激励法”“BS法”。它是由奥斯本于1939年首次提出、1953年正式发表的一种激发创造性思维的方法。头脑风暴法是通过小型会议的组织形式，让所有与会者在自由愉快、畅所欲言的气氛中，自由交换想法或点子，并以此激发其创意及灵感，使各种设想在相互碰撞中激起脑海的创造性“风暴”，从而产生解决问题的方法。它适合于解决那些比较简单的、确定的问题。如研究产品名称、广告口号、销售方法和产品的多样化等，以及需要大量构思、创意的行业，如广告业。因此，头脑风暴，本质上也是一种智力激励的方法。中国俗话所说的“三个臭皮匠，顶个诸葛亮”，其实与其有异曲同工之妙。

头脑风暴法利用基本心理机理改变了群体决策中容易形成的群体思维，最大限度地保证了个人思维的自由发挥，让与会者受到他人的热情感染而激起一系列联想反应，为创造性的发挥提供了条件。头脑风暴法的作用主要有以下四点：一是引起与会者的联想反应，刺激新观念的产生；二是激发人的热情，促进与会者突破旧观念的束缚，最大限度地发挥创新思维能力；三是促使与会者产生竞争意识，力求提出独到的见解；四是让与会者的自由思考的欲望得到满足。

（二）头脑风暴法的分类

头脑风暴法一经提出便在世界各国引起强烈反响，后经创造学研究者的实践和发展，最终形成了一个相对完善的发明技法，如三菱式智力激励法、默写式智力激励法、卡片式智力激励法等。

三菱式智力激励法，是由日本三菱树脂公司改进而成，它的优点是修正了奥斯本智力激励法严禁批评的原则，有利于对设想进行评价和集中。

默写式智力激励法是无参照扩散法的一种，由德国创造学家鲁尔巴赫提出，其特点是用书面阐述来激励智力。具体做法是：每次有 6 人同时参加会议，每人在 5 分钟之内用书面的形式提出 3 个设想，因此又被称为 635 法。会议开始时，由主持人宣布会议议题，允许与会者提出质疑并进行解释。然后给每人发 3 张卡片。第一个 5 分钟内，每人针对议题在卡片上填写 3 个设想，然后将卡片传给右邻的与会者。第二个 5 分钟内，每人从别人的 3 个设想中得到新的启发。再在卡片上填写 3 个新的设想，然后将设想的卡片再传给右邻的与会者。这样，卡片在半小时内可传递 6 次，一共可产生 108 个设想。635 法可避免因许多人争相发言而使设想遗漏的弊病，其不足是相互激励的气氛没有公开发言方式热烈。

卡片式智力激励法又称为卡片法，包括 CBS 法和 NBS 法两种。CBS 法由日本创造开发研究所所长高桥诚改进而成，其特点是可以对每个人提出的设想进行质询和评价；NBS 法是日本广播电台开发的一种智力激励法。

（三）头脑风暴法的实施流程

1. 准备阶段

这个阶段主要是为会议做好各个方面的充分准备，包括：确定会议主题；选好主持人和参与人员；确定会议时间、地点；设定评价设想；将会议通知和相关材料发给所有参与人员。上述各项工作准备妥善以后，找一个时间对与会者进行适当的与思维活动相关的训练，使其跳出常规的思维模式，适应自由思考、自由发言。比如在会前对与会人员进行思维柔化训练，即对缺乏创新锻炼者进行打破常规思考、转变思维角度的训练活动，以减少思维惯性，使他们从单调、紧张的工作环境中解放出来，以饱满的创造热情投入激烈的设想活动中去。

2. 热身阶段

这个阶段的目的是创造一种自由、宽松、祥和的氛围，使大家得以放松，进入一种无拘无束的状态。主持人宣布开会后，先说明会议的规则，然后随便谈点有趣的话题或问题，让大家的思维处于轻松和活跃的状态。

3. 导入阶段

主持人扼要地介绍有待解决的问题。介绍时必须简洁、明确，不可过分周全；否则，过多的信息会限制人的思维，干扰创新的想象力。

4. 畅谈阶段

畅谈是头脑风暴法的创意阶段。为了使大家能够畅所欲言，需要制定的规则是：第一，不要私下交谈，以免分散注意力。第二，不妨碍及评论他人发言，每人只谈自己的想法。第三，发表见解时要简单明了，一次发言只谈一种见解。主持人首先要向大家宣布这些规则，随后引导大家自由发言，自由想象，自由发挥，使彼此相互启发、相互补充，真正做到知无不言、言无不尽、畅所欲言，然后将会议发言记录进行整理。

5. 整理阶段

会议过程中提出的问题多数都未经斟酌，要经过以下两个步骤的加工后才能产生实质性的作用。

第一步，增加设想。会议结束后的一两天内，由专门人员对与会人员进行追踪，询问其

会后新的设想，因为经过一段时间的沉淀，可能会有更有价值的设想产生，又或者可能将原来的设想进一步完善了。

第二步，评价和发展。这是两个互相联系的方面，即根据一些既定的标准进行筛选判断和综合改善。标准应该根据具体问题拟定，可以包括设想的可行性、成本、可能产生的效果等。专家小组人员可以是提出设想的与会人员，但最好是问题的负责人，人数最好是 5 人。会上将大家的想法整理成若干方案，再根据标准，诸如可识别性、创新性、可实施性等进行筛选。经过多次反复比较和优中择优，最后确定 1~3 个最佳方案。这些最佳方案往往是多种创意的优势组合，是大家集体智慧综合作用的结果。

三、分析列举法

（一）分析列举法的含义

分析列举法是在美国内布拉斯加大学教授 R. 克劳福特创造的特性列举法的基础上形成的。R. 克劳福特认为每一个事物都是从另外的事物中产生发展而来的。列举法并不在于一般性的列举，而在于从所列举出来的项目中挖掘出发明创造的主题和启发出创造性的设想。分析列举法是指运用发散性思维，将研究对象的本质内容（如特点、缺点、希望点）一一列举出来，尽可能地做到事无巨细、全面无遗，然后逐一对其进行分析研究，从中探求出各种创新方案。这种方法有利于人们克服对熟悉事物的思维惯性，重新审视并深入考察以获得事物的新属性，在原有的基础上提出改进意见或建议，从而进行创新。

（二）分析列举法的种类

根据研究对象的不同，分析列举法可分为特性列举法、缺点列举法、希望点列举法和成对列举法，下面逐一展开介绍。

1. 特性列举法

这是美国 R. 克劳福特教授发明的一种创造方法，按照他的观点，事物都是来源于其他事物的，因此，所谓创造，也就是对旧有事物尤其是对其特性进行改造的结果。所以，特性列举法就是通过对需要改进的对象进行观察分析，列举出它的所有特性，并对特性分别予以研究，从而提出改进完善方案的方法。特性列举法犹如把一架机器分解成一个个零件，然后将每个零件功能如何、特点怎样、与整体的关系如何都列举出来。把问题区分得越小，越容易得出创造性设想。例如，你想对自行车提出改进设想，最好是根据自行车的特性，把它分解成若干部分，对每一部分（如车身、车胎、辐条、轴承、钢圈、齿轮、刹车、把手等）分别予以研究，进而提出新设想，这样效果会比较好。

列举改进对象的词语主要采用名词、形容词和动词三种特性。在实际做特性分析时，如果感到根据名词、形容词、动词特性进行列举不易区分，而且影响创新思考，也可根据数量特性、物理特性、化学特性、结构特性、形态特性、经济特性等进行列举。

（1）名词特性（用名词来表达的特性）：整体、部分、材料、制造方法等。

（2）形容词特性（用形容词来表达的特性）：形状、颜色、大小等。

（3）动词特性（用动词来表达的特性）：效用、主要功能、辅助功能、附属功能及其在使用时新涉及的重要动作等。

（4）数量特性：使用寿命、保质期、耗电量等。

(5) 物理特性：软、硬、导电、轻、重等。

(6) 化学特性：易氧化、耐酸度、耐碱度等。

(7) 结构特性：固定结构、可变可拆结构、混合结构等。

(8) 形态特性：色、香、味、形等。

(9) 经济特性：生产成本、销售价格、使用成本等。

特性列举法的具体操作步骤如下：

(1) 选择一个目标比较明确的分析对象，对象宜小不宜大。如果是一个比较大的分析对象，最好把它分成若干个小对象。

(2) 从名词特性、形容词特性和动词特性三个方面对对象的特性进行列举。如果觉得根据名词、形容词、动词特性进行列举不好操作，就根据数量特性、物理特性、化学特性、结构特性、形态特性、经济特性进行列举。分析对象的特性尽可能详细地列出，越详细越好，并且要尽量从各个角度提出问题。

(3) 分析各个特性，通过提问，激发出新的创造性设想和方案。分析各个特性时，可采用智力激励法来激发创意。在上述列举的特性下尽量尝试各种可替代的属性进行置换，以产生新的设想和方案。

(4) 提出新的方案并进行讨论、检核、评价，挑选出行之有效的设想来结合实际需要对相关分析对象进行改进。

2. 缺点列举法

任何一个产品，都不可能是十全十美的，都或多或少会存在一些缺点。但是人都有习惯和惰性，“初看是个疤，久看成了花”，对于习惯了的产品，人们往往不容易也不愿意去研究它的缺点。众所周知，任何发明和创造都是从发现问题开始的。而缺点列举法正是从发现问题，即发现产品的缺点入手，然后利用各种技术加以改变，从而创造出新的产品。缺点列举法就是直接从社会需要的功能、审美、经济等角度出发，对一个事物吹毛求疵，根据实际需要故意查找问题和缺点，并研究事物的缺点，然后进行针对性地改进，进而创造出新的产品。缺点列举法通常围绕旧有事物的缺点进行改进和完善，并不改变事物的整体和本质。属于被动型创造技法。它同时可应用于旧产品的改进、不成熟产品的完善和企业的经营管理方面等。因而，缺点列举法是一种非常重要且易于掌握的创新方法。

缺点列举法的具体操作由以下两个阶段构成。

(1) 列举缺点阶段。通过会议、访谈、电话调查、问卷调查、对照比较等方式，广泛调查和征集意见，尽可能多地列举事物的缺点。

(2) 探讨改进方案阶段。对收集到的缺点进行归类和整理，并对每类进行分析，在此基础上提出改进方案。

例如，对大家曾经穿过的各种雨衣进行缺点列举。从雨衣的材质来看，塑料材质的雨衣在零度以下容易变硬、变脆，易折损；胶布材质的雨衣比较耐用但是闷热不透风。从雨衣的功能来看，雨衣的下摆一般都是与身体垂直的，雨水容易弄湿裤子和鞋子；遇到风雨较大的时候，脸容易被淋湿，视线也容易被挡住，不安全；骑车的时候穿雨衣也不方便。从雨衣的设计样式来看，雨衣的设计和颜色一般都比较单调，缺少个性等。然后针对这些缺点一一提出改进方案。比如，采用能同时解决不耐用和闷热的新材质；下摆设计成百褶裙的样式以免弄湿裤腿和鞋子；在雨衣的帽子上增加防雨眼镜或者眼罩，保证使用者的视线不被挡住；像

普通的衣服一样，设计出适合男女老幼的不同样式，增加雨衣的装饰性和时尚性等。

3. 希望点列举法

希望点列举法由内布拉斯加大学的R·克劳福特发明。希望点就是指创造性强且科学、可行的希望。希望点列举法是指通过列举希望新的事物具有的属性以寻找新的发明目标的一种创新方法。与缺点列举法的被动型创造不同，希望点列举法不受旧有事物的束缚，是从创造者的主观意愿出发不断地提出希望，进而解决问题和改善对策。因此，希望点列举法常用于新产品的开发。

比如，拉链领带就是根据这个希望点列举法问世的。台湾商人陈建仲的儿子就是看到父亲打领带不得要领而折腾半天时，顺口说了一句："领带为什么不装个拉链，省得麻烦？"这一句话让陈建仲联想到领带若能一拉拉链就打好，肯定会有市场。因此，他将这种想法融入领带的设计，将拉链与领带结合，终于成功研制出拉链领带。而拉链领带被推向市场后，颇受消费者的喜爱，在领带市场上占有一席之地。

希望点列举法具体实施步骤如下：

（1）通过会议、访谈、问卷等方式，激发人们的希望，并进而把希望收集起来。

（2）对大家提出的各种希望进行整理和研究，形成各种希望点。

（3）在各种希望点中选出目前可能实现的希望点进行研究，制订革新方案，创造出新产品，以满足人们的希望。

4. 成对列举法

成对列举法是指任意选择两个事项并结合起来成对列举其特性，或者在一定范围内列举事物的特性，然后成对进行组合，寻求其中的创新性设想，如表1-2所示。成对列举法较适用于人们想要进行创新活动，但又没有合适的题目时。成对列举法既有特性列举法全面、详细的特点，又吸取了强制联想易于破除框框产生奇想的优点，是一种不仅启发思想而且巧妙地使用了思维技巧的创新方法。

表1-2 成对列举法案例

一类事物	甲乙丙丁戊己……
另一类事物	A B C D E F……
可能的组合	甲A 甲B 乙C D 己E 甲……

成对列举法的实施步骤具体如下：

首先，列举一定范围之内与主题相关的所有事项，尽量全面、详细。

其次，在不考虑组合可能产生的意义的条件下，随意选择其中的两项进行强制组合。

再次，对所有产生的组合进行可行性分析和筛选。

最后，选择几种可行性最高的组合研究其实施方案，结合人们的实际需求进行生产，创造出新产品。

5. 综合列举法

综合列举法是在特性列举法、缺点列举法、希望点列举法及其他列举法的基础上，开展综合性的扩散列举的一种创新方法。

特性列举法、缺点列举法、希望点列举法和成对列举法，都只偏重于从某一方面来开展创新思维，因而在一定程度上给创新者带来了束缚。从根本上讲，创新应该是没有任何限制的。综合列举法没有任何框框，因而创新者可以跳出上述列举法的束缚，以任意思路方向开展扩散思维，最大限度地把列举法应用得更全面、更活跃。

综合列举法是针对所确定的研究对象，从属性、缺点、希望点或其他任意创新思路出发，列举出尽可能多的思路方向，对每一思路方向进行充分的发散思维，最后进行分析筛选，找到最佳的创新思路的创新方法。

综合列举法具体实施步骤如下：

第一，明确所要研究的问题或对象。

第二，应用属性列举法对研究对象进行分析，列出各项属性。

第三，应用缺点列举法和希望点列举法对研究对象的属性进行逐项分析。

第四，综合分析提出的创新方案。

四、组合创新法

（一）组合创新法的内涵

创新通常可以分为两种，一种是突破性创新，另一种就是组合创新。日本创造学家菊池诚博士说："我认为搞发明有两条路，第一条是全新的发现，第二条是把已知原理的事物进行组合。"爱因斯坦曾说过："我认为，为了满足人类的需要而找出已知装置的新的组合的人，就是发明家。"

组合创新法是指按照一定的技术原理，通过重组合并两个或者多个功能元素，开发出具有全新功能的新材料、新工艺、新产品的创新方法。这种创新方法不同于突破性创新中完全采用新技术、新原理的方法，是对已有发明的再开发利用。组合创新既利用了原有成熟的技术，又节省了时间和成本，同时也更容易被大众接受和推广。可见，组合创新法注重的是灵活性，需要的不是质的改变，而是通过不断组合的方式，可以以不变应万变，推陈出新，出奇制胜。

（二）组合创新法的类型

要想两物组合之后成为受人欢迎的新事物，在进行组合思考的时候，就不能拘泥于某一方面，局限于某一事物，而应从多方面、多层次、多种事物中寻找组合物。从近些年来的重大创新成果中，我们可以发现在技术创新的性质和方式中，原理突破型成果的比例开始明显降低，而组合型创新上升为主要方式。据统计，在现代技术开发中，组合型成果已占全部发明的65%左右。

组合创新法的种类很多，大致可归纳为以下七种类型。

1. 材料组合

材料组合是指把不同的材料进行组合，其目的是尽量避免各种材料本身的缺点，而通过优化组合实现其功能的最大化。例如，最初使用的电缆都是纯铜芯，虽然导电性能很好，但是铜本身质地比较软。后来经过改进，以铁作为内芯，开发出内铁外铜的组合材料。目前远距离的电缆采用的都是这种材料，既充分发挥了铜的良好导电性能，又利用了铁质地硬、不易下垂的优点，同时还大大降低了成本。

2. 功能组合

功能组合是指把用途、功能各不相同的物品组合成一个同时具有多种用途和功能的新产品。例如，具有按摩功能的梳子就是组合了普通梳子和微型按摩器的功能；按摩型洗脚盆也是在传统洗脚盆的基础上嫁接了按摩的功能。

被世界各国视为珍品的瑞士军刀，是由制造刀具的鼻祖埃森纳家族制造的。

100多年前，瑞士军方迫切需要一种便于行军携带的多用途刀具，于是就向以制造刀具闻名的埃森纳家族订购。经过精心设计，选择优质材料，埃森纳家族终于制造出符合要求的高质量刀具。此种军刀小巧玲珑，方便实用，且不易磨损，功能齐全。

每把刀上都镶有盾形十字，璀璨夺目。瑞士军方用后，大为称赞。瑞士军刀以其精良的工艺令世人为之瞩目，如今，它已成为许多人生活中不可缺少的工具。其中被称为“瑞士冠军”的款式最为难得，它由大刀、小刀、木塞拔、开罐器、螺丝刀、开瓶器、电线剥皮器、钻孔锥、剪刀、钩子、木锯、鱼鳞刮、凿子、放大镜、圆珠笔等31种工具组合而成，携带一把等于带了一个工具箱，但整体只有9厘米长，重185克，完美得令人难以置信。

3. 意义组合

意义组合是指通过组合赋予新物品以新的意义，其目的并不在于改变其功能。例如，各种旅游纪念品，一个普通的葫芦随处可见，但是印上某景点的名字和标志就具有了纪念价值；一件普通的T恤衫，印上一个团体的名字和标志，便具有了代表性。

4. 原理组合

原理组合是指把具有相同原理的两种或多种物品组合成一种新产品。例如，传统的衣橱太浪费空间，而且衣服存放和拿取都不太方便，于是有人把不同的衣架组合在衣橱里，这样不同种类的衣服可以分别存放，既方便，又节省空间。

5. 成分组合

成分组合是指把成分不同的物品进行组合产生一种新产品。例如，当下非常流行的各种茶饮品，如柠檬红茶等。色彩缤纷的鸡尾酒也是这种创新方式的产物。

6. 构造组合

构造组合是指把不同结构的物品进行组合产生新功能。这种组合方式里最伟大的发明莫过于房车了。它同时解决了外出交通和住宿两大问题，因此自诞生之日起便广受欢迎。

7. 聚焦组合

聚焦组合是指以解决特定的问题为目标，广泛寻找与解决问题有关的信息，聚焦于问题，形成各种可能的组合，以实现解决问题的目标。

五、和田十二法

和田十二法，又叫作“十二口诀法”（和田创新十二法、聪明十二法），指人们在观察、认识一个事物时，考虑是否可以做出改变。和田十二法是我国创造学研究者许立言、张福奎和上海市和田路小学结合我国实际情况，在检核表法和其他创新方法的基础上，借鉴其基本原理，加以提炼、总结、创新而提出的一种思维创新方法。它既是对奥斯本检核表法的一种继承，又是一种大胆的创新。这种方法主题突出，思路清晰，易懂易记，深受我国广大创新爱好者，尤其是青少年学生的欢迎。

和田十二法有“加、减、扩、缩、变、改、联、学、代、搬、反、定”12个动词，共12句话36个字：加一加，减一减，扩一扩，缩一缩，变一变，改一改，联一联，学一学，代一代，搬一搬，反一反，定一定。具体内容如表1-3所示。

表1-3 和田十二法的项目内容

序号	项目	含义
1	加一加	能不能在既有物品上面添加什么？加高，加厚？增加时间、次数？与其他物品进行组合会怎样？
2	减一减	能不能在既有物品上面减去什么？减低，减轻？减去时间、次数？能不能直接省略或者取消一部分？
3	扩一扩	把既有的物品扩展或放大会怎样？
4	缩一缩	把既有的物品压缩或缩小会怎样？
5	变一变	改变既有物品的形状、颜色、音响、味道、气味、次序会怎样？
6	改一改	既有物品有什么缺点或不足？使用是否不便？如何改进？
7	联一联	既有事物的结果与原因有何联系？对我们解决问题会产生什么帮助呢？把某些事物联系在一起会怎样？
8	学一学	通过模仿一些事物的结构和形状，会产生什么新设想？学习其技术、原理再进行模仿后会怎样？
9	代一代	既有事物能不能用另一种去替代？替代后会产生什么结果？
10	搬一搬	将既有事物挪到其他位置会怎样？还能发挥效用吗？能产生其他新的效用吗？
11	反一反	把一件事物上下、前后、左右、内外、正反进行颠倒，会有什么改变？
12	定一定	要改进某个事物或者解决某个问题，或者防止危险发生，或者提高效率，需要做出什么规定？

在进行创新思考前，我们依据这个十二口诀法进行核对和思考，就能从中得到启发，产生一些创造性设想。

第四节 创新与创造

人类发展及科学技术进步中的每一次重大跨越和重要发现都与思维创新、方法创新、工具创新密切相关。离开了“创新”，人类社会不可能向前迈进，科学技术也不可能有实质性的进步，可以说，“创新”已经成为现代社会发展与进步的基本动力。

我国是一个文明古国，也是一个发明大国，在绵延数千年的中国历史长河中，我们的祖先创造了灿烂的科技文化，为推动人类的进步与发展做出了不可磨灭的贡献，从4 000年前到明代末年，世界科技史上的100项重大发明的前27项中有18项是中国人的发明。16世纪前的中国真可谓发明大国。活字印刷、指南针、造纸术和火药这四大发明曾在世界文明史上

写下了一页页光辉的篇章。富有创新精神的中华民族对人类的科技、经济发展起着巨大的推动作用。

一、创新是什么

创新是从英文 innovate（动词）或 innovation（名词）翻译过来的。根据《韦氏词典》所下的定义，创新的含义为引进新概念、新东西和革新。

创新理论最早是由奥地利经济学家约瑟夫·熊彼特（Joseph Alois Schumpeter，1883—1950年）于 1912 年在其成名作《经济发展理论》一书中首先提出来的。按照熊彼特的观点，“创新”是指新技术、新发明在生产中的首次应用，是指建立一种新的生产函数或供应函数，是在生产体系中引进一种生产要素和生产条件的新组合，熊彼特认为创新包括五个方面的内容：

（1）引入新产品或提供产品的新特性。

（2）开辟新的市场。

（3）获得一种原料或半成品的新的供给来源。

（4）采用新的生产方法（主要是工艺）。

（5）实现新的组织形式。

创新的基本特征也具有“独创性”，这一点创新和创造是相似的。但是创新的标志是技术进步，而创造的标志是专利和首创权；创新还具有价值性，即创新符合社会意义和社会价值；同时还具有实践性，创新是一个实践过程，在实践基础上，实现主体客体化和客体主体化的统一。此外，创新强调商业化的首次运用，创新过程是主体创新个性因素和创新社会因素的内外整合过程，创新成果是创新主体对创新能力各个构成要素实现有机整合的结果。

二、创造是什么

“创造”一词是对创造活动的综合概括。在《现代汉语词典》里，“创造”被解释为“想出新方法、建立新理论、做出新的成绩或东西”。可以说，创造是人们应用已知信息，产生某种新颖而独特的、具有社会价值或个人价值的产品的过程，是“破旧立新”，打破世界上已有的，创立世界上尚未有的精神和物质的活动。作为创造的成果，这种产品可以是新概念、新设想、新理论，也可以指新技术、新项目、新产品。其特征是新颖、独特、具有一定的社会价值或经济价值。

创造是指将两个以上概念或事物按一定方式联系起来，以达到某种目的和行为，或想出新的方法，创建新的理论，创出新的成绩和东西，是建立在自己创新的基础上来制造新事物。其实，创造就是一种典型的人类自主和能动行为。因此，创造的一个最大特点是有意识地对世界进行探索性劳动的行为。因此，想出新方法、建立新理论、做出新的成绩或东西都是创造的结果。

美国创造学家帕内斯指出：“创造行为就是产生具有独特性和价值性成果的行为。这种成果对小群体，一个组织，整个社会乃至一个人都具有独特性、价值性。”据此可以推断，创造的本质内涵是：主体为了达到一定的目的，遵循人的创造活动的规律，发挥创造的能力和人格特质，创造出新颖独特，具有社会或个人价值的产品活动。“新颖独特”则是创造的本质性内涵，表明了创造的“首创性”“独特性”。

创造力构成可归结为以下三个方面。

一是作为基础因素的知识，包括吸收知识的能力、记忆知识的能力和理解知识的能力。

二是以创造性思维能力为核心的智能。智能是智力和多种能力的综合，既包括敏锐、独特的观察力，高度集中的注意力，高效持久的记忆力和灵活自如的操作力，也包括创造性思维能力，还包括掌握和运用创造原理、技巧和方法的能力等。这是构成创造力的重要部分。

三是创造个性品质，包括意志、情操等方面的内容。它是在一个人生理素质的基础上，在一定的社会历史条件下，通过社会实践活动形成和发展起来的，是创造活动中所表现出来的创造素质。优良素质对创造极为重要，是构成创造力的又一重要部分。

人人都有创造力，创造力是一种潜能，人的创造潜能表现在某一个领域方面，要求具备领域内或相关领域的知识并且自身在这个领域的“先天”潜能得到开发、启动、激活，这需要主体在创新实践过程中把这种创造潜能开发出来，在某一个领域方面虽然没有这个方面的“先天”条件，但是只要经过创新实践去培养、开发主体的创新思维，也同样能够创造出某个领域内的新成果。

三、创造与创新的区别

从一般意义上讲，创造强调的是新颖性和独特性，而创新强调的则是创造的某种具体实现。

创造与创新在概念上的差别体现在以下几个方面。

（1）创造比较强调过程，创新比较强调结果。例如，可以说“他创造了一种新方法，这种方法具有创新价值”。

（2）在程度上，创造强调“首创”“第一”“无中生有”“破旧立新”，主要是指自身的新颖性，不一定有比较对象；创新是建立在已经创造出的既有概念、想法、做法等基础之上，其着眼点在于“由旧到新”，强调与原有事物相比较。因此，在某种程度上，可以将创新看作是创造的目的和结果。例如，蒸汽机的出现是一种创造，而将它应用到其他工业领域里则是创新。

（3）在思维过程上，创造应是独到的，其思维始终站在新异的尖端；创新则是在已经创造出的既有概念、想法和做法等的基础上，将别人的原始想法组织起来，应用到自己的思维活动中去。

（4）在范畴上，创造一般指的多是知识、概念、理论、艺术等方面，创新一般指的多是技术、方法、产品等。

（5）在目的上，创造注重的是科学性和探索性，创新更注重经济性和社会性。

第二章

创新思维与创造性思维

第一节　创新思维的类型

一、创新思维的概念

关于创新思维的定义和本质，至今众说不一，简而言之，创新思维是指对事物间的联系进行前所未有的思考，从而创造出新事物的思维方法，是一切具有崭新内容的思维形式的总和。

科学家们的新发现，科技人员的技术革新和发明，社会改革家的新设想、新计划，普通劳动者的创造性活动，艺术家的创作，甚至小学生通过独立思考解决从未遇到过的难题的活动，都是创新思维的具体体现。总之，凡是能想出新点子、创造出新事物、发现新路子的思维都属于创新思维。

古时候有一位画师为了考察几个学生的思维能力，他发给每个学生一张相同大小的白纸，要求按题作画，题目是用最少的笔墨在纸上表现出最多的骆驼。第一位学生想，把骆驼画得越小，数目就越多，于是便用很细的笔在纸上密密麻麻地画满了一只只骆驼；第二个学生想，每只骆驼只需画一个脑袋便可表示，于是他在同样大小的纸上画满了骆驼的脑袋；第三个学生则又把骆驼的脑袋缩小为一个外形相似的小点，这样画出的骆驼自然比前面两位多出不少；第四位学生则与前三者完全不同，他先画了一只骆驼在山谷口往外走，然后又画了一只从山谷口只露出一个脑袋和半截脖子的骆驼。结果第四位学生的画获得了好评。

思考一下：从思维的角度来说，第四位学生是如何运用创新思维的？

在这个例子中，前三位学生尽管动了不少脑子，但由于他们运用的思路都是传统的，因此只画出了有限的骆驼；第四位学生运用了丰富的想象力，在一张纸上画出了无数的骆驼，他所运用的这种思维就是创新思维。

二、创新思维的常见类型

（一）发散思维

发散思维是大脑在思维时呈现的一种扩散状态的思维模式。它表现为思维视野广阔，思维呈现出多维发散状，它也叫辐射思维、扩散思维、求异思维、多向思维等。发散思维是一种非逻辑思维、跳跃式思维，是指人们在进行创新活动或解决问题的思考过程中，从一个已有的问题或信息出发，无拘无束地将思路由思维原点向四面八方展开，突破原有的圈，充分发挥想象力，经不同途径以不同的视角去探索，重组眼前的和记忆中的信息，产生新信息，从而获得较多的解题设想、方案和办法，使问题得到圆满解决的思维过程。不少心理学家认为，发散思维是创新思维的最主要的特点，也是测定一个人创新能力的主要标志之一。

以下这个例子就是讲的发散思维。试想一下，如果你是那个老师，被这个学生问完之后会有什么感想？

【案例 2-1】 树上有几只鸟

老师问同学：“树上有 10 只鸟，开枪打死 1 只，还剩几只？”

这是一个传统的脑筋急转弯题目，不够聪明的人会老老实实地回答“还剩 9 只”，聪明的人会回答“1 只不剩”，但是有个孩子却是这样反应的。

他反问：“是无声手枪吗？”

“不是。”

“枪声有多大？”

“80 分贝至 100 分贝。”

“那就是会震得耳朵疼？”

“是。”

“在这个城市里打鸟犯不犯法？”

“不犯。”

“您确定那只鸟真的被打死啦？”

“确定。”老师已经不耐烦了，“拜托，你告诉我还剩几只就行了，OK？”

“OK，树上的鸟里有没有耳聋的？”

“没有。”

“有没有关在笼子里的？”

“没有。”

“边上还有没有其他的树，树上还有没有其他的鸟？”

“没有。”

“有没有残疾的鸟或饿得飞不动的鸟？”

“没有。”

“算不算怀孕肚子里的小鸟？”

“不算。”

“打鸟的人眼睛有没有花？保证是10只？”

“没有花，就10只。”

老师已经满头大汗，但那个孩子还在继续问：“有没有傻得不怕死的？”

“都怕死。”

“会不会一枪打死两只？”

“不会。”

“所有的鸟都可以自由活动吗？有没有鸟巢？里边有没有不会飞的小鸟？”

“没有鸟巢。所有的鸟都可以自由活动”。

“如果您的回答没有骗人，”学生满怀信心地说，“打死的鸟要是挂在树上没掉下来，那么就剩1只，如果掉下来，就1只不剩”。

这位学生的话还没说完，习惯于标准答案的老师已经晕倒了！

（备注：以上案例根据网络资料整理而成）

（二）收敛思维

收敛思维又称聚敛思维、集中思维、求同思维、复合思维，也是创新思维的一种形式。它与发散思维不同，发散思维是为了解决某个问题，从已有问题出发，思考的方法、途径越多越好，总是追求还有没有更多的办法。而收敛思维也是为了解决某一问题，但在解决问题时它和发散思维相反，思维主体总是尽可能地利用众多的现象、线索、信息、方法和途径，把众多的信息和解题的可能性逐步引导到条理化的逻辑链中去，向着问题的一个方向思考，根据已有的经验、知识或发散思维中针对问题的最好办法去得出最好的结论和解决问题的方法。即从已知信息中产生逻辑结论，从现成资料中寻求唯一正确可行的答案的思维，其思维方向总是从四面八方指向思维目标的。

（三）想象思维

创作技法之父奥斯本曾经说过，“想象力可能成为解决其他任何问题的钥匙”。美国科学家B. 富兰克林也认为，想象在解决创新问题的过程中起着主导的作用。事实和设想本身都是死东西，是想象赋予了他们的生命。有了精确的观测和实验作依据，想象便成为科学理论的设计师。科学家只有具备想象能力，才能理解肉眼观察不到的事物是如何发生和怎样作用的，从而构想出解释性的假说。狄德罗说过，“想象是一种特质，没有了它，一个人既不可能成为诗人，也不可能成为科学家，也不会成为会思考的人、有理想的人、真正的人”。

（四）联想思维

联想思维就是通过思路的连接把看似“毫不相干”的事件（或事项）联系起来，从而获得新的成果的思维过程。一般而言，我们把联想思维看成是创新思维的重要组成部分，联想思维的成果就是创造性的发现或发明。

（五）逆向思维

逆向思维也叫求异思维，它是对司空见惯的似乎已成定论的事物或观点反过来思考的一种思维方式。敢于“反其道而思之”，让思维向对立面的方向发展，从问题的相反面深入地进行探索，树立新思想，创立新形象。当大家都朝着一个固定的思维方向思考问题时，而你却独自朝相反的方向思索，这样的思维方式就叫逆向思维。人们习惯于沿着事物发展的正方向去思考问题并寻求解决办法。其实，对于某些问题，尤其是一些特殊问题，从结论往回推，倒过来思考，从求解回到已知条件，反过去想或许会使问题简单化。

（六）组合思维

组合思维又称“连接思维”或“合向思维”，是指把多项貌似不相关的事物通过想象加以连接，从而使之变成彼此不可分割的新的整体的一种思维方式。

（七）右脑思维

科学研究表明，人的创新思维能力和右脑功能有着密切的关系。而只有大脑左右半脑功能得到平衡发展，两半脑的活动互相配合，人的创新能力才能得到提高。开发右脑潜能，是培养学生的创新思维的一个有效途径。然而，目前的教育方法过多地注重对“左脑思维”，即抽象思维、语言能力的研究，而轻视对“右脑思维”，即非言语思维、形象思维的研究，这不能不说是一个误区。

（八）集体思维

集体思维也称群体思维，它是社会思维的形式之一，也是创造性思维的一种重要途径，现代创造设计法之一。我们一听到群体思维，往往会认为是传统意义理解上的那种病态思维——盲目从众。其实汇聚集体智慧，思维相互碰撞产生的结果远远高于个人智慧，正所谓“三个臭皮匠，顶个诸葛亮”。

三、创新思维的作用

首先，创新思维可以不断地增加人类知识的总量，不断推进人类认识世界的水平。创新思维因其对象的潜在特征，表明它是向着未知或不完全未知的领域进军，不断扩大着人们的认识范围，不断地把未被认识的东西变为可以认识和已经认识的东西。科学上每一次的发现和创造，都为人类由必然王国进入自由王国不断地创造着条件。

其次，创新思维可以不断地提高人类的认识能力。创新思维的特征已表明，创新思维是一种高超的艺术，创新思维活动及其过程中的内在的东西是无法模仿的。这种创造性思维能力的获得依赖于人们对历史和现状的深刻了解，依赖于敏锐的观察能力和分析问题能力，依赖于平时知识的积累和知识面的扩展。而每一次创新思维过程就是一次锻炼思维能力的过程，因为要想获得对未知世界的认识，人们就要不断地探索前人没有采用过的思维方法、思考角度去进行思维，就要独创性地寻求没有先例的办法和途径去正确、有效地观察问题、分析问题和解决问题，从而极大地提高人类认识未知事物的能力，因此，认识能力的提高离不开创新思维。

再次，创新思维可以为实践开辟新的局面。创新思维的独创性与风险性特征赋予了它敢于探索和创新的精神，在这种精神的支配下，人们不满于现状，不满于已有的知识和经验，总是力图探索客观世界中还未被认识的本质和规律，并以此为指导，进行开拓性的实践，开辟出人类实践活动的新领域。在中国，正是邓小平同志创造性的思维，提出了有中国特色的

社会主义理论，才有了中国翻天覆地的变化，才有了今天轰轰烈烈的改革实践。相反，若没有创新思维，人类在已有的知识和经验上坐享其成，那么，人类的实践活动只能留在原有的水平上，实践活动的领域也非常狭小。

创新思维是将来人类的主要活动方式和内容。历史上曾经发生过的工业革命没有完全把人从体力劳动中解放出来，而目前世界范围内的新技术革命，带来生产的变革，全面的自动化，把人从机械劳动和机器中解放出来，从事着控制信息、编制程序的脑力劳动，而人工智能技术的推广和应用，使人所从事的一些简单的、具有一定逻辑规则的思维活动，可以交给“人工智能”去完成，从而又部分地把人从简单脑力劳动中解放出来。这样，人将有充分的精力把自己的知识、智力用于创新思维活动，把人类的文明推向一个新的高度。

第二节　思维定式

在长期的思维活动中，每个人都形成了自己惯用的思维模式，当面临某个事物或现实问题时，便会不假思索地把它们纳入已经习惯的思想框架进行思考和处理，即思维定式。

思维定式，也称“惯性思维”，是指由先前的活动而造成的一种对活动的特殊的心理准备状态或活动的倾向性，在环境不变的条件下，思维定式使人能够应用已掌握的方法迅速解决问题，而在情境发生变化时，它则会促使人采用新的方法。

思维定式有益于日常对普通问题的思考和处理，但不利于创造性思维，它阻碍新思想、新观点、新技术和新形象的产生，因此，在创造性思维过程中需要突破思维定式。

思维定式多种多样，不同的人有不同的思维定式，常见的思维定式有从众型、书本型、经验型和权威型。

一、从众型思维定式

从众型思维定式指没有或不敢坚持自己的主见，总是顺从多数人意志的一种广泛存在的心理现象。例如，当我们走到一个十字路口，看到红灯已经亮了，本应该停下来，但看到大家都在往前冲，自己也会随着人群往前冲。

我们来看一则幽默故事：一位石油大亨到天堂去参加会议，一进会议室发现已经座无虚席，没有地方落座，于是他灵机一动，喊了一声：“地狱里发现石油了！”他这一喊使得天堂里的石油大亨们纷纷向地狱跑去，很快，天堂里只剩下那位后来的石油大亨了。这时，这位大亨心想：“大家都跑了过去，莫非地狱里真的发现石油了？”于是，他也急匆匆地向地狱跑去。

上面这则幽默故事反应的便是“羊群效应”。“羊群效应”是管理学上一些企业的市场行为的一种常见现象，例如一个羊群（集体）是一个很散乱的组织，平时大家在一起盲目地左冲右撞，如果一头羊发现了一片肥美的绿草地，并在那里吃到了新鲜的青草，后来的羊群就会一拥而上，争抢着要吃那里的青草，全然不顾旁边虎视眈眈的狼，或者看不到不远处还有更好的青草（见图 2-1）。

图 2-1 羊群效应

羊群效应比较多地出现在一个竞争非常激烈的行业中，而且这个行业有一个领先者（头羊）吸引了羊群中大部分羊的注意力，整个羊群就会不断模仿这个领头羊的一举一动，领头羊到哪里去吃草，其他的羊也会去哪里觅食。

羊群效应是降低研发和市场调研成本的一种策略，现在被广泛地应用在各个行业上，也叫作“复制原则”。当一个公司通过调研和开发向市场推出一种新产品，会被对手轻易地复制，这样对手就免去了前期的研发成本，复制是加剧企业竞争的一个来源之一。

可见，类似于羊群效应的从众型思维定式更多带来的是盲目上马的项目和没有经过充分市场调研而导致的模糊前景。破除从众型思维定式，需要在思维过程中不盲目跟随，具备心理抗压能力；在科学研究和发明过程中，要有独立的思维意识。

二、书本型思维定式

书本知识对人类所起的积极作用是显而易见的，现有的科学技术和文学艺术是人类几千年来认识世界、改造世界的经验总结，其中的大部分都是通过书本传承下来的，因此，书本知识是人类的宝贵财富。我们需要掌握书本知识的精神实质，不能当作教条死记硬背，否则将形成书本型思维定式，把书本知识夸大化、绝对化是片面甚至有害的。

当社会不断发展，而书本知识未得到及时和有效的更新时，会发现书本知识相对于客观事实存在着一定程度的滞后性，如果一味地认为书本知识都是正确的或严格按照书本知识指导实践，将严重束缚、禁锢创造性思维的发挥。

三、经验型思维定式

经验是人类在实践中获得的主观体验和感受，是通过感官对个别事物的表面现象、外部联系的认识，是理性认识的基础，在人类的认识与实践中发挥着重要作用。经验可以充分反映出事物发展的本质和规律。

经验型思维定式是人们处理问题按照以往的经验去做的一种思维习惯，照搬经验，忽略了经验的相对性和片面性，制约了创造性思维的发挥。经验则有助于人们在处理常规事物时少走弯路，提高办事效率。我们要把经验与经验型思维定式区分开来，破除经验型思维定式，提高思维灵活变通的能力。

四、权威型思维定式

在思维领域，不少人习惯引证权威的观点，甚至以权威观点作为判定事物的唯一标准，

一旦发现与权威观点相违背的观点，就只相信权威观点，这种思维习惯就是权威型思维。

权威型思维定式是思维惰性的表现，是对权威观点的迷信，盲目崇拜与夸大权威观点，属于权威崇拜的泛化。权威型思维定式的形成源于以下两个方面：一方面是由于不当的教育方式造成的，在婴儿、青少年时期，家长和老师把固化的知识，泛化的权威观念采用灌输式教育方式传授下来，缺少对教育对象做相应启发，使教育对象形成了盲目接受知识，盲目崇拜权威观点的习惯；另一方面，在社会中广泛存在个人崇拜现象，他们用各种手段建立或强化自己所接受的权威观点，不断加强权威型思维定式。

在科学研究中，要区分权威与权威型思维定式，破除权威型思维定式，坚持“实践是检验真理的唯一标准”。

第三节 创造性思维方式

创新思维是指以新颖独特的方法解决问题的思维过程，以求突破常规思维的界限，以超常规甚至反常规的方法、视角去思考问题，提出与众不同的解决方案，从而产生新颖的、独到的、有意义的思维成果。创新思维的本质在于将创新意识的感性愿望提升到理性的探索上，实现创新活动由感性认识到理性思考的飞跃。

运用创新思维的目的，就是让我们具有“新的眼光”，克服思维定式，打破技术系统旧有的阻碍模式。一些看似很困难的问题，如果我们投以“新的眼光”，站到更高的位置，采用不同的角度来看待，就会得出新奇的答案。

在客观需要的推动下，创新思维以新获得的信息和已储存的知识为基础，综合运用各种思维形态或思维方式，克服思维定式，经过对各种信息、知识的匹配、组合，或者从中选出解决问题的最优方案，或者系统地加以综合，或者借助于类比、直觉等创造出新办法、新概念、新形象、新观点，从而使认识或实践取得突破性进展的思维活动。创新思维具有新颖性、灵活性、探索性、能动性和综合性等特点，是创新过程中最基本的思维方式。

创造性思维方式就是从创新思维活动中总结、提炼、概括出来的具有方向性、程序性的思维模式，以下便是创造性思维方式的具体表现形式，一般情况下，它们均成对出现。

一、发散思维与收敛思维

思想家托马斯·库恩认为，科学革命时期发散思维占优势，常规科学时期收敛思维占优势，一个好的探索者要在发散思维和收敛思维之间保持必要的张力。

（一）发散思维

发散思维是由美国心理学家 J. P. 吉尔福特提出的，是对同一问题从不同层次、不同角度、不同方向进行探索，从而提出新点子、新思路或新发现的思维过程。

发散思维具有流畅性、灵活性和独特性的特点。

流畅性：是思想的自由发挥，指在尽可能短的时间内生成并表达出尽可能多的思维观念并较快地适应、消化新的思想观念，是发散思维量的指标。例如，在思考“取暖”有哪些方法时，可以从取暖方法的各个方向发散，有晒太阳、烤火、开空调（电吸气、电热毯）、剧烈运动、多穿衣等，这些都是同一方向上数量的扩大，方向较为单一。

灵活性：是指克服人们头脑中僵化的思维框架，按照某一新的方向来思索问题的特点。常常借助横向类比、跨域转化、触类旁通等方法，使发散思维沿着不同的方面和方向扩散，以呈现多样性和多面性。

独特性：表现为发散的“新异”“奇特”和“独到”，即从前所未有的新角度认识事物，提出超乎寻常的新想法，使人们获得创造性成果。

发散思维的具体形式包括用途发散、功能发散、结构发散和因果发散等。

比如，“孔”结构在工程实例中广泛应用，利用发散思维，可用“孔”结构解决很多问题，以下便是其具体表现。

（1）钢笔尖上有一条导墨水的缝，缝的一端是笔尖，另一端是一个小孔，最早生产的笔尖是没有这个小孔的，既不利于存储墨水，也不利于在生产过程中开缝隙。

（2）钢笔、圆珠笔之类的商品常常是成打（12 支）平放在纸盒里的，批发时不便一盒一盒拆封点数和查看笔杆颜色，有人想出在每盒盒底对应每一支笔的下面开一个较大的孔，查验时只要翻过来一看，就可知道够不够数，是什么颜色，省时又省力。

（3）开弹子锁时，最怕遇到钥匙断在锁里面，或锁内被人塞纸屑、火柴梗进去的情形。制造弹子锁时，在钥匙口对面预留一个小孔，如果出现上述情况，就可以用细铁丝通过小孔直接将断了的钥匙或纸屑、火柴梗捅出来。

（4）防盗门上有小孔，装上“猫眼”能观察门外来人。

如图 2–2 所示，就是采用发散思维设计的桥孔。采用发散思维，可以尽可能多地提出解决问题的办法，最后再通过收敛思维进行归纳总结，再论证各种方案的可行性，最终得出理想方案。

图 2–2　桥孔

（二）收敛思维

收敛思维是将各种信息从不同的角度和层面聚集在一起，尽可能利用已有的知识和经验，将各种信息重新进行组织、整合，实现从开放的自由状态向封闭的点进行思考，从不同的角度和层面，把众多的信息和解题的可能性逐步引导到条理化的逻辑序列中，以产生新的想法，寻求相同目标和结构的思维方法，形成一个合理的方案。

在收敛思维的过程中，要想准确地发现最佳的方法或方案，必须综合考察各种发散思维

的成果，并对其进行归纳，分析比较。收敛式综合并不是简单地排列组合，而是具有创新性的整合，即以目标为核心，对原有的知识从内容到结构上有目的地进行评价、选择和重组。

发散思维所产生的设想或方案，通常多数都是不成熟或者不切实际的。因此，必须借助收敛思维对发散思维的结果进行筛选，得出最终合理可行的方案或结果。

比如，隐形飞机（见图2-3）的制造是一种多目标聚焦的结果。要制造一种使敌方的雷达探测不到，红外线与热辐射等追踪不到的飞机，需要分别实现雷达隐身、红外隐身、可见光隐身、声波隐身4个目标，每个目标中还有许多具体的小目标，通过具体地解决一个个小目标，最终制造出了隐形飞机。

图2-3 隐形飞机

二、横向思维与纵向思维

横向思维是截取历史的某一横断面，研究同一事物在不同环境中的发展状况，并通过与周围事物的相互联系和相互比较，找出该事物在不同环境中的异同。

纵向思维是从事物自身的过去、现在和未来的分析对比中发现事物在不同时期的特点及前后联系而把握事物本质的思维过程。

横向思维与纵向思维的综合应用能够对事物有更全面的了解和判断，是重要的创造性思维技巧之一。

（一）横向思维

横向思维是由爱德华·德·波诺于1967年在其《水平思维的运用》中提出的。横向思维从多个角度入手，改变解决问题的常规思路，拓宽解决问题的视野，从而使难题得到解决，在创造活动中发挥着巨大作用。

在横向思维的过程中，首先把时间概念上的范围确定下来，然后在这个范围内研究各方面的相互关系，使横向比较和研究具有更强的针对性。横向思维对事物进行横向比较，即把研究的客体放到事物的相互联系中去考察，可以充分考虑事物各方面的相互关系，从而揭示出不易觉察的问题。

横向思维突破问题的结构范围，是一种开放性思维，思维过程中将事物置于很多的事物、关系中进行比较，从其他领域的事物中获得启示从而得到最终的结果。

【案例 2-2】 彼特·尤伯罗斯组织 1984 年洛杉矶奥运会

彼特·尤伯罗斯（Peter Ueberroth，1937—）因成功组织了 1984 年的洛杉矶奥运会，被世界著名的《时代周刊》评选为 1984 年度的“世界名人”。在尤伯罗斯之前，举办现代奥运会简直是一场经济灾难，1976 年蒙特利尔奥运会亏损 10 亿美元，1980 年莫斯科奥运会用去资金 90 亿美元，但是尤伯罗斯接手 1984 年第 23 届奥运会举办工作之后，虽然当时的洛杉矶政府没有给奥运会提供任何资金援助，此次奥运会却最终获利 2.25 亿美元，令全世界为之惊叹。这个创举要归功于尤伯罗斯在奥运经费问题上采用了横向思维。

（备注：以上案例根据网络资料整理而成）

尤伯罗斯运用横向思维，通过拍卖奥运会的电视转播权、出售火炬传递接力权、引入新的赞助营销机制等方式扩大了收入来源。在开源的同时，尤伯罗斯全力压缩开支，充分利用已有设施，不盖新的奥林匹克村，招募志愿人员为大会义务工作。凭借着天才的商业头脑和运作手段，尤伯罗斯使不依赖政府拨款的洛杉矶奥运会盈利 2.25 亿美元，使这届奥运会成为近代奥运会恢复召开以来真正盈利的第一届奥运会。尤伯罗斯也因此被誉为奥运会的“商业之父”。

（二）纵向思维

纵向思维被广泛应用于科学和实践之中。事物发展的过程性是纵向思维得以形成的客观基础。任何一个事物都要经历一个萌芽、成长、壮大、发展、衰老和死亡的过程，并且在这个发展过程中可捕捉到事物发展的规律性，纵向思维就是对事物发展过程的反映。纵向思维按照由过去到现在，由现在到将来的时间先后顺序来考察事物。

纵向思维对未来的推断具有预测性，纵向思维的预测结果可能符合事物发展的趋势。在现实社会中，通过对事物现有规律的分析预测未知的情况相当普遍，纵向思维方法在气象预测、地质灾害预测等领域广泛应用，对于指导人们的行为、决策和规划起着较大作用。

三、正向思维与逆向思维

正向思维是按常规思路，以时间发展的自然过程、事物的常见特征、一般趋势为标准的思维方式，是一种从已知到未知来揭示事物本质的思维方法。与正向思维相反，逆向思维在思考问题时，为了实现创造过程中设定的目标，跳出常规，改变思考对象的空间排列顺序，从反方向寻找解决办法。正向思维与逆向思维相互补充，相互转化。

（一）正向思维

这是人们最常用到的思维方式。正向思维法是在对事物的过去、现在充分分析的基础上，推知事物的未知部分，提出解决方案。正向思维具有如下特点：在时间维度上是与时间的方向一致的，随着时间的推移进行，符合事物的自然发展过程和人类认识的过程；认识具有统计规律的现象，能够发现和认识符合正态分布规律的新事物及其本质。面对生产生活中的常规问题时，正向思维具有较高的处理效率，能取得很好的效果。

（二）逆向思维

逆向思维利用了事物的可逆性，从反方向进行推断，寻找常规的岔道，并沿着岔道继续思考，运用逻辑推理去寻找新的方法和方案。

逆向思维在各种领域、活动中都有适用性。不论哪种方式，只要从一个方面想到与之对

立的另一方面，都是逆向思维。

四、求同思维与求异思维

求同思维是指在创造活动中，把两个或两个以上的事物根据实际的需要联系在一起进行“求同”思考，寻求它们的结合点，然后从这些结合点中产生新创意的思维活动。

求异思维是指对某一现象或问题进行多起点、多方向、多角度、多原则、多层次、多结果的分析和思考，捕捉事物内部的矛盾，揭示表象下的事物本质，从而选择富有创造性的观点、看法或思想的一种思维方法。

（一）求同思维

求同思维包括归纳法和演绎法。从已知的事实或者已知的命题出发，通过沿着单一的方向一步步推导来获得满意的答案，以获得客观事物的共同本质和规律的基本方法是归纳法，把归纳出的共同本质和规律进行推广的方法是演绎法。在这些过程中，肯定性的推断是正面求同，否定性的推断是反面求同。

求同思维是沿着单一的思维方向，追求秩序和思维缜密性，能够以严谨的逻辑性，以实事求是的态度，从客观实际出发，来揭示事物内部存在的规律和联系，并且要通过大量的实验或实践来对结论进行验证和检验。

求同思维进行的是异中求同，只要能在事物间找出它们的结合点，基本就能产生意想不到的结果。组合后的事物所产生的功能和效益并不等于原先几种事物的简单相加，而是整个事物出现了新的性质和功能。

【案例 2–3】　古登堡发明活字印刷机

在欧洲中世纪，古登堡（Johann Gutenberg，1397—1468）发明了活字印刷机（见图 2–4）。据说，古登堡首先研究了硬币打印机，它能在金币上压出印痕，可惜印出的面积太小，没办法用来印书。接着，古登堡又看到了葡萄印刷机，由两块很大的平板组成，成串的葡萄放在两块板之间便能压出葡萄汁。古登堡仔细比较了两种机械，从“求同思维”出发，把二者的长处结合起来，经过多次试验，终于发明了欧洲第一台活字印刷机，使长期被僧侣和贵族阶层垄断的文化和知识迅速传播开来，为欧洲科学技术的繁荣和整个社会的进步作出了巨大贡献。

图 2–4　古登堡发明活字印刷机

（备注：以上案例根据网络资料整理而成）

（二）求异思维

在遇到重大难题时，采用求异思维，常常能突破思维定式，打破传统规则，寻找到与原来不同的方法和途径。求异思维在经济、军事、创造发明、生产生活等领域广泛应用。求异思维的客观依据是任何事物都有的特殊本质和规律，即特殊矛盾表现出的差异性。要进行求异思维，必须积极思考和调动长期积累的社会感受，给人们带来新颖的、独创的、具有社会价值的思维成果。

【案例 2-4】 松下无绳电熨斗

在日本，松下电器的熨斗事业部很有权威性，因为它在 20 世纪 40 年代发明了日本第一台电熨斗。虽然该部门不断创新，但到了 80 年代，电熨斗还是进入滞销行列，如何开发新品，使电熨斗再现生机，是当时该部门很头痛的一件事。

一天，被称为“熨斗博士”的事业部部长召集了几十名年龄不同的家庭主妇，请她们从使用者的角度来提要求。一位家庭主妇说：“熨斗要是没有电线就方便多了。”“妙，无线熨斗！”部长兴奋地叫起来，马上成立了攻关小组研究该项目。

攻关小组首先想到用蓄电池，但研制出来的熨斗很笨重，不方便使用，于是研发人员又观察、研究妇女的熨衣过程，发现妇女熨衣并非总拿着熨斗一直熨，整理衣物时，就把熨斗竖立一边。经过统计发现，一次熨烫最长时间为 23.7 秒，平均为 15 秒，竖立的时间为 8 秒。于是根据实际操作情况对蓄电熨斗进行了改进，设计了一个充电槽，每次熨后将熨斗放进充电槽充电，8 秒钟即可充足电量，这样使得熨斗重量大大减轻。新型无线熨斗终于诞生了（见图 2-5）。成为当年最畅销的产品。这个简单的例子告诉我们，求异思维经常会产生意想不到的收获。

图 2-5 无绳电熨斗

（备注：以上案例根据网络资料整理而成）

第四节　创造性思维技法

对创新思维的内在规律加以总结归纳，形成有助于方案产生或问题解决的策略，即为创造性思维技法。在具体的问题解决和方案生成中，对创造性思维技法的系统化应用以及辅助工具的支持也是非常关键的。

创造性思维技法是有效、成熟的创造性思维的规律化总结与结构化表达，以下便是创造性思维技法的几种具体表现形式。

一、六顶思考帽法

六顶思考帽是“创新思维学之父”爱德华·德·博诺（Edward de Bono）博士开发的一种思维训练模式，或者说是一个全面思考问题的模型，至今仍被广泛采用。它提供了“平行思维”的工具，避免将时间浪费在互相争执上。强调的是“能够成为什么”，而非“本身是什么”，是寻求一条向前发展的路，而不是争论谁对谁错。运用六顶思考帽，将会使混乱的思考变得更清晰，使团体中无意义的争论变成集思广益的创造，使每个人变得富有创造性。

（一）六顶思考帽的含义

六顶思考帽（见图 2-6），是指使用六种不同颜色的帽子代表六种不同的思维模式。任何人都有能力使用以下六种基本思维模式。

（1）白色思考帽：白色是中立而客观的，关注客观的事实和数据。

（2）绿色思考帽：绿色代表创造力和想象力，关注提出如何解决问题的建议。

（3）黄色思考帽：黄色代表价值与肯定。戴上黄色思考帽，人们从正面考虑问题，表达乐观的、满怀希望的、建设性的观点。

（4）黑色思考帽：黑色代表否定。戴上黑色思考帽，人们可以运用否定、怀疑、质疑的看法，合乎逻辑地进行批判，尽情发表负面的意见，找出逻辑上的错误。

（5）红色思考帽：红色是充满情感的色彩。戴上红色思考帽，人们可以表现自己的情绪，人们还可以表达直觉、感受、预感等方面的看法。

（6）蓝色思考帽：蓝色思考帽负责控制和调节思维过程。负责控制各种思考帽的使用顺序，规划和管理整个思考过程，并负责作出结论。

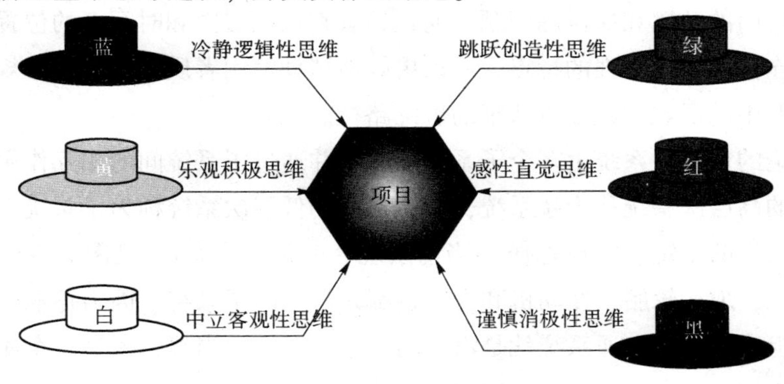

图 2-6　六顶思考帽的含义

（二）六顶思考帽的应用步骤

下面是六顶思考帽在会议中的典型的应用步骤。

（1）陈述问题（白帽）。

（2）提出解决问题的方案（绿帽）。

（3）评估该方案的优点（黄帽）。

（4）列举该方案的缺点（黑帽）。

（5）对该方案进行直觉判断（红帽）。

（6）总结陈述，做出决策（蓝帽）。

作为思维工具，六顶思考帽已被美国、日本、英国、澳大利亚等50多个国家采用，在学校教育领域内设为教学课程。同时，它也被世界许多著名商业组织所采用，作为创造组织合力和创造力的通用工具。这些组织包括：微软，IBM，西门子，诺基亚，摩托罗拉，爱立信，波音公司，松下，杜邦以及麦当劳等。以下是六顶思考帽被这些大公司或集团使用的典型案例。

（1）德国西门子公司有37万人学习爱德华·德·博诺的思维课程，随之产品开发时间减少了30%。

（2）英国Channel 4电视台说，通过接受六顶思考帽思维培训，他们在两天内创造出的新点子比过去六个月里想出的还要多。

（3）英国的施乐公司反映，通过使用所学的六顶思考帽思维技巧和工具，他们仅用了不到一天的时间，就完成了过去需一周才能完成的工作。

（4）芬兰的ABB公司曾就某一国际项目的讨论花了30天的时间，而此后，他们通过使用六顶思考帽思维，仅用了2天就解决了问题。

（5）美国的摩根大通集团通过使用六顶思考帽，将会议时间减少80%，并改变了他们在欧洲的文化。

二、多屏幕法

多屏幕法（又称九屏幕法）是典型的TRIZ“系统思维”方法，即对情境进行整体考虑，不仅考虑目前的情境和探讨的问题，而且还有它们在层次和时间上的位置和角色。多屏幕法具有可操作性、实用性强的特点，可以更好地帮助使用者质疑和超越常规，克服思维定式，为解决实践中的疑难问题提供清晰的思维路径。

根据系统论的观点，系统由多个子系统组成，并通过子系统间的相互作用实现一定的功能。系统之外的高层次系统称为超系统，系统之内的低层次系统称为子系统。我们所要研究的问题即正在发生的系统通常也称作“当前系统”（简称系统），见图2-7。如果把汽车作为一个当前系统，那么轮胎、发动机和方向盘都是汽车的子系统。因为每辆汽车都是整个交通系统的一个组成部分，交通系统就是汽车的一个超系统。当然，大气、车库等也是汽车的超系统（见图2-7、图2-8）。

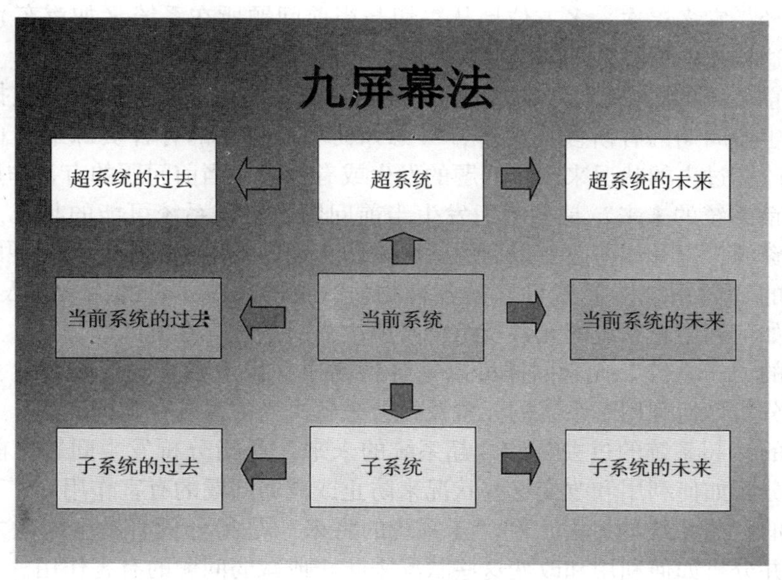

图 2-7　九屏幕法

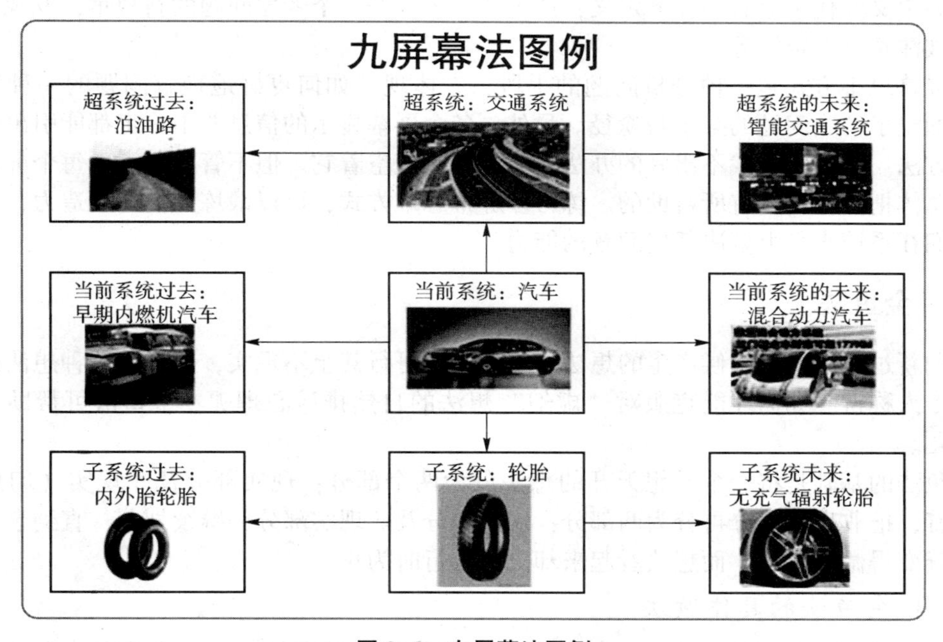

图 2-8　九屏幕法图例

当前系统是一个相对的概念。如果以轮胎作为“当前系统”来研究的话，那么轮胎中的橡胶、子午线等就是轮胎的子系统，而汽车驾驶员、大气、车库等都是汽车的超系统。

在分析和解决问题的时候，多屏幕法要考虑当前系统及其超系统和子系统，要考虑当前系统的过去和将来，还要考虑超系统和子系统的过去和将来。

为了便于理解，我们以汽车为例来进行多屏幕法分析，见图 2-8。

多屏幕法是理解问题的一种很好的手段，它可以帮助我们重新定义任务或矛盾，找出解决问题的新途径。它多层次、多方位地从一切与当前问题所在系统（如汽车）相关的系统去分析问题，这样才能更好地理解当前的问题以及找到解决方案。

考虑“当前系统的过去”是指考虑发生当前问题之前该系统的状况，包括系统之前运行的状况、其生命周期的各阶段情况等，考虑如何利用过去的各种资源来防止此问题的发生，以及如何改变过去的状况来防止问题的发生或有效减轻当前问题的有害作用。

考虑“当前系统的未来”是指考虑发生当前问题之后该系统可能的状况，考虑如何利用以后的各种资源，以及如何改变以后的状况来防止问题发生或减少当前问题的有害作用。

当前系统的“超系统”元素可以是各种物质、技术系统、自然因素、人与能量流等。人们通过分析如何利用超系统的元素及组合来解决当前系统存在的问题。

当前系统的“子系统”元素同样可以是各种物质、技术系统、自然因素、人与能量流等。人们通过分析如何利用子系统的元素及组合来解决当前系统存在的问题。

当前系统的“超系统的过去”和“超系统的未来”是指分析发生问题之前和之后超系统的状况，并分析如何利用和改变这些状况来防止或减弱问题的有害作用。

当前系统的“子系统的过去”和“子系统的将来”是指分析所发生问题之前和之后子系统的状况，并分析如何利用和改变这些状况来防止或减弱问题的有害作用。

进行这些分析后再来寻找这个问题的解决方案，我们就会发现一系列完全不同的观点：新的任务定义取代了原有的任务定义，产生了一个或若干个考虑问题的新视角，发现了系统内没有被注意到的资源等。

多屏幕思维方式是一种分析问题的手段，它体现了如何更好地理解问题的一种思维方式，也确定了解决问题的某个新途径。另外，各个屏幕显示的信息并不一定都能引出解决问题的新方法。如果实在找不出好的办法，可以暂时先空着它。但不管怎么说，每个屏幕对于问题的总体把握肯定是有所帮助的。练习多屏幕思维方式，可以锻炼人们的创造力，也可以提高人们在系统水平上解决任何问题的能力。

三、金鱼法

在创新过程中，有时候产生的想法看起来并不可行甚至不现实，但是，此种想法的实现却绝对令人称奇。如何才能克服对“虚幻”想法的自然排斥心理呢？金鱼法可帮助我们解决此问题。

金鱼法的基础是将一个异想天开的想法分为两个部分：现实部分及非现实（幻想）部分。接着，把非现实部分再分为两部分：现实部分及非现实部分，继续划分，直到余下的非现实部分变得微不足道，而想法看起来却更加可行时为止。

（一）金鱼法的具体做法

（1）将不现实的想法分为两个部分：现实部分与非现实部分。精确界定什么样的想法是现实的，什么样的想法看起来是不现实的。

（2）解释为什么非现实部分是不可行的。尽力对此进行严密而准确的解释，否则最后可能又得到一个不可行的想法。

（3）找出在哪些条件下想法的非现实部分可变为现实的。

（4）检查系统、超系统或子系统中的资源能否提供此类条件。

（5）如果能，则可定义相关想法，即应怎样对情境加以改变，才能实现想法中的看似不可行的部分。将这一新想法与初始想法的可行部分组合为可行的解决方案构想。

（6）如果无法通过可行途径，利用现有资源为看起来不现实的部分提供实现条件，则可将这一“看起来不现实的部分”再次分解为现实部分与非现实部分。然后，重复步骤（1）~（5），直到得出可行的解决方案构想。

金鱼法是一个反复迭代的分解过程，其本质是将幻想的、不现实的问题通过多次求解构想变为可行的解决方案。

（二）金鱼法的具体实施步骤

例如：让毛毯飞起来。

步骤1：将问题分为现实和幻想两部分。

现实部分：毯子是存在的。

幻想部分：毯子能飞起来。

步骤2：幻想部分为什么不现实？

毯子比空气重，而且它没有克服地球重力的作用力。

步骤3：在什么情况下，幻想部分可变为现实？

施加到毯子上向上的力超过毯子自身重力。毯子的重量小于空气的重量。

步骤4：列出所有可利用资源。

（1）超系统资源：空气，风（高能粒子流），地球引力，阳光和重力。

（2）系统资源：毯子的形状和重量。

（3）子系统资源：毯子中交织的纤维。

步骤5：利用已有资源，基于之前的构想（步骤3）考虑可能的方案。

（1）毯子的纤维与太阳释放的粒子流相互作用可使毯子飞翔。

（2）毯子比空气轻。

（3）毯子在不受地球引力的宇宙空间。

（4）毯子上安装了提供反向作用力的发动机。

（5）毯子由于下面的压力增加而悬在空中（气垫毯）。

（6）磁悬浮。

……

步骤6：构想中的不现实方案，再次回到步骤1。

选择不现实的构想之一：毯子比空气轻，回到步骤1。

步骤1：分为现实和幻想两部分。

现实部分：存在着重量轻的毯子，但它们比空气重。

幻想部分：毯子比空气轻。

步骤2：为什么毯子比空气轻是不现实的？

制作毯子的材料比空气重。

步骤3：在什么条件下，毯子会比空气轻？

制作毯子的材料比空气轻。毯子像尘埃微粒一样大小。作用于毯子的重力被抵消。

步骤4：考虑可利用资源。

（1）超系统资源：空气，风（高能粒子流），地球引力，阳光和重力。

（2）系统资源：毯子的形状和重量。

（3）子系统资源：毯子中交织的纤维。

步骤5：结合可利用资源，考虑可行的方案。

(1) 采用比空气轻的材料制作毯子。

(2) 使毯子与尘埃微粒的大小一样，其密度等于空气密度。

(3) 毯子由于空气分子的运动而移动。在飞行器内使毯子飞翔，飞行器以相当于自由落体的加速度向上运动，以抵消重力。

步骤 6：构想中的不现实方案，再次回到步骤 1。

……

第五节　创新思维技法

一、因果分析法

当我们面对一个技术问题的时候，牵涉的因素往往很多，这时，分析的关键是理顺问题产生的原因，并充分挖掘技术系统内外部的资源，以找到最有效解决问题的方案。

常见的因果分析方法有“五个为什么”分析法与鱼骨图分析法等。

(一) “五个为什么”分析法

在丰田公司的改善流程中，有一个著名的“五个为什么”分析法。要解决问题必须找出问题的根本原因，而不是问题本身；根本原因隐藏在问题的背后。举例来说，你可能会发现一个问题的源头是某个供应商或某个机械中心，即问题发生在哪里；但是，造成问题的根本原因是什么呢？答案必须靠更深入地挖掘，并询问问题何以发生才能得到。先问第一个“为什么”，获得答案后，再问为何会发生，依此类推，问五次“为什么”。丰田的成功秘诀之一就是把每次错误视为学习的机会，不断反思和持续改善，精益求精，通过识别因果关系链来进行诊断。

这个方法的使用前提是对问题的信息要充分了解，下面这个例子可以生动地说明这种方法的特点。

【案例 2-5】　丰田汽车生产线

丰田汽车公司前副社长大野耐一先生曾举了一个例子来找出停机的真正原因。

有一次，大野耐一发现一条生产线上的机器总是停转，虽然修过多次但仍不见好转。于是，大野耐一与工人进行了以下的问答：

一问：“为什么机器停了？”

答：“因为超过负荷，保险丝就断了。”

二问：“为什么超负荷呢？”

答：“因为轴承的润滑不够。”

三问：“为什么润滑不够？”

答：“因为润滑泵吸不上油来。”

四问：“为什么吸不上油来？”

答：“因为油泵轴磨损、松动了。”

五问：“为什么磨损了呢？”

答：“因为没有安装过滤器，混进了铁屑等杂质。”

(备注：以上案例根据网络资料整理而成)

以上案例中，经过连续五次不停地问“为什么”，才找到问题的真正原因和解决的方法，在油泵轴上安装过滤器。如果没有这种追根究底的精神来发掘问题，很可能只是换根保险丝草草了事，真正的问题还是没有解决。

【案例 2-6】 杰斐逊纪念堂的外墙

杰斐逊纪念堂坐落于美国华盛顿，是为纪念美国第三任总统托马斯·杰斐逊而建的。1938 年在罗斯福主持下开工，至 1943 年杰斐逊诞生 200 周年时，杰斐逊纪念堂落成并向公众开放。杰斐逊纪念堂的外墙采用花岗岩，近年来脱落和破损严重，再继续下去就需要推倒重建，这要花纳税人一大笔钱，这需要市议会的商讨决议。在议员们投票之前需要请专家分析一下根本原因，并找出一些可行的解决方案。

专家发现：

（1）脱落和破损的直接原因是经常清洗，而清洗液中含有酸性成分。为什么需要用酸性清洗液？

（2）花岗岩表面特别脏，因此，使用去活性能强的酸性清流液，主要是由于鸟粪造成的。为什么这个大楼的鸟粪特别多？

（3）楼顶常有很多鸟。为什么鸟愿意在这个大厦上聚集？

（4）大厦上有一种鸟喜欢吃的蜘蛛。为什么大厦的蜘蛛特别多？

（5）楼里有一种蜘蛛喜欢吃的虫。为什么这个大厦会滋生这种虫？因为大厦采用了整面的玻璃幕墙，阳光充足，温度适宜。

至此，解决方案就明显而简单了：拉上窗帘。

（备注：以上案例根据网络资料整理而成）

“五个为什么”分析方法并没有多么玄妙，只是通过一再追问为什么，就可以避免表面现象，而深入系统地分析根本原因，也可避免其他问题。所以若能解决问题的根本原因，许多相关的问题就会迎刃而解。

（二）鱼骨图分析法

1. 鱼骨图的定义

1953 年，日本管理大师石川馨先生所提出的一种把握结果（特性）与原因（影响特性的要因）的极方便而有效的方法，故名“石川图”。

问题的特性总是受到一些因素的影响，我们通过头脑风暴法找出这些因素，并将它们与特性值一起，按相互关联性整理而成的层次分明、条理清楚，并标出重要因素的图形就叫“特性要因图”“因果图”。

因其形状很像鱼骨，是一种发现问题“根本原因”的方法，是一种透过现象看本质的分析方法，也被称为“鱼骨图”或者“鱼刺图”。

2. 鱼骨图分析法的三种类型

（1）整理问题型鱼骨图：各要素与特性值间不存在直接的因果关系，而是结构构成关系。以图 2-9 为例，家属不配合、患者生理及行为因素、护士没有能预见性护理、环境因

素这四者都与病人跌倒没有直接的因果关系，但最终却造成了“病人跌倒”这一结果。

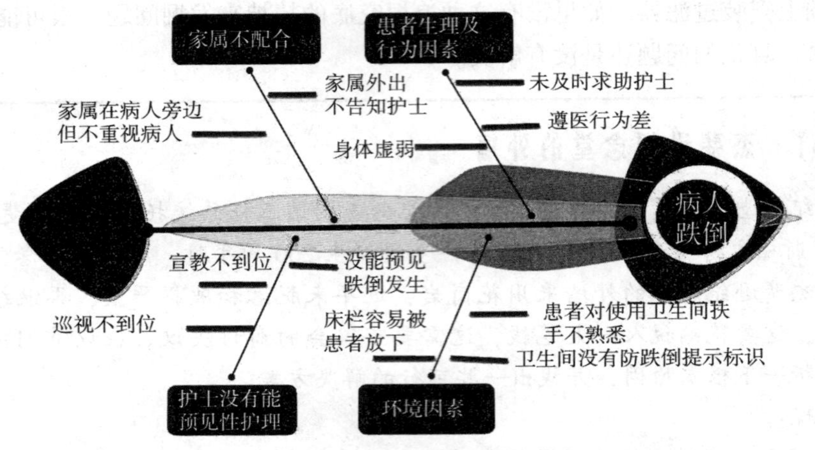

图 2-9　病人跌倒鱼骨图示例

（2）原因型鱼骨图：鱼头在右，特性值通常以“为什么”来写。以图 2-10 为例，感冒、咽喉炎、生活习惯、过度使用嗓子都可能引发嗓子疼，也就都可能是引发“嗓子疼”的原因。

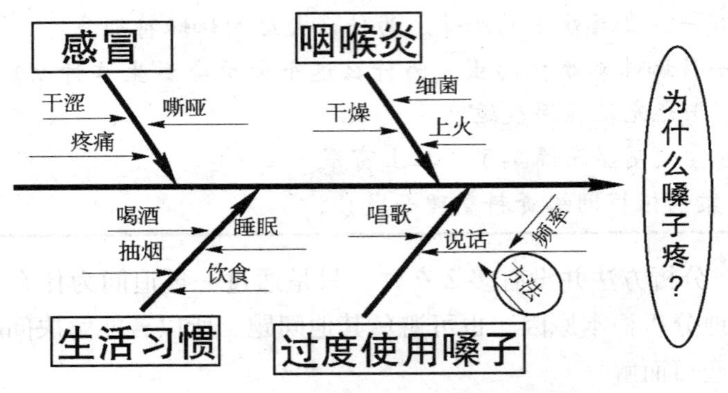

图 2-10　“为什么嗓子疼”鱼骨图示例

（3）对策型鱼骨图：鱼头在左，特性值通常以“如何提高/改善”来写。以图 2-11 为例，通过对学习方法、学习水平、智力因素、非智力因素这四个因素进行相应的调整，就可以改善个体的学习状况。

3. 鱼骨图应用范围

（1）鱼骨图是一个非定量的工具，可以帮助我们找出引起问题的潜在的根本原因。

（2）它使我们问自己：问题为什么会发生？使项目小组聚焦于问题的原因，而不是问题的症状。

（3）能够集中于问题的实质内容，而不是问题的历史或不同的个人观点。

（4）以团队的努力，聚集并攻克复杂难题。

（5）注重问题发生的根本原因，而不是将责任归结到个人。

（6）辨识导致问题或情况的所有原因，并从中找到根本原因。

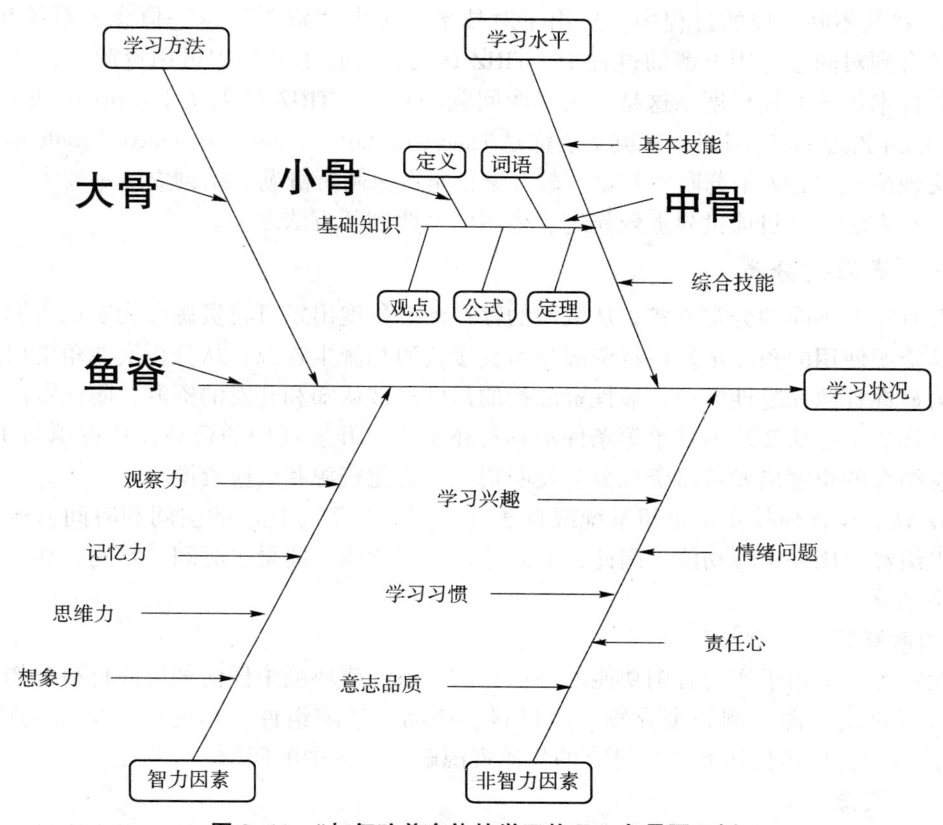

图 2-11　“如何改善个体的学习状况”鱼骨图示例

（7）分析导致问题的各原因之间相互的关系。

（8）采取补救措施，正确行动，以免再次发生同样的事件。

这里说明一下，鱼骨图由鱼脊、大骨、中骨和小骨组成，见图 2-11。

4. 鱼骨图具体使用步骤

（1）查找要解决的问题。

（2）把问题写在鱼骨的头上。

（3）召集同事共同讨论问题出现的可能原因，尽可能多地找出问题。

（4）把相同的问题分组，在鱼骨上标出。

（5）根据不同问题征求大家的意见，总结出正确的原因。

（6）拿出任何一个问题，研究为什么会产生这样的问题。

（7）针对问题的答案再问为什么，这样至少深入五个层次（连续问五个问题）。

（8）当深入到第五个层次后，认为无法继续进行时，列出这些问题的原因，而后列出至少 20 种解决方法。

二、资源分析法

“资源”最初是指自然资源。人们不断地发现、利用和开发新能源，并创造出很多新的设计和技术，例如太阳能蓄电池、风力发电机、超级杂交水稻、基因技术等。这些新技术、新成果大多来源于人们对现有资源的创造性应用。

TRIZ 在其不断发展的过程中，提出了对技术系统中“资源”这一概念的系统化认识，并将其结合到对问题应用求解的过程中。TRIZ 认为，对技术系统中可用资源的创造性应用能够增加技术系统的理想度，这是解决发明问题的基石。TRIZ 是英文 Teoriya Resheniya Izobreatatelskikh Zadatch 的缩写，其英文全称是 Theory of the Solution of Inventive Problems（发明问题解决理论）。TRIZ 是苏联发明家、教育家根里奇·阿奇舒勒总结创立的一套完整的发明创新理论与方法，是目前世界上较先进、实用的发明创新方法之一。

（一）资源的分类

资源有很多不同的分类方式。从资源的存在形态角度出发可将资源分为宏观资源和微观资源；从资源使用的角度出发可将资源分为直接资源和派生资源；从分析资源角度出发可将资源分为显性资源和隐性资源，显性资源指的是已经被认知和开发的资源，隐性资源指的是尚未被认知或虽已认知却因技术等条件不具备还不能被开发利用的资源；从资源与 TRIZ 中其他概念结合的角度出发可将资源分为发明资源、进化资源和效应资源。

TRIZ 认为，任何技术都是超系统或自然的一部分，都有自己的空间和时间，通过对物质场的组织和应用来实现功能。因此，资源通常按照物质、能量、时间、空间、功能、信息等角度来划分。

1. 物质资源

物质资源是指用于实现有用功能的一切物质。系统或环境中任何种类的材料或物质都可看作是可用物质资源，例如废弃物、原材料、产品、系统组件、功能单元廉价物质、水。TRIZ 理论认为：应该使用系统中已有的物质资源解决系统中的问题。

2. 能量资源

能量资源是指系统中存在或能产生的场或能量流。一般能够提供某种形式能量的物质或物质的转换运动过程都可以称为能源。能源主要可分为三类：一是来自太阳的能量，除辐射能外，还经其转化为很多形式的能源；二是来自地球本身的能量，例如热能和原子能；三是来自地球与其他天体相互作用所引起的能量，例如潮汐能。

系统中或系统周围的任何可用能量都可看作是一种资源，例如机械资源（旋转、压强、气压水压等）、热力资源（蒸汽能、加热、冷却等）、化学资源（化学反应）、电力资源、磁力资源、电磁资源。

3. 信息资源

信息资源是指系统中存在或能产生的信息。信息作为反映客观世界各种事物的特征和变化结合的新知识已成为一种重要的资源，在人类自身的划时代改造中产生重要的作用。其信息流将成为决定生产发展规模、速度和方向的重要力量。

4. 时间资源

时间资源是指系统启动之前、工作中以及工作之后的一切可利用时间。

5. 空间资源

空间资源是指系统本身及超系统的可利用空间。为了节省空间或者当空间有限时，任何系统中或周围的空闲空间都可用于放置额外的作用对象，特别是某个表面的反面、未占据空间、表面上的未占用部分、其他作用对象之间的空间、作用对象的背面、作用对象外面的空间、作用对象初始位置附近的空间、活动盖下面的空间、其他对象各组成部分之间的空间、另一个作用对象上的空间、另一个作用对象内的空间、另一个作用对象占用的空间、环境中的空间等。

6. 功能资源

功能资源是指利用系统的已有组件挖掘系统的隐性功能，例如将飞机机舱门用作舷梯。

此外，相对于系统资源而言，还有很多容易被我们忽视或者没有意识到的资源，这些资源通常都是由系统资源派生而来的，在 TRIZ 中称之为潜在资源或隐藏资源。能充分挖掘出所有的资源是解决问题的良好保证。

（二）资源分析方法

资源分析就是从系统的高度来研究和分析资源，挖掘系统的隐性资源，实现系统中隐性资源显性化，显性资源系统化，强调资源的联系与配置，合理地组合、配置、优化资源结构，提升系统资源的应用价值或理想度（或资源价值）。资源分析可以帮助我们找到解决问题所需要的资源，帮助我们在这些可能的方案中找到理想度相对比较高的解决方案。这就需要我们明确资源分析的步骤。

1. 发现及寻找资源

可以使用的工具有多屏幕法和组件分析法等。

（1）多屏幕法按照时间和系统层次两个维度对情境进行系统的思考。它强调系统地、动态地、相关联地看待事物。

（2）组件分析法是指从构成系统的组件入手，分清层级，建立组件之间的联系，明确组件之间的功能关系，构建系统功能模型的过程。组件分析法强调从功能的角度寻找资源。

2. 挖掘及探究资源

挖掘就是向纵深获取更多有效的、新颖的、潜在的、有效的资源。探究就是针对资源进行分类，针对系统进行聚集，以问题为中心寻找更深层级的资源及派生资源。派生资源可以通过改变物质资源的形态而得到，主要有物理方法和化学方法两种：

（1）改变物质的物理状态（相态之间的变化）。包括：物理参数的变化，如形状、大小、温度、密度、重量等；机械结构的变化，分为直接相关（材料、形状、精度）、间接相关（位置、运动）。

（2）改变物质的化学状态，包括物质分解的产物、燃烧或合成物质的产物。

3. 整理及组合资源

资源整合是指工程师对不同来源、不同层次、不同结构、不同内容的资源进行识别与选择、汲取与配置、激活并有机融合，使其具有较强的系统性、适应性、条理性和应用性，并创造出新的资源的一个复杂的动态过程。资源整合是通过组织和协调，把系统内部彼此相关又彼此分离的资源及系统外部既参与共同的使命又拥有独立功能的相关资源整合成一个大系统，取得“1+1>2”的效果。

4. 评价及配置资源

在解决方案的过程中，最佳利用资源的理念与理想度的概念紧密相关。

事实上，某一解决方案中采用的资源越少，求解问题的成本就越小，理想度的指数就越高。这里所说的成本应理解成为广义的成本，而并非只是采购价格这一具体可见的成本。对于资源的遴选，资源评估从数量上有不足、充分和无限，从质量上有有用的、中性和有害的；资源的可用度从应用准备情况看，有现成的、派生的和特定的；从范围看有操作区域内、操作时段内、技术系统内、子系统中和超系统中；从价格上看有昂贵、便宜和免费等。最理想的资源是取之不尽，用之不竭，不用付费的资源。资源配置是指经济中的各种资源（包括人力、物力、财力）在各种不同的使用方向之间的分配。资源配置的三要素就是时间、空间和数量。资源利用的核心思想是：挖掘隐性资源，优化资源结构，体现资源价值。

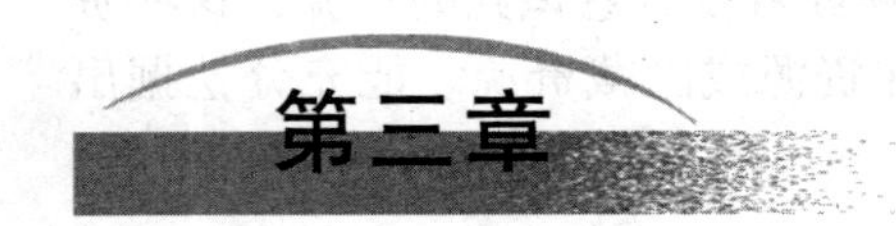

第三章 关于科技创新

知识社会环境下的科技创新包括知识创新、技术创新和现代科技引领的管理创新。知识创新的核心科学研究，是新的思想观念和公理体系的产生，其直接结果是新的概念范畴和理论学说的产生，为人类认识世界和改造世界提供新的世界观和方法论；技术创新的核心内容是科学技术的发明和创造的价值实现，其直接结果是推动科学技术进步与应用创新的良性互动，提高社会生产力的发展水平，进而促进社会经济的增长；管理创新既包括宏观管理层面上的创新——社会政治、经济和管理等方面的制度创新，也包括微观管理层面上的创新，其核心内容是科技引领的管理变革，其直接结果是激发人们的创造性和积极性，促使所有社会资源的合理配置，最终推动社会的进步。

2021 年 3 月 5 日，国务院总理李克强在政府工作报告中提出，依靠创新推动实体经济高质量发展，培育壮大新动能。促进科技创新与实体经济深度融合，更好发挥创新驱动发展作用。报告从提升科技创新能力、运用市场化机制激励企业创新、优化和稳定产业链供应链这三个方面对科技创新工作做出部署安排。

党的十九大报告强调，创新是引领发展的第一动力，是建设现代化经济体系的战略支撑。《中共中央关于制定国民经济和社会发展第十四个五年规划和二〇三五年远景目标的建议》提出，坚持创新在我国现代化建设全局中的核心地位。

从“创新是引领发展的第一动力”到“坚持创新在我国现代化建设全局中的核心地位”，可以看出，科技创新在我国经济社会发展中的作用愈发凸显、地位更加重要。正是因为对科技创新的重视，创新型国家建设才取得了丰硕成果。“天眼”问世、“九章”诞生、“蛟龙”入海、“嫦娥五号”奔月采样、“天问一号”探测火星、“奋斗者”号万米深潜……一系列骄人成果向世人展示着我国日益增强的科技创新能力。

谈科技创新首先要了解什么是创新，创新是指：以现有的知识和物质，在特定的环境中，改进或创造新的事物（包括但不限于各种方法、元素、路径、环境等），并能获得一定有益效果的行为。

科技创新，是原创性科学研究和技术创新的总称，是指创造和应用新知识和新技术、新

工艺，采用新的生产方式和经营管理模式，开发新产品，提高产品质量，提供新服务的过程。科技创新可以被分成三种类型：知识创新、技术创新和现代科技引领的管理创新。

第一节　知识创新、技术创新与管理创新

一、知识创新、技术创新与管理创新的定义

知识创新是指通过科学研究，包括基础研究和应用研究，获得新的基础科学和技术科学知识的过程。知识创新的目的是追求新发现、探索新规律、创立新学说、创造新方法、积累新知识。知识创新是技术创新的基础，是新技术和新发明的源泉，是促进科技进步和经济增长的革命性力量。知识创新为人类认识世界、改造世界提供新理论和新方法，为人类文明进步和社会发展提供不竭动力。

技术创新是市场经济的产物，是一个经济范畴的概念，它指的是与新技术（含新产品，新工艺）的研究开发、生产及其商业化应用有关的经济技术活动。技术创新主要有产品创新和工艺创新两种类型，同时它还涉及管理方式及其手段的变革。通俗地说，技术创新是以新技术（全新的或改进的）为手段并用以创造新的经济价值的一种商业活动，它是新技术的首次商业化应用。例如，电脑、“随身听”的产生及其首次投放市场，转炉炼钢、浮法生产玻璃技术在生产中的首次应用都是技术创新。技术创新具有三个鲜明的特征：一是强调市场实现程度和获得商业利益是检验创新成功与否的最终标准；二是强调从新技术的研究开发到首次商业化应用是一个系统工程；三是强调企业是技术创新的主体。在技术进步、经济增长的过程中，技术创新有着十分突出的地位。因为科学技术要成为推动经济增长的主要力量，必须从知识形态转化为物质形态，从潜在的生产力转化为现实的生产力，而这一转化，正是在技术创新这一环节中实现的。技术创新实现了经济与技术的结合，因此，技术创新是技术进步的核心。

管理创新是指企业把新的管理要素（如新的管理方法、新的管理手段、新的管理模式等）或要素组合引入企业管理系统中，以更有效地实现组织目标的活动。

二、这三者之间的关系

原创性的科学研究或知识创新是提出新观点（包括新概念、新思想、新理论、新方法、新发现和新假设）的科学研究活动，并涵盖开辟新的研究领域、以新的视角来重新认识已知事物等方面。原创性的知识创新与技术创新结合在一起，使人类知识系统不断丰富和完善，认识能力不断提高，产品不断更新。信息通信技术发展引领的管理创新作为信息时代和知识社会科技创新的主题，是当今时代科技创新的重要组成部分，也是新知识、新艺术的一部分，它自身也是电子信息或新概念、新思想、新理论、新方法、新发现和新假设的集成。

科技创新涉及政府、企业、科研院所、高等院校、国际组织、中介服务机构、社会公众等多个主体，包括人才、资金、科技基础、知识产权、制度建设、创新氛围等多个要素，是各创新主体、创新要素交互作用的一种新成果的体现，是一类开放的复杂巨系统。

从技术进步与应用创新构成的技术创新双螺旋结构出发，进一步拓宽视野，技术创新的

力量来自科学研究与知识创新，来自专家和人民群众的广泛参与。

信息技术引领的现代科技的发展以及经济全球化的进程，进一步推动了管理创新，这既包括宏观管理层面上的创新——制度创新，也包括微观管理层面上的创新。现代科技引领的管理创新无疑是我们这个时代创新的主旋律，也是科技创新体系的重要组成部分。

钱学森的开放的复杂巨系统理论强调知识、技术和信息化的作用，特别强调知识集成、知识管理的作用。知识社会环境下科技创新体系的构建需要以钱学森开放的复杂巨系统理论为指导，从科学研究、技术进步与应用创新的协同互动入手，进一步分析考虑现代科技引领的管理创新、制度创新方面。科技创新正是科学研究、技术进步与应用创新协同演进下的一种复杂涌现，是这个三螺旋结构共同演进的产物。科技创新体系由以科学研究为先导的知识创新、以标准化为轴心的技术创新和以信息化为载体的、现代科技引领的管理创新三大体系构成，知识社会新环境下三个体系相互渗透，互为支撑，互为动力，推动着科学研究、技术研发、管理与制度创新的新形态，即面向知识社会的科学 2.0、技术 2.0 和管理 2.0，三者的相互作用共同塑造了面向知识社会的下一代创新（创新 2.0）形态。

知识创新、技术创新、现代科技引领的管理创新之间的协同互动共同演化形成了科技创新。

知识创新、技术创新与管理创新是相辅相成的。知识创新是技术创新和管理创新的文化基础，没有新的理论学说和公理体系，不可能有技术创新和制度创新；技术创新反过来又为知识创新和管理创新奠定了必要的物质基础；管理创新则为知识创新和技术创新提供必要的微观与宏观环境。技术创新是社会发展的“硬件”，而知识创新和管理创新则是社会进步的“软件”，它们对国家的发展和社会的进步起着关键性的作用，是社会进步的动力源。

第二节　科技创新与创新环境

党的十八大以来，以习近平同志为核心的党中央把创新摆在国家发展全局的核心位置，大力实施创新驱动发展战略。从当今世界的发展势头来看，建设世界科技强国，必须把科技创新摆在更加重要的位置，同时，重视创新环境的创建。

一、科技创新及其重要性

从国内看，新型工业化、城镇化、信息化、农业现代化不断推进，我们完全有条件保持较长时期的中高速增长，把经济下行、结构调整压力转化为发展动力。从科技创新基础看，我国科技创新进入新的发展阶段，科技事业取得举世瞩目的巨大成就，实现了由原来的全面跟跑向并跑甚至在一些领域领跑的重大转变。据 2020 年 5 月最新统计数字显示，目前我国科技人力资源超过 8 100 万人，全职研发人员总量 380 万人/年，居世界首位；研发投入仅次于美国位居世界第二位，发表论文、申请专利数量居世界前列。正如习近平总书记所说，我们前所未有地靠近世界舞台中心，前所未有地接近实现中华民族伟大复兴的目标，前所未有地具有实现这个目标的能力和信心。

当今世界，科技创新能力成为国家实力最关键的体现。在经济全球化时代，一个国家具有较强的科技创新能力，就能在世界产业分工链条中处于高端位置，就能创造激活国家经济的新产业，就能拥有重要的自主知识产权而引领社会的发展。总之，科技创新能力是当今社

会活力的标志，是国家发展的关节点，提高科技创新能力是一活百活的制胜法宝。

科技创新能力的形成是一个过程，需要一定的环境。如果人们自觉而明智地去创造有利于科技创新的环境，就能激发科技创新的社会潜能，就能缩减从科技创新到产业运用的时间进程。

随着知识经济时代的到来和经济全球化的加速，国际竞争更加激烈，为了在竞争中赢得主动，依靠科技创新提升国家的综合国力和核心竞争力，建立国家创新体系，走创新型国家发展之路，成为世界许多国家政府的共同选择。纵观当今世界上的创新型国家，他们的共同特征是，科技自主创新成为促进国家发展的主导战略，创新综合指数明显高于其他国家，科技进步贡献率大约都在70%以上，对外技术的依存度都在30%以下（我国的对外技术依存度达50%以上）。因此，科技自主创新方能体现出国家的创新能力，只有不断提升自主创新能力，才能使经济建设和社会发展不断迈上新的台阶，真正实现可持续发展。

二、优化创新环境

与此同时，我们也要清醒地看到，我国科技创新能力的提升由跟跑发达国家向与这些国家齐头并进转变，势必面临更加激烈的国际竞争。进入创新型国家行列、建设世界科技强国，其基础和关键在于形成世界一流的创新创业生态环境，使各类人才的创新活力充分迸发，形成企业、高校、科研机构和科技社会组织紧密互动的国家创新体系。

可以说，有利的政策体系、健全的体制机制、浓厚的文化氛围等创新环境，是国家创新力最关键的“软要求”，必须摆在与研发投入和基础设施建设同等重要的地位。优化创新环境，也就成了其中的重点工作。

优化创新环境，关键在于深化科技管理体制改革，要着力聚焦“松绑”“放权”“包容”“激励”这些关键点。

“松绑”，就是要进一步减少对科研机构的行政干预，让他们确保拥有六分之五以上的时间搞科研，以“安、专、迷”的精神潜心钻研。

“放权”，就是要进一步下放科研管理权限，扩大科研自主权，激发科研机构和科技人员的创新活力。改革经费拨付方式，加快从以竞争性项目支持为主向以科研基地预算稳定支持为主的方向转变，打造一批具有国际影响力的顶尖科研机构。

“包容”，就是要营造更加宽松的环境，包容科技工作者的个性，鼓励其张扬特长，宽容其探索创新中的失误，宽容不同的学术观点甚至离经叛道的“异端学说”，让其放胆探索求创造。

“激励”，就是要体现知识价值的分配原则，让科技工作者名利双收。要在改革中形成以国家重点科研基地为骨干、企业为技术创新主体、探索性研究为生力军、竞争协同机制为纽带的科研开发体系。

完善符合创新规律和市场经济规律、财政资金与社会资本交融支持、稳定投入与竞争支持互补、绩效挂钩的科技投入和政策体系。健全上下游通畅、产学研相结合的创新和转化体系，加强知识产权保护力度。健全并完善科技成果由第三方评估和以增加知识价值为导向的分配政策等创新机制。完善创新人才培养、引进、使用机制，采取优惠政策吸引海外高层次人员回国创业创新。

三、要营造崇尚创新的文化环境

营造崇尚创新的文化环境，要让创新成为“中国精神”的重要内涵和全民意识。让创新理念深入民族精神的肌理中，成为人人知晓、理解，并积极参与其中、为之奋斗的全民自觉行动，这种文化思想意识的普遍形成至关重要。一个民族的科技、经济、社会与文化，绝不可能在“复制、粘贴”中走得更远，更无法成为引领者、佼佼者。所以，创新成了我们的重要发展战略之一，这就是从国家的层面上，将创新确定为我们的重要民族精神之内涵。这就要求我们要重点宣传好创新者的爱国奉献与勇攀高峰的感人事迹、崇高精神，让他们成为国家创新发展的模范标兵；在创新榜样的带动下，逐步形成鼓励创造、追求卓越的创新文化意识，让创新成为民族精神中最具活力的源泉。

营造崇尚创新的文化环境，要倡导“百家争鸣、百花齐放”的精神。“双百”方针，不仅适用于文艺创造领域，其思想本质与特点，可扩大至所有创造性发展的领域，如科技、经济、社会等。只要我们以民族文化为根基，以中国道路为荣，并坚持改革开放，吸取世界文化的先进经验，真正尊重科学工作者的个性化学术创造；对创新者不怕冒尖、敢为人先、勇于质疑的创新自信，要充分理解与保护，让其敢想、敢试、敢干，形成宽容的创新环境。正是在这种人人可以充分发挥想象力、行动力的社会环境下，创新的动力才能达到其“峰值”，创新文化的环境才最为和谐，创新者的才华与能力方能得以最大限度的释放，并无限地接近创新成功的目标。

营造崇尚创新的文化环境，要形成对“试错精神”宽容以待的全民共识。每一项创新，都要经过创新者千辛万苦的探索，经过多方的努力与合作，得到全社会的有力配合等，所以，创新的实现不可能一蹴而就。因此，在创新之路上，错误在所难免，成功正是建立在无数的试错基础之上。因此，要让“试错精神”成为创新精神的有机部分。全社会要对此有最大的宽容心，并予以更有力的理解与支持，才能给创新者吃上“定心丸”，让其于无数失败之中找到“成功之母”。因此，我们要鼓励探索价值的意义，共同建立鼓励创新、宽容失败的容错纠错机制。

营造崇尚创新的文化环境，要让诚信建设成为创新驱动的重要保障。科技创新领域的诚信环境极为重要，如果缺少了学术诚信，抄袭等“走捷径”的行为就会屡屡发生，这不仅无法实现创新的萌发，只会扰乱、毁坏了创新发展的良好环境。因此，积极引导创新者恪守职业道德、坚守社会责任，让诚信成为创新的重要保障，这将会有力地保护真正的创新者更好地前行，让创新之路不至于在复制、抄袭的“山寨”化中走上“断头路”。

全社会更要全面加强科学教育，让创新理念深植于青少年的心中，全面激发起其爱科学、学科学、用科学和投身科学的兴趣，并鼓励其投身于行动中。当全民科学素养提升，创新精神无所不至，一个为创新驱动发展铺路的良好文化环境，就会真正形成。

厚植创新文化，培育创新精神，必须重视并尊重创新人才的个性，为创新营造宽松的人文环境。要营造机会均等、地位平等、学术民主、公平竞争的社会环境，特别要注重向三四十岁的正值创造力黄金期的青年科技工作者倾斜，创造一个平等争论、探讨学术的平台，使更多创新思想的火花在观点碰撞和灵感闪现中迸发。加强对中小学生创新意识和创新能力的培养，加强对大学生和研究生创新思维和科研诚信的培养，加强对学术不端行为的惩处力

度，加强对科学家精神和科学家典型的宣传，在全社会倡导崇尚理性、尊重知识、勇于竞争、鼓励创新、宽容失败的良好氛围。

第三节　科技创新能力

在经济全球化时代，一个国家具有较强的科技创新能力，就能在世界产业分工链条中处于高端位置，就能创造和激活国家经济的新产业。就能拥有重要的自主知识产权而引领社会的发展。总之，科技创新能力是当今社会活力的标志，是国家发展的关键节点。

一、定义及其形成因素

科技创新能力，是指企业、学校、科研机构或自然人等在某一科学技术领域具备发明创新的综合势力。包括科研人员的专业知识水平、知识结构、研发经验、研发经历、科研设备、经济势力、创新精神七个主要因素，这七个因素缺一不可。

其中专业知识水平是科技创新最基本的条件；知识结构是本单位科技人员具备相互配合所需要的各有所长的专业知识；研发经验是科技人员及本单位从事某一领域科技攻关研究和开发的成功经验和成果；研发经历是科技人员及本单位从事某一领域科技攻关研究和开发的时间和空间；科研设备是本单位开展科研试验需要的硬件设施；经济势力是本单位开展科研试验和相关活动需要的经费来源；创新精神是科技人员本身和集体具备的创造力、创作灵感、奉献精神等思想境界。

科技创新能力的形成是一个过程，需要一定的环境。如果人们自觉而明智地塑造有利于科技创新的环境，就能激发科技创新的社会潜能，就能缩减从科技创新到产业运用的时间进程。学习各国在科技创新上的经验，无疑是提高上述自觉性的很好的方式。

从各国的经验来看，科技创新能力的形成有赖于如下因素：

良好的文化环境。例如，有一种尊重知识、尊重人才的社会氛围，有热爱科学的社会风气，有百花齐放、百家争鸣、追求真理、实事求是的学术风气和规范，等等。没有一个良好的软环境，就很难形成科技创新能力生长的土壤。

较强的基础条件。在科技创新的基础条件中，最重要的是教育体系。中国的传统教育体系偏重于知识传授，厚重有余，活力不足，在某种意义上不利于创造能力的形成。

有效的制度支持。国家对自主科技创新的制度支持应是全面而有效的。例如，有效的项目评估和资金支持体系，有利于自主创新的政府采购制度，明智的产业政策，合理的知识产权制度，有利于科技创业的社会融资系统，等等。

在人类社会中，做成一件事的条件无非是人、财、物。在这 3 个条件中，人是主体、是最活跃的因素。在科技创新中，人的因素第一、人才第一体现得更为突出。当然，人的因素并不仅仅指个人的才智，也包括个人的社会组织水平。因此，所谓科技创新的环境创造，就是让人、财、物能自然地、有效地结合。

科技自主创新能力主要是指科技创新支撑经济社会科学发展的能力。近现代的世界历史表明，科技创新是现代化的发动机，是一个国家的进步和发展最重要的因素之一。重大原始性科技创新及其引发的技术革命和进步成为产业革命的源头，科技创新能力强盛的国家在世界经济的发展中发挥着主导作用。自然，一项新技术的诞生、发展和应用最后要转化为生产力，离不开观念的引导、支持和制度的保障。可以说，观念创新是建设创新型国家的基础，制度创新是建设创新型国家的保障；发明一项新技术并转化为生产力，创造出新产品，占领市场取得经济效益，这是只有科技创新才能实现的。

二、科技创新能力是国力强盛的重要体现

当今世界正经历百年未有之大变局，我国发展面临的国内外环境发生了很大的变化，我国十四五时期以及更长时期的发展对加快科技创新提出了更为迫切的要求，科技创新能力成为国家实力最关键的体现。

历史经验表明，一个国家的科技创新能力总是能够直接改变世界发展格局，直接影响国家地位。回顾过去，我国曾以“四大发明”为代表的科技成果领先于世界，近代以后我国屡次与科技革命失之交臂，其结果是付出“落后挨打”的惨痛代价。经过中华人民共和国成立以来特别是改革开放以来的不懈努力，我国科技整体能力持续提升，在农业科技、生物医药科技、国防军事科技、信息科技等重要领域取得大量创新成果，其中一些科技领域已经跻身世界先进行列，极大增强了我国的综合国力。

科学技术从来没有像今天这样明显影响着国家的前途命运。新时代更需要科技创新大发展。新时代意味着近代以来久经磨难的中华民族迎来了从站起来、富起来到强起来的伟大飞跃，而这必须有基于自主创新能力持续提升的科技创新发展的牢固支撑。因此，将科技创新发展上升到决定民族兴旺和国家强盛的主要力量，是新时代中国特色社会主义科学技术思想的一条主线，已成为新时代中国特色社会主义实践的新发展理念。

科技创新能力是提高社会生产力和综合国力的战略支撑，必须摆在国家发展全局的核心位置。改革开放 40 多年来，我国经济的快速发展主要源于发挥了劳动力和资源环境的低成本优势。进入发展新阶段，我国在国际上的低成本优势逐渐消失。与低成本优势相比，技术创新具有不易模仿、附加值高等突出特点，由此建立的创新优势持续时间长、竞争力强。实施创新驱动发展战略，加快实现由低成本优势向创新优势的转换，可以为我国持续发展提供强大动力，对我国提高经济增长的质量和效益、加快转变经济发展方式具有现实意义。科技创新具有乘数效应，不仅可以直接转化为现实生产力，而且可以通过科技的渗透作用放大各生产要素的生产力，提高社会整体生产力水平。

科技创新与创业

第一节 创新与创业

创新和创业是相辅相成的、无法割裂的关系。创新是创业的手段和基础，而创业是创新的载体。创业者只有通过创新，才能使所开拓的事业生存、发展并保持持久的生命力。

一、创业的基础是创新

创新是创业的基础，没有创新，创业就会像无源之水，无本之木，没有生机活力，创新的成效也只有通过创业实践来检验。

创业是创新的载体和表现形式，创新研发实力是创业的根本支撑。

创新推动创业，创业背靠创新，二者相互促进又相互制约，是密不可分的辩证统一体。

作为创业者，更需要有创新意识、创新思维、创新技能、创新品质，才能在严酷的市场环境下开辟创业之路。可以说创新是创业者实现创业的核心。

但是，仅仅具备创新精神是远远不够的，创新只是为创业成功提供了可能性和必要准备，如果脱离了创业实践，缺乏一定的创业能力，创新精神也就成了无源之水，无本之木。创新精神所具有的意义，只有作用于创业实践活动才能有所体现，才有可能最终产生创业的成功。

创业是指发现、创造和利用适当的机会，借助有效的商业模式组合生产要素，创立新的事业，以获得新的商业成功的过程或活动。所谓创业教育，就是要使受教育者能够在社会经济、文化、政治领域内进行行为创新，开辟或拓展新的发展空间，并为他人和社会提供机遇的探索性行为的教育活动。

初创型企业，大多是小企业，团队是新的，管理是新的，市场与渠道又相对陌生，与那些成熟企业相比，创业型企业的竞争力就只有源于创新力，因此，创新不单是技术创新，更包括体制机制创新、管理创新，模式创新。

中国地大物博，人口众多，蕴藏着无穷的创造力，万千“草根”是创业的主体。而大学生、研究生创业更是“草根创新”的重要力量，然而，以创新为基础的创业不应该只有摆地摊、开咖啡店的方式，要积极引导创业者走“需求拉动，创新驱动”之路，开展科技成果研发和转化活动。要在创新教育的基础上，鼓励大学毕业生投身于创业的大潮。

二、创新能力发展的三要素

如今，当高校被日益壮大的创业大军推着涌入创业细流之时，高校对创业教育的开展还处在探索阶段。美国普渡大学副校长迪巴·杜塔就提出疑问：创业教育到底应该如何做？当第一波美国高校创业大潮兴起时，杜塔负责了一个全新项目的筹备，考虑将工科与商科结合，把在校的科研人才培养成商人，新项目进展得较为顺利。杜塔发现，通过给工程学院学生教授学院知识，学生的确掌握了如何将研发的新产品投入市场，但是，他同时发现高校创业教育存在一个重大的漏洞，那就是只关注创业，却忽略了创新。

事实上，创新应该是创业的基础，没有创新何来创业？用杜塔的话解释，创新是创造新的价值，创业则是实现这个价值。但是，高校现有的创业教育几乎都在教授学生创业，比如学些商业理论、客户心理或者销售技巧，而创新教育却是盲区，没有创新的基础，创业的发展必然难以为继。

创新能力不像数学或者写作那样上几门课就能掌握，现有的高校创业教育更是无法有效地培养学生的创新能力。研究表明，技能、阅历和环境是左右个人创新能力发展的三大要素。

（一）技能

创新者通常具有创造性好奇心、对某一领域的专业知识、灵活运用知识的能力以及发散性思维的能力。同时，他们还极为“胆大”，喜欢接受挑战并愿意承受失败。此外，他们还具有良好的口才，能够对客户和投资人清楚地阐述自己的产品理念，并且在团队内部与同事进行有效沟通。杜塔表示，创新同时也是团队协作的过程，因此，创新者的沟通交流能力也不容小觑。

（二）阅历

做创新者在学校或者初入职场时往往都有“榜样”指导和领路，同时他们在成长的过程中一般不被条条框框所拘束，那些“天马行空”的想法不会遭到冷遇，而是被鼓励去做进一步探索。创新者还表示，他们在校外的实际工作中学到的解决问题的思维方式及团队合作经验都对自己的创新能力有着积极的影响。另外还有一点极为重要，那就是与其他领域的同事合作时学到另一领域的新知识，这些更能激发他们的创造力和想象力。

（三）环境

这是创新者技能与阅历的培育土壤。参与调查的创新者纷纷指出，开放型办公室更有利于同事间的沟通交流，他们时常在讨论中擦出创意的火花。高校的实验室、创客空间或者创业中心都可以借鉴企业中开放空间的做法，避免将学生封锁在独立的空间中。调查还发现，创新者极为看中所处环境的价值，他们认为创业环境对个人创新的影响等同于儿童成长环境对其成才的影响，甚至可以进一步说，环境直接决定着创新的成败。

第二节　将科技创新运用于创业

一、创新面前机会平等

在创新面前，即便是曾经非常辉煌的企业，也没有理由忽视潜在需要的创新。事实上，忽视持续创新，等待他的就是被超越甚至没落。在这一点上，没有哪个企业与个人可以例外。

例如，苹果公司迄今为止发布的几款手机可以说“创意十足”，在极高的水平上做到了创新，但苹果手机仍然需要在多个方面做出创新和改进。比如，手机用户若身处信号较弱的地区，由于手机需要不断搜索信号，因而电池消耗速度会加快，这就有可能需要在一天里给手机充电好几次，或者不得不随身携带移动电源，才能够保证每天的正常使用。为此，假如苹果手机能够提高电池容量，让用户不再有电量焦虑，将会更好地满足用户需求，改进用户使用体验。

一种产品之所以代替另一种产品，往往是由于它能够解决另一种产品所不能解决或者解决不好的问题。苹果手机当年风靡全球，是因为乔布斯以苹果手机为媒介，为用户提供了一整套手机使用解决方案，所以用户选择了苹果手机。未来，苹果手机所存在的一系列需要改进的问题假如被其他公司成功解决，那么，苹果手机的辉煌还能持续多久就是一个值得商榷的问题了。

可见，从长远的眼光来看，市场不会讲究“论资排辈”，只有具备足够的创造力，能够满足客户当下与潜在需求的企业，才能长久地站在市场的潮头。任何企业，或许在某个阶段已经让创意发挥得“无与伦比”，但这还只是某个阶段。时代的发展，市场的发展，客户需求的变化，都需要企业不断地创新来应付这种变化。

在互联网大潮中，先是新浪、搜狐等门户网如日中天，然而很快出现了博客，接着又出现了 QQ、微博，接下来是微信等社交 APP，很快又有大数据等概念。互联网领域发展日新月异，其他很多领域又何尝不是如此？

再比如腾讯。关于腾讯，曾经有人说过这样一句话：“一直在模仿，从未被超越。”腾讯从第一款产品 QQ，到游戏、邮箱、浏览器、输入法、搜索引擎、电子商务网站等，都在不同程度上模仿过他人的产品，当然，如果仅仅靠模仿是难以取得成功的。腾讯在自己模仿过的所有产品上都进行了本土化的创新，从而使得这些产品更加适应中国市场的需求。相对来说，当年和腾讯几乎同时起步的不少互联网企业已经由于本土化创新不足的问题而渐渐在大众视野中消失。

创新需要树立一个远大的目标，积极地培育创新的思想，只要在这个过程中不断努力，那么收获创新的成果将是水到渠成的事。企业要鼓励创新，创新是经过不断的努力、不断的尝试，又经过不断的失败才会有成果的。

二、企业商战，竞争的是创新力

商战中，企业竞争的是什么？有人说，企业竞争的是价格，谁的价格越低，谁就越能赢得顾客、获得市场；还有人说，企业竞争的是品牌，谁的品牌打得响，谁就有更多的市场机会；也有人说，企业竞争的是产品，谁的产品做得好，顾客就会选择谁。诚然，这些观点都有一定的道理，顾客总会喜欢物美价廉的产品。

然而，纯粹的价格竞争一定不是长久之计。例如在工程机械领域，由于行业竞争激烈，以至于发动机厂商之间掀起价格战，大家拼命地降价让利，为的就是增加客户。后来发展到发动机厂商每销售一台发动机都要赔钱的地步。结果，谁的用户越多，谁就亏损得越厉害。就这样，几轮竞争后，那些纯粹依靠价格竞争的厂商一个个地倒了下去。一般来说，凡是竞争，往往会有胜负，那些一味依靠“价格战”抢占市场的做法，或许在某个特殊阶段可以用，但一定不可以长用，否则，企业必将难以为继。可见，企业在竞争中，一定不是纯粹比拼价格的。

一般来说，品牌在某个阶段是企业有力的竞争工具。可是市场是动态变化的，昨日的品牌，明日可能就会被“雨打风吹去”，不再是品牌；另外，品牌是相对的，没有哪个品牌在自由的市场竞争中能够独霸市场。可见，没有哪个品牌能够确保企业百战百胜。

再来看产品。其实，产品本身在市场上的接受度就是易于变化的。比如，当年诺基亚手机风靡全球，在很多人看来，诺基亚手机已经做得“足够好”；然而紧接着，三星手机崛起，苹果手机崛起，小米手机崛起，在风云变幻的市场中，诺基亚手机如今几乎快要失去“踪影”了。用户对美好产品的向往是动态发展的，企业的产品要想不被淘汰，就要时刻跟上时代的步伐。由此可见，“做得好”的产品，往往是在某一个阶段“做得好”，并不意味着可以就此高枕无忧。

那么，企业商战，究竟斗的是什么呢？答案是“创新力”。事实一再证明，哪个企业的创新力旺盛，它在应对市场时就会有更多的办法，即便是在市场的“夹缝”里，那些创新力强的企业也能生存下去。对于广大创业者来说，很多人出身于“草根”，在有形的资源方面，比如资金、场地、人脉等，往往不占优势，那么能拿什么参与市场竞争呢？那就是创新力。

三、创新要重视客户体验

商业中有句亘古不变的真理：客户就是上帝。既然客户（用户）能直接影响到企业的命运，那么企业就应该想方设法地改进客户的体验。实际上，我们在商业中进行的任何创新都是围绕改善客户体验来进行的。

我们知道，无论是产品还是服务，都是为了提供给客户使用。可以说，客户永远都会选择那些好用的产品，并愿意为之付费。为什么有些企业崛起，有些企业衰落？一个重要的原因就是，前者做出了不同的客户体验，让客户体验得好的，客户甚至愿意去彻夜排队购买；让客户体验得不好的，就会被客户轻易地抛在脑后。这便是真实的商业环境。

其实，改进客户的体验往往通过一个细节就可以实现。有人说“创新之美，在于点点的优雅”，的确如此。在客户体验方面，乔布斯的做法很值得我们学习。在乔布斯推出iTunes和iPod时，市场上已经是满大街的MP3和MP4了。这时，三星是该领域当之无愧的“王者”，从技术方面来看，乔布斯已经很难超越。然而，乔布斯却从更为细腻的产品外观设计入手，对产品细节的设计几乎达到了极致的追求，以至于当iTunes和iPod出现在用户面前时，用户会由衷地说：“这正是我想要的!”很长时间以来，乔布斯在多媒体播放器方面的设计风格成为行业内多个厂商跟风的目标。

可以说，站在用户的角度，都希望使用更好的产品以提升自己的生活品质，这便是很多企业创新的方向。对于创业者而言，最重要、最有价值的地方就是让用户喜欢你的产品和服务。只有这样，才有可能获得市场。

四、结合产业生态环境进行创新

每个企业都处于社会分工的不同环节，从宏观来看，任何企业都处于相应的产业链中。例如，一个手机制造厂需要采购芯片、外壳、摄像头以及其他零部件。在手机生产出来后，需要对手机进行包装，将手机推向市场进行销售等。手机的整个运营环节包括研发设计、原材料采购、生产制造、质量检查、营销策划、产品销售等环节。在日益推崇合作的今天，可以说，没有哪一家企业能够包揽每一个环节，每一个企业都在某一产业链中发挥着自己相应的职能。

因此，创新通常是为了改善和优化某一个环节，甚至是某一个环节中的一个动作。

可见，创新要结合整个产业链才能更加有效。所以，创业者要结合整个产业链，研究产业链中的不同环节，从改善产业链中的具体环节入手。事实证明，有些企业在竞争中之所以胜出，就是因为优化了某些环节，提升了用户的体验满意度，从而获得了市场。

第三节　关于创业

一、创业的基本步骤

创业有广义和狭义之分。狭义的创业是指创业者的生产经营活动，主要是开创个体和家庭的产业。广义的创业是指创业者的各项创业实践活动。

（一）创业的基本步骤

（1）进行咨询。

（2）选择行业、方向。

（3）撰写创业企划书。

（4）学习经营技术。

（5）筹措创业资金。

（6）准备办公、经营场地。

（7）申请营业证照。

（8）准备生产器具及设备。

（二）创业的关键环节

（1）及时发现或创造适于创业的商业机会。

（2）有效组织创业团队。

（3）借助适当的商业模式有效组合生产要素。

（4）有效利用商业机会。

（5）敢于并善于路过创业中的“沟沟坎坎”。

做到了上述这些关键点，才有可能获得商业上的成功。

二、创业的基本要素

创业包括独立创业和内部创业两种类型。

独立创业是指创业者抓住新的商业机会，创办新的企业，谋求商业利润，同时谋求新创企业的生存、成长与发展。

内部创业是指现存企业以相对独立的组织单元开创新的事业，以谋求企业的持续成长与发展。

人才、技术、资本与市场是构成创业的四大核心要素，其中又以人才最为重要。一个成功的创业家需要熟悉各种人才、市场、财务和法律，并通过获得人才成功地经营所创立的企业。

（一）人才

这在创业的过程和今后的发展中都极为重要。认识、发现并利用人才是创业者进行创业的关键环节。现代风险资本的奠基人乔治·多里奥认为："宁可考虑向有二流主意的一流人物投资，绝不向有一流主意的二流人物投资。"确实，不是一个拥有技术的科学家或工程师就能够创业成功的。创业不仅需要好的技术，更需要其他素质与能力。因此，创业者及合作伙伴们的素质与能力是创业成功的第一要素。

（二）技术

这是将知识运用到实践中的手段、途径、工具或方法。企业之所以存在，是因为社会的需要，社会需要的技术既有建立在科学基础上的技术，又必须是能够满足社会实际需要的技术，并不完全等同于科学家眼中的科学技术。因此，仅有技术水平上的高技术，并不一定能够创业成功。如果选择的技术虽然符合实际，在创业之初显得非常火爆，但这样的技术此时已趋于成熟，那么它将很快就会度过技术的生命周期。所以，对技术的应用，应考虑是否有独特性、创新性，是否有竞争力，是否能带来高利润，他人是否难以仿效等。

（三）资本

从创业的角度，创业资本是创业的关键要素。我国某一家知名企业咨询公司总结了近千家企业创业失败的原因，创业资金的匮乏是重要的原因。俗话说，"钱不是万能的"，但是，没有钱，什么事也做不成。无论多么好的技术或多么好的创意，没有钱都只能是空想。

（四）市场

企业的存在是因为能够满足市场的需要，如果没有市场需求，那么，新创的企业就没有生存的价值，自然也就不能生存。要在创业之前就明确认定并充分论证市场的容量、相同产品之间的竞争力、潜在的市场生长力、市场的持续发展力。

第四节　关于创业者

一、创业者的类型

创业者是指创业活动的推动者，或者是活跃在企业创立和新创企业成长阶段的企业经营者。创业者并不等于企业家，因为多数创业者并不完全具备企业家必备的个人品格。

创业者只有不断完善个人素质，带领企业获得商业上的成功，才可能逐步转变为真正的企业家。

（一）从创业的背景和动机看，创业者可划分为以下类型

（1）生存型创业者。例如自主创业的下岗工人、失去土地或不愿困守乡村的农民以及毕业后找不到工作的大学生。

（2）变现型创业者。指过去在党政机关掌握一定权力或者在国有企业、民营企业当经理人期间积累了大量市场关系并在适当时机自己开办企业，从而将过去的权力和市场关系等无形资源变现为有形财富的创业者。

（3）主动型创业者。可以分为两类：一类是盲动型创业者，另一类是冷静型创业者。盲动型创业者大多极为自信，做事冲动。这样的创业者容易失败，可一旦成功也往往能做出一番大事业。冷静型创业者是创业当中的佼佼者，他们谋定而后动，不打无准备之仗，或是掌握资源，或是拥有专业技术，一旦行动，成功概率通常很高。

（二）从在创业过程中所处的角色和所发挥的作用上看，创业者可划分为以下类型

（1）独立创业者。指自己出资、自己管理的创业者。其创业动机和实践受很多因素影响，如发现很好的商业机会，失去工作或找不到工作，对目前的工作缺乏兴趣，对循规蹈矩的工作模式和个人前途感到无望，受他人创业成功的影响等。独立创业可以发挥创业者的想象力、创造力，充分发挥主观能动性、聪明才智和创新能力；可以主宰自己的工作和生活，按照个人意愿追求自身价值，实现创业的理想和抱负。但是，独立创业的难度和风险较大，可能缺乏管理经验，缺少资金、技术资源、社会资源、客户资源等，生存压力大，创业成功率也不高。

（2）主导创业者与跟随创业者。主导创业者与跟随创业者是相对的。在一个创业团队中，带领大家创业的人就是团队的领导者，即主导创业者，其他成员就是跟随创业者，也叫参与创业者。

二、创业者的基本素质要求

根据我国的创业环境，创业者的基本素质包括创业意识、心理品质、创业能力和知识结构等要素。这些要素中，每一项均有其独特的地位与功能，任何一个要素发生变化或残缺不全，都会影响其他要素的形成和发展，影响其他要素的功能和作用的发挥，乃至影响创业的成功。因此，一个未来的创业者，不仅要注意在环境和教育的双重影响下培养自己的创业素质，而且要重视其整体结构的优化，在创业实践中不断提高自己的创业素质。

（一）文化知识丰富

在竞争日益激烈的今天，单凭热情、勇气、经验或只有单一专业知识，要想成功创业是很困难的。创业者要进行创造性思维，要做出正确决策，必须掌握广博的知识，具有一专多能的知识结构。具体来说，创业者应该充分了解、掌握国家的有关政策、法规，做到用足、用活政策，依法行事，用法律维护自己的合法权益；了解科学的经营管理知识和方法，提高管理水平；掌握与本行业、本企业相关的科学技术知识，依靠科技进步增强竞争能力；具备市场经济方面的知识，如财务会计、市场营销、国际贸易、国际金融知识等；具备一些有关

世界历史、世界地理、社会生活、文学、艺术等方面的知识。

（二）心理素质好

所谓心理素质是指创业者的心理条件，包括自我意识、性格、气质、情感等心理构成的要素。作为创业者，其自我意识特征应为自信和自主；其性格应刚强、坚忍、果断和开朗；其情感应更富有理性色彩。成功的创业者大多是“不以物喜，不以己悲”的，成功时不沾沾自喜，得意忘形；在碰到困难挫折和失败时不灰心丧气，消极悲观。

（三）身体健康

创业是一项繁重和复杂的工作，创业者对健康风险要有充分的准备。创业者工作繁忙，时间长，压力大，如果身体不好，必然力不从心，难以承受创业重任。因此，创业者无论在什么情况下，都要培养一种积极乐观的心态、宽广坦荡的胸怀，要力争做到身体健康，体力充沛，精力旺盛，思路敏捷。

（四）坚持不懈

很多创业成功者强调指出，创造力依靠的是99%的努力和1%的灵感。他们认为，连续的失败乃是不断尝试错误的探究性实验，是成功的创新所必需的。经历一次又一次的失败而决不放弃是创业者的主要行为特征。在创业领域没有任何捷径可走，只有专心致志和坚持不懈的人，才能克服在通往目标的道路上所遇到的危机和障碍。

（五）敢冒风险

在市场经济大潮中，机会与风险共存。只要从事创业活动，就必然会有某种风险伴随；而且事业的范围和规模越大，取得的成就越大，伴随的风险也越大，需要承担的风险也就越大。成功的创业者总是事先对成功的可能性和失败的风险进行分析比较，选择那些成功的可能性大而失败的可能性小的目标。创业者还要具备评估风险程度的能力，具有驾驭风险的有效方法和策略。

（六）善于交流

在创业道路上，必须摒弃“同行是冤家”的狭隘观念，学会合作与交往。创业者要通过语言、文字等多种形式与周围的人进行有效交流与沟通，提高办事效率，增加成功的机会。在创业过程中，需要与客户打交道，与公众媒体打交道，与外界销售商打交道，与企业内部员工打交道，这些交往、沟通可以排除障碍，化解矛盾，降低工作难度，增加信任度，有助于创业的成功。

（七）能克服盲目冲动和私利欲望

创业过程中，创业者要善于克制，防止冲动。克制是种积极、有益的心理品质，它可使人积极有效地控制和调节自己的情绪，使自己的活动始终在正确的轨道上进行，不会因一时的冲动而引起缺乏理智的行为。创业者在创业过程中要自觉接受法律的约束，合法创业，合法经营，依法行事；自觉接受社会公德和职业道德的约束，文明经商，诚实经营，互助互利。当个人利益与法律和社会公德相冲突时，要能克制个人欲望，约束自己的行为。

（八）具有危机意识

常言道：人无远虑，必有近忧。一个企业如果没有危机意识，迟早会垮掉；一个人如果

没有危机意识，难免有一天会遭受挫折。未来是不可预测的，而人也不是天天都走好运的。因此，创业者要有危机意识，在心理上及行动上要有所准备，以应付突如其来的变化。在创业实践中对所有的事都要有“万一……怎么办”的危机意识，居安思危，未雨绸缪，早做准备。创业者本身的经验、学识、能力，尤其是对要涉足行业的了解情况，将对创业成功起到重要的作用。在熟悉的行业中创业，熟悉市场，熟悉产品，对行业中人际关系也相对熟悉，就能“驾轻就熟”。因此，创业者要注意自身知识的积累以及对自身创业能力的培养。

三、创业者应具备的能力

创业的专业技术能力是创业者与开展创业密切相关的主要岗位或岗位群所要求的能力，它包括创业的专业技术知识与专业方法技能。

创业者在创业初期，应该从自己熟悉的行业中选择项目。虽然也可借助他人，特别是雇员的知识技能来办好自己的企业，但如果能从自己熟知的领域入手，就能避免“外行领导内行”的尴尬，大大提高创业的成功率。

（一）专业技术能力

专业技术能力包括专业技术知识和专业方法技能，这两者相辅相成，缺一不可。专业技术知识是指从事某一专业工作所必须具备的知识，一般具有较为系统的内容体系和知识范围。掌握专业技术知识是培养专业技术能力的基础。专业方法技能包括智力技能和操作技能。智力技能是在大脑内部借助于内部语言，以缩简的方式对事物的映像进行加工改造而形成的。操作技能是由一系列外部动作构成的，是经过反复训练形成和巩固起来的一种合乎法则的行动方式。

1. 专业技术知识

创业者应具备的专业技术知识主要体现在以下三个方面。

（1）创办企业中主要职业岗位的必备从业知识。

（2）接受和理解与所办企业经营方向有关的新技术的知识。

（3）把环保、能源、质量、安全、经济、劳动等知识和法律、法规运用于本行业实际的能力。

创业的专业方法技能是指创业者在创业过程中所需要的工作方法，是创业的基础能力。

2. 专业方法技能

创业者应具备的专业方法技能主要体现在以下九个方面。

（1）信息的接受和处理能力。搜集信息、加工信息和运用信息的能力是创业者不可缺少的能力。创业者不但应具备从一般媒体中搜集信息的能力，随着科技进步和网络技术的普及，还应该具备从网络中获取信息的能力。

（2）捕捉市场机遇的能力。发现机会，把握机会，利用机会，创造机会，是成功的企业家所具备的主要特征。

（3）分析与决策能力。通过消费者需求分析、市场定位分析、自我实力分析等过程，根据自己的财力、关系网、业务范围，依据“最适合自己的市场机会是最好的市场机会”的原则，做出正确决策，才能实现自己的创业目标。

（4）联想、迁移和创造能力。从别人的企业中得到启发，通过联想、迁移和创造，使自己的企业别具特色。并通过这种特色使自己的企业在同业市场中占有理想的份额。

(5) 申办企业的能力。创办一个企业，知道需要做好哪些物质准备，需要提供什么证明材料，到哪些部门办哪些手续，怎样办等，均为创业者应具备的能力。

(6) 确定企业布局的能力。怎样选择企业地理位置，怎样安排企业内部布局，怎样考虑企业性质等，都是创业过程中不可回避的问题。只有知道怎么处理这些问题，创业者才具备了企业布局的能力。

(7) 发现和使用人才的能力。一个成功的创业者肯定是一个会用人的企业家，他不但能对雇员进行选择、使用和优化组合，而且能运用群体目标建立群体规范和价值观，形成群体的内聚力。

(8) 理财能力。这不仅包括创业实践中的奖金筹措、分配、使用、流动、增值等环节，还涉及采购能力、推销能力等。

(9) 控制和调节能力。成功的创业者要对规划、决策、实施、管理、评估、反馈所组成的企业管理的全过程具有控制和运筹能力。

(二) 经营管理能力

在现代社会中，经营管理能力为人的生存和发展提供了较好的主体条件，同时，也能形成人、财、物、时间、空间的合理组合。管理能力直接关系到创业活动的效率和成败，因此管理能力也是生产力。

(1) 善于经营。成功的创业者，不仅要有果敢的开拓精神，还必须精通经营之道，熟悉市场行情，了解和掌握生产经营活动的内容、策略和手段。掌握信息要及时准确，对比选优要多设方案，不同意见要兼收并蓄；要懂得市场经营策略、销售策略、定价策略，熟悉生产经营的组织和管理等。

(2) 善于管理。所谓管理就是根据企业的内在活动规律。综合运用企业中的人力资源及其他资源，从而有效地实现企业目标的过程。善于管理，必须了解生产环节，掌握管理的窍门，精通经营核算，做好生产过程的组织、生产计划的编制、生产的调度、产品的质量控制等。

(3) 善于用人。在生产力的诸要素中，人是最活跃的、起决定作用的因素，也是企业能否发展的决定性因素。善于用人，就能调动人的积极性，使人尽其能，人尽其才，使个人的长处得到充分的发挥。要做到善于用人，必须统一指挥，权责相配，建立规章，民主管理，还必须论功晋级，按劳付酬。

(4) 善于理财。创业者从事生产经营，要获得利润，就必须善于理财。理财是对资金流动过程进行正确的组织、指挥和调节，保证生产活动顺利进行，从而减少劳动和物质资源的耗损，降低产品成本，提高资金利润的重要环节。不言而喻，善于理财能使资金增值，提高经济效益，这是创业成功的重要保证和标志。

(三) 综合能力

(1) 学习能力。包括逻辑思维能力、综合应用能力、分析比较能力、归纳总结能力、阅读理解能力和口头表达能力等。

(2) 驾驭信息能力。即对信息的获取、分析、加工、处理、传递的能力，是理解和活用信息的能力。

(3) 激励员工能力。包括具有目标激励、评判激励、榜样激励、荣誉激励、逆反激励、

许诺激励、物质激励等方面的能力。

（4）应变能力。就是灵活机动，锐意创新，能根据社会的变化和市场上新的需求，迅速采取相应对策的能力。

（5）独立工作能力。包括独立思考能力、组织决策能力、自我控制能力、经营管理能力、承受挫折能力、人际交往能力以及在市场经济条件下的竞争能力等。

（6）开拓创新能力。创新能力主要是指具有创新意识并将这种意识应用到实际中的能力。创新意识主要由好奇心、求知、竞争、冒险、怀疑、灵感、个人求发展的动力等心理因素和创造性思维、独立性思维等因素组成。

（7）社交能力。包括学会认识人际关系，正确理解人际关系，培养良好人际关系的能力。

第五节 创业者要规避红海，探索蓝海

有研究认为，现在的市场由两种海洋所组成：即红海和蓝海。红海代表现今存在的所有产业，也就是我们已知的市场空间；蓝海则代表当今还不存在的产业，也就是未知的市场空间。

在红海中，每个产业的界限和竞争规则为人们所知。在这里，随着市场空间越来越拥挤，利润增长的前景也就越来越黯淡，残酷的竞争也让红海变得越来越红。与之相对的是，蓝海代表着亟待开发的市场空间，代表着创造新需求，代表着高利润增长的机会。虽然有些蓝海完全是在已有产业边界以外创建的，但大多数蓝海则是通过在红海内部扩展已有产业边界而开拓出来的。

通常认为，在蓝海中，由于游戏规则还未制定，竞争无从谈起，而制定游戏规则恰恰是创新企业在变革环境中能否脱颖而出的关键。今天，在越来越多的产业中，供给都超过了需求，在日益萎缩的市场中为地盘而战，虽说是必要的，却不足以支撑企业的稳步发展。企业需要超越竞争这一境界，它们必须开创蓝海，以抓住新的利润增长的契机。

身陷红海的企业一般采用的都是常规方法，也就是在已有的产业秩序中树立自己的防御地位，竞相去击败对手。而蓝海的开创者根本就不以竞争对手为标杆，而是采用完全不同的战略逻辑，也就是所谓的价值创新。价值创新是蓝海战略的基石。把它称作价值创新，是因为在这种战略逻辑的指导下，你不是把精力放在打败竞争对手上，而是放在全力为买方和企业自身创造价值飞跃上，并由此开创出新的无人争抢的市场空间，彻底甩脱竞争对手。

价值创新对“价值”和“创新”同样重要。只重价值，轻视甚至忽视创新，就容易使企业把精力放在小步递增的“价值创造”上。这种做法也能改善价值，却不足以使你在市场中出类拔萃；只重创新，不重价值，则易使创新仅为技术突破所驱动，或只注重市场先行，或一味追求新奇怪诞，结果常常会因超过买方的心理接受能力和购买力而宣告失败。

研究显示，开创蓝海的成功者和失败者之间的分水岭，不在于尖端技术，也不在于进入市场的时机，这些因素在更多时候并不存在。只有当企业把创新与效用、价格、成本整合于一体时，才有价值创新。如果创新不能如此植根于价值之中，那么技术创新者和市场先驱者往往会落到“为他人做嫁衣”的地步。一般情况下，一家企业要么以较高成本为顾客创造更高的价值，要么用较低的成本创造还算不错的价值。这样，战略也就被看作在“差异化”和“低成本”间做出选择。志在开创蓝海者会同时追求“差异化”和“低成

本”。

创业者在创业之初，面对看似纷繁芜杂、不知从何下手的市场，用心做好市场细分的研究，从某个细分市场切入，就有可能规避红海市场，从而进入一个蓝海空间。其实，我们现在听到的关于创业时要力争“小而美”的观点，从某种程度上来说，就是一种细分市场的思维。当市场细分到一定程度时，你会发现在这个相对狭小而精准的市场里自己具备巨大的竞争优势。于是，你就在市场中创造了一种相对优势，开拓出了属于自己的蓝海空间。

一般来说，创业者在探索蓝海空间时可以参考以下步骤。

第一步，进行初步的市场判断。明确定位，将会使你的产品成为新的细分市场里的顾客的首选。此外，还可以看现有的销售渠道能否突破。刘强东以前主要靠线下进行销售，后来经过尝试，发现线上销售有着更具竞争力的优势，因而转型做了电子商务。其实，那些成功的创业者在市场方面的研究和判断是非常值得我们学习的。

第二步，进行详细的细分市场研究。在进行市场判断后，接下来就辅以足够的市场细分研究，从逻辑上探究细分市场的可行性。

第三步，进行周密的市场调查。创业者在正式实施之前，切勿忽略实地调查，这将进一步验证前期的市场研究是否正确与可行。

总之，创业者面对市场，一定要研究市场，从中梳理出能够具备相对优势的细分市场，开拓出蓝海空间来。由此可见，创业不仅需要艰苦奋斗，还要学会找准突破口，实现“四两拨千斤”，用对巧劲儿。

第二篇

互联网及其科技创新

第五章

“互联网+”环境下的科技创新

第一节 “互联网+”助推科技创新

2020年10月26日至29日，党的十九届五中全会在北京召开。全会审议通过了《中共中央关于制定国民经济和社会发展第十四个五年规划和二〇三五年远景目标的建议》。

值得注意的是，在此次会议的全会公报中，将“关键核心技术实现重大突破，进入创新型国家前列”写入2035年基本实现社会主义现代化的远景目标当中。全会公报提出，十四五期间，要坚持创新在我国现代化建设全局中的核心地位，把科技自立、自强作为国家发展的战略支撑，强化国家战略科技力量，提升企业技术创新能力，激发人才创新活力，完善科技创新体制机制。据统计，在全会公报中，“安全”和“创新”是五中全会公报中的高频词。“安全”共出现了25次，“创新”共出现了15次。“创新”被放在了更加突出的位置。

与往年相比，创新方面有了不一样的表述。十八届五中全会公报中关于创新的表述是：“坚持创新发展，必须把创新摆在国家发展全局的核心位置。”2020年的表述为：“坚持创新在我国现代化建设全局中的核心地位。”

由此可见，我国对于科技创新的重视程度正在不断加深。

早在2020年8月24日，中共中央总书记、国家主席习近平在中南海主持召开经济社会领域专家座谈会，听取学者对“十四五”规划编制的意见和建议。他在会上提道：“我们更要大力提升自主创新能力，尽快突破关键核心技术。这是关系我国发展全局的重大问题，也是形成以国内大循环为主体的关键。”

而此前党的十八届五中全会提出“深入实施创新驱动发展战略，发挥科技创新在全面创新中的引领作用”。我国已经进入互联网时代，深入实施创新驱动发展战略，建设创新型国家，必须推动“互联网+科技”发展，创新我国科技发展模式。以下便是“互联网+”有效助推科技创新的具体表现。

一、利用“互联网+”消除“信息不对称”

要充分利用“互联网+”推动科技信息公开，消除“信息不对称”。多年来，科技重复研究开发、科技资金重复投入一直是困扰我国科技发展的问题，其中的关键原因就在于“信息不对称”。这既浪费科技工作人员的时间和精力，又浪费中央和地方政府有限的科技资金。“互联网+”的出现和应用，可以建立全国统一的、基于互联网的科技项目信息平台，实现跨地区、跨部门科技项目信息共享，从而有效减少重复研发和科技资金重复投入，促进科技开发单位和潜在用户的供需对接，提高我国科技成果转化率，减少科技项目暗箱操作带来的寻租、腐败和学术不端等问题。

二、利用“互联网+”缓解科技资源分布不均

无论是一家企业、一所高校，还是一个科研机构，其拥有的科技人员数量总是有限的，科技人员的能力往往也是有限的。

近年来，在科技创新领域兴起了一种新的模式——互联网众筹。美国创新网站汇聚了全球30多万人，已经为世界500强企业解决了1 700个顶尖技术难题。“如何准确预测太阳耀斑，使航天飞机避开不良天气”这一问题已困扰了美国宇航局科学家30年。2010年，这项难题在该网站上发布。120天后，美国新罕布什尔州一名退休无线电工程师布鲁斯·克拉根提供了解决方案。

俗话说，高手在民间、智慧在民间，集众智可以成大事。通过互联网众筹的方式进行科技创新，可以使科技人才资源短缺的地区和单位实现对科技人才的“不求所有，但求所用”，在一定程度上缓解了我国科技资源分布不均衡带来的问题。

许多企业、高校和科研院所遇到了单凭自身单位的科技人员无法解决的科技难题后，就可以利用互联网平台，通过众筹方式进行科技创新，使科技人才资源短缺的地区和单位实现对科技人才的充分利用。充分发挥“中国智慧”的叠加效应，通过互联网把亿万大众的智慧激发出来。

三、利用“互联网+”进一步推动技术在产业领域的应用

近些年，基于互联网基础上的新业态和新商业模式不断涌现，也催生了新一代信息技术产业大发展，使新老产业相互促进、竞相发展，提升了我国经济发展速度。下一步，应鼓励互联网企业为“互联网+”环境搭建开放的平台，为互联网技术改变传统行业提供各种便利。同时侧重采用互联网技术创新来驱动生产和变革流通，实现人才、物品、流程与数据通过互联网结合为一体，促使传统行业转型，注重通过“互联网+”带动区域间协调发展，进一步推动技术在产业领域的应用。

四、利用“互联网+”推进科技资源共享

2015年9月24日，中国政府网公布中共中央办公厅、国务院办公厅印发的《深化科技体制改革实施方案》，该方案提出“建立统一开放的科研设施与仪器国家网络管理平台，将所有符合条件的科研设施与仪器纳入平台管理，建立国家重大科研基础设施和大型科研仪器

开放共享制度和运行补助机制”。除了科研设施与仪器这种科技“物”的资源，科技资源还包括科技人才资源、科技资金资源、科技信息资源、自然资源等。

开展协同创新，使科技工作形成合力，就必须推进科技资源共享。而推进科技资源共享，关键是摸清家底，理清我国科技资源现状，消除科技资源供需双方的“信息不对称”。例如，建立全国科技人才数据库，把具有高级职称或博士学位的科技人员纳入全国科技人才数据库，数据项内容包括姓名、出生年月、籍贯等基本信息，受教育经历、主持或参与科研项目及取得的科研成果、联系方式等。整合科技文献、科学数据等科技信息资源，建立科技数据库和科技信息平台，通过互联网提供科技信息服务。

“互联网+”不仅加出了新动能，而且也成为最大的共享经济平台，为大众创业、万众创新提供了广阔的舞台，推动社会经济发展以及提高人民生活水平，让科技精英、企业家们有更多展现能力的机会，更让亿万草根能够发挥聪明才智，展现独特的价值。相信随着“互联网+”不断推动创新浪潮和产业革命，我国科技创新在推动国民经济发展、促进产业结构优化升级、提升社会生产和运营的信息化水平等方面将发挥重要作用。

五、利用“互联网+”推动知识产权发展

知识产权是科技创新成果最重要的体现，知识产权主管部门要用互联网思维做好知识产权创造、运用、保护、管理和服务工作。

支持第三方知识产权信息平台建设，消除知识产权所有者与潜在的知识产权购买者或使用者之间的“信息不对称”，促进知识产权供需对接和科技创新成果转化。利用互联网加强知识产权保护。通过互联网公开知识产权执法案件信息，有效震慑侵权者。加快建设知识产权信用数据库、知识产权信用信息系统和知识产权信用信息网，对恶意侵犯知识产权的法人和自然人开展信用联合惩戒，提高他们的违法成本。推行网上办事，通过知识产权主管部门APP让用户及时知道其专利申请受理情况、审查进度、审查结果等。支持知识产权服务机构通过“互联网+”创新商业模式。支持第三方建立知识产权服务APP，整合知识产权服务资源，提供在线咨询、在线交易、在线点评等服务。

综上所述，从网络消费到共享单车，从在线教育、远程医疗到物联网、大数据、云计算等，“互联网+”新型经济已成为中国转型升级的强劲动力。在我国吹响了互联网时代建设创新型国家号角的今天，如何进一步推动“互联网+科技”发展，搭建科技创新大平台，是一篇值得好好书写的大文章。

第二节 互联网带来的便利生活

在一分钟的时间里，中国互联网上会发生什么？国外一家大数据公司对这个问题的回答，很有趣地诠释了中国互联网的体量：在一分钟的时间里，在滴滴打车上有1 388辆出租车、2 777辆私家车被叫服务；在微信上有395 833人登录、19 444人进行视频或语音聊天；在淘宝和天猫上，有774个人下单完成了在线购买……

据中国互联网络信息中心（CNNIC）发布的第47期《中国互联网发展统计报告》显示，截至2020年12月20日，中国互联网用户数量达到9.89亿。其中手机上网人数9.86

亿人。按照中国 14 亿人口计算，也就是说，中国有 70.6%的网民。其中，超过 50%的网民年龄在 40 岁以下，21%的网民为学生。

也就是说，互联网已深入到各地区各行业，涉及大家的衣食住行。如今，许多人只需带一部手机，动动手指，就可以满足生活中各式各样的需求，享受互联网带来的快捷与便利。

一、足不出户更省心

互联网会给生活带来哪些便利？许敏，一位 28 岁的网络技术工作者可以用他起床后的生活给出答案："早上我醒来后一般会躺在床上刷会儿手机，看看淘宝、京东有没有自己想买的东西，或把购物车里的商品逐一付款。洗漱前，我会在美团、饿了么上面找自己想吃的早餐，下单后他们很快就会送货上门。哦，对了，如果发现停水停电、手机话费不够的问题，我也可以在线缴费，及时解决。"

足不出户满足所需，这一点是许多网友夸赞互联网让生活变得方便的重要理由。而在"互联网+"的作用下，许多线下服务也可以通过线上的选择、预约，让网友们在家享受。比如通过美甲服务的客户端，网友可以选择美甲师上门做美甲；通过预约厨师的客户端，希望吃到美味佳肴的网友可以在家享受大厨上门烧制的一顿美味大餐。诸如此类的服务还有很多。

而即便网友们要出门参加体验式的交流和活动，互联网也能助他们一臂之力。"一般到周末，我都和男朋友去商场吃饭、看电影。但是我们一般会提前在网上买好电影的场次，因为这样既保证有心仪的座位，票价又便宜。而吃饭前我们也会查看对应的餐馆是否有推荐的优惠套餐或代金券以及是否需要在线预约排队等候。这些网络上完成的操作让我们节约了很多时间。"网友小玲如此表达她对网络生活的满意。

买飞机票、高铁票，预约医院就诊时间、博物馆参观时间……互联网的运用，为大家提供了众多不出门就可以办理的服务。

二、到处只要"扫一扫"

汤姆是一位澳大利亚的小伙子，在杭州待了 6 年。适应了中国移动互联网发达的生活，他感觉自己如今已离不开手机了。这不，前不久，汤姆带着一个美国朋友体验了一把无现金一日游。

"我们俩身上一分钱都没有，只带着手机就出门了。到路边看到有人卖烧饼，我们俩就买了几个。即便是小小的摊子，他也有微信和支付宝各自的付款二维码。"汤姆表示，吃完烧饼之后他们去菜市场买菜，就算只买一根葱也可以"扫一扫"支付，省去了找零钱的麻烦。还有坐公交车、骑共享单车、理发，他们无论做什么，付款时都只需要"扫一扫"，真的很方便。他的美国朋友对此大为赞叹。

当然，"扫一扫"的功能并不只体现在电子支付上。例如在参观景区、观看展览时，许多的古迹、展品下方都有二维码。通过"扫一扫"，大家就可以浏览到更具体的文字信息或视频，听到带有磁性声音的语音介绍，这让自己的参观行程更有收获。有网友认为，这些讲解介绍形式多样、内容丰富，有的还有多种语言文字的版本，如同请了一位导游。还有一些商品，尤其是药品、生鲜产品等，通过二维码扫一扫，消费者可以了解它们是否有防伪商

标、认证监管码、生产运输流程，从而判断它们的真伪及安全性。

此外，还有添加对方为微信好友、观看直播、加入群组、启动手机程序等，也都可以通过扫二维码实现操作。

三、日常生活全覆盖

王鑫是生活在浙江南部小城的一位公务员。每天早上，他都会乘坐公交车去上班。在过去，他总是碰上刚好出门公交车刚刚开走，或等了很久也不见车的踪影的情况，但现在，他基本都能在公交车快到站时刚好站定就位。“我们通过公交车实时查找软件，可以实时查看各路公交车的车辆行驶到哪个车站的附近，所以我只需要留出步行到车站的时间就可以了。再也不用在车站傻等了。”

这便是互联网“大数据”的力量。在交通方面，大数据还可以告诉出行者哪条路畅通、哪条路拥堵，避免大家浪费时间等待；提供大家从起点到终点的出行方案，比如地铁、公交怎么坐，如何更省钱，等等。而且找停车位、网约车，这些也都可以通过大数据来解决。

除了交通方面，大数据在生活中的运用还有很多。比如运动软件可以记录用户每天运动的时间、项目、燃烧的脂肪量，数据汇总后系统会自动判断生成未来的运动方案，便于更合理地健身；还有像物流数据的发布，可以让用户了解自己的快递已经处于什么位置、什么时间可以送货上门、快递员的电话多少，让自己做到“心中有数”。

可以这么说，在这个“无处不在的网络、无处不在的应用、无所不能的服务”的新兴信息时代，移动互联网迅猛地扩展、全方位地渗透至各个领域。互联网科技与所有行业的信息互联网化，已经成为未来商务浪潮的主旋律。互联网设备已经成为现代社会真正的基本设施之一，好比电力与道路。互联网设备不仅被认为是企业用来改善和提升效率的手段，而且更是构筑未来人们的生产模式和日常生活方式的依托性设施。因此，可以预见，互联网思维必将会发展成为任何一个企业经营者的必备思维方式。

第三节 互联网时代的新思维

对于互联网思维，很多人都有一种“忽如一夜春风来”的感觉。互联网思维就是由众多点相互连接起来的，非平面、立体化的网状结构，它类似于人的大脑神经和血管组织的一种思维结构。在互联网时代，从大数据到云计算，人工智能技术都让社会发生结构性的大变革。由此引发的技术、商业创新已是企业发展的重要动力，互联网时代商业新思维模式便成为企业行动指南。以下就是互联网时代最常见的九大思维方式。

一、用户思维

互联网思维，第一个，也是最重要的一个，就是用户思维。用户思维，是指在价值链各个环节中都要“以用户为中心”去考虑问题。作为企业，必须从整个价值链的各个环节，建立起“以用户为中心”的企业文化，只有深度理解用户的企业才能生存。

法则1：得“粉丝”者得天下。成功的互联网产品多抓住了“粉丝群体”“草根一族”的需求。当你的产品不能成为用户需要的一部分，不能和他们连接在一起，你的产品必然是失败的。QQ、百度、淘宝、微信、YY、小米，无一不是携“粉丝”以成霸业。

法则2：兜售参与感。一种情况是按需定制，即企业提供满足用户个性化需求的产品，如海尔的定制化冰箱；另一种情况是在用户的参与中去优化产品，如淘品牌“七格格”每次的新品上市，都会把设计的款式放到其管理的粉丝群里，让粉丝投票，这些粉丝决定了最终的潮流趋势，自然也会为这些产品买单。让用户参与品牌传播，便是粉丝经济。我们的品牌需要的是粉丝，而不只是用户，因为用户远没有粉丝那么忠诚。粉丝是最优质的目标消费者，一旦注入感情因素，有缺陷的产品也会被接受。未来，没有粉丝的品牌可能都会消亡。

法则3：体验至上。好的用户体验应该从细节开始，并贯穿于每一个细节，能够让用户有所感知，并且这种感知要超出用户预期，给用户带来惊喜，贯穿品牌与消费者沟通的整个链条，说白了，就是让消费者一直满意。微信新版本对公众账号的折叠处理，就是很典型的“用户体验至上”的操作模式。

用户思维体系涵盖了最经典的品牌营销的 Who－What－How 模型：Who，目标消费者——“粉丝”；What，消费者需求——兜售参与感；How，怎样实现——全程用户体验至上。

二、简约思维

互联网时代，用户对信息的耐心越来越不足，所以，必须在短时间内抓住用户！

法则4：专注，少即是多。苹果公司就是典型的例子，1997年苹果公司接近破产，乔布斯回归后砍掉了70%产品线，重点开发4款产品，使得苹果扭亏为盈，起死回生。即使到了5S，iPhone也只有5款。品牌定位也要专注，给消费者一个选择产品的理由，一个就足够。比如某网络鲜花品牌店RoseOnly，它的品牌定位是高端人群，买花者需要与收花者身份证号绑定，且每人只能绑定一次，意味着“一生只爱一人”。据悉，此店2013年2月上线，当年8月份做到了月销售额近1 000万元。

大道至简，越简单的东西越容易传播，但也越难做。专注才有力量，才能做到极致。尤其在创业时期，做不到专注，就没有可能生存下去。

法则5：简约即是美。在产品设计方面，要做减法。外观要简洁，内在的操作流程要简化。Google首页永远都是清爽的界面，苹果手机的外观、特斯拉汽车的外观，都是这样的设计。

三、极致思维

极致思维，就是把产品、服务和用户体验做到极致，超越用户预期。什么叫极致？极致就是巧上加巧、精益求精。

法则6：打造让用户尖叫的产品。如何做到用极限思维打造极致的产品？方法有三：第一，“需求要抓得准”（痛点，痒点或兴奋点）；第二，“自己要逼得狠”（做到自己能力的极限）；第三，“管理要盯得紧”（得产品经营主动权者，得天下）。一切产业皆媒体，在这个社会化媒体时代，好产品自然会形成口碑传播。尖叫，意味着必须把产品做到极致；极致，就是超越用户想象！

法则7：服务即营销。阿芙精油是知名的淘宝品牌，有两个小细节可以看出其对服务体

验的极致追求：其一，客服24小时轮流上班，使用ThinkPad小红帽笔记本工作，因为使用这种电脑切换窗口更加便捷，可以让消费者少等几秒钟；其二，设有首席惊喜官，每天在用户留言中寻找潜在的推销员或专家，找到之后会给对方寄出包裹，为这个可能的“意见领袖”制造惊喜。

四、迭代思维

“敏捷开发”是互联网产品开发的典型方法论，是一种以人为核心的循序渐进的迭代开发方法，允许有所不足，不断试错，在持续迭代中完善产品。这里面有两个点，一个“微”，一个“快”。

法则8：小处着眼，微创新。“微”，要从细微的用户需求入手，贴近用户心理，在用户参与和反馈中逐步改进。“可能你觉得是一个不起眼的点，但是用户可能觉得很重要”。360安全卫士当年只是一个安全防护产品，后来也在新兴的互联网企业中占据了一席之地。

法则9：精益创业，快速迭代。“天下武功，唯快不破”，只有快速地对消费者需求做出反应，产品才更容易贴近消费者。Zynga游戏公司每周对游戏进行数次更新，小米MIUI系统坚持每周迭代，就连很多知名酒店的菜单也是每月更新。

这里的迭代思维，对传统企业而言，更侧重在迭代的意识，意味着我们必须要及时乃至实时关注消费者需求，把握消费者需求的变化。

五、流量思维

流量意味着体量，体量意味着分量。“目光聚集之处，金钱必将追随”，流量即金钱，流量即入口，流量的价值不必多言。

法则10：免费是为了更好地收费。互联网产品大多用免费策略极力争取用户、锁定用户。当年的360安全卫士，用免费杀毒软件进入杀毒市场，没过多久就大获成功，回头再看看，卡巴斯基、瑞星等杀毒软件，就远远落后于它了。“免费是最昂贵的”，不是所有的企业都能选择免费策略，因产品、资源、时机而定。

法则11：坚持到质变的“临界点”。任何一个互联网产品，只要用户活跃数量达到一定程度，就会开始产生质变，从而带来商机或价值。若QQ没有当年的坚持，也不可能有今天的企业帝国。注意力经济时代，先把流量做上去，才有机会思考后面的问题，否则连生存的机会都没有。

六、社会化思维

社会化商业的核心是网，公司面对的客户是以网的形式存在的，这将改变企业生产、销售、营销等整个形态。

法则12：利用好社会化媒体。有一个做智能手表的品牌，通过发表10条微信，近100个微信群讨论，3千多人转发，在11小时内就做到了预订售出18698只智能手表，订单总金额为900多万元。这就是微信朋友圈社会化营销的魅力。有一点要记住，口碑营销不是自说自话，一定是站在用户的角度、以用户的方式和用户沟通。

法则13：众包协作。众包是以“蜂群思维”和层级架构为核心的互联网协作模式，维基百科就是典型的众包产品。传统企业要思考如何利用外脑，不用招募，便可“天下贤才皆入我麾下”。美国的InnoCentive网站创立于2001年，当时作为化学和生物领域的研发供求网络平台，服务于190多个国家，为390 000人提供相关服务；如今已经成为数学、物理、化学、生命科学、工程、计算机科学等领域的重要研发供求网络平台。该公司引入“创新中心”的模式，把公司外部的创新比例从原来的15%提高到50%，研发能力提高了60%。小米手机在研发中让用户深度参与，实际上也是一种众包协作模式。

七、大数据思维

大数据思维，是指对大数据的认识，对企业资产、关键竞争要素的理解。

法则14：小企业也要有大数据。用户在网络上一般会产生信息、行为、关系三个层面的数据，这些数据的沉淀，有助于企业进行预测和决策。一切皆可被数据化，企业必须构建自己的大数据平台。

法则15：你的用户是每个人。在互联网和大数据时代，企业的营销策略应该针对个性化用户做精准营销。银泰网上线后，打通了线下实体店和线上的会员账号，在百货和购物中心铺设免费Wi-Fi。当一位已注册账号的客人进入实体店，他的手机连接上Wi-Fi，他与银泰的所有互动记录会一一在后台呈现，银泰就能据此判别消费者的购物喜好。这样做的最终目的是实现商品和库存的可视化，并达到与用户之间的沟通。

八、平台思维

互联网的平台思维就是开放、共享、共赢的思维。平台模式最有可能成就产业巨头。全球最大的100家企业里，有60家企业的主要收入来自平台商业模式，包括苹果、谷歌等。

法则16：打造多方共赢的生态圈。平台模式的精髓，在于打造一个多主体共赢互利的生态圈。将来的平台之争，一定是生态圈之间的竞争。百度、阿里、腾讯三大互联网巨头围绕搜索、电商、社交各自构筑了强大的产业生态，所以后来者如360很难撼动。

法则17：善用现有平台。当你不具备构建生态型平台实力的时候，就要思考怎样利用现有的平台。

法则18：让企业成为员工的平台。互联网巨头的组织变革，都是围绕着如何打造内部“平台型组织”。包括阿里巴巴25个事业部的分拆、腾讯6大事业群的调整，都旨在发挥内部组织的平台化作用。海尔将8万多人分为2 000个自主经营体，让员工成为真正的“创业者”，让每个人成为自己的CEO（首席执行官）。内部平台化就是要变成自组织而不是他组织。他组织永远听命于别人，自组织是自己来创新。

九、跨界思维

随着互联网和新科技的发展，很多产业的边界变得模糊，互联网企业的触角已无孔不入，如零售、图书、金融、电信、娱乐、交通、媒体，等等。

法则19：携“用户”以令诸侯。这些互联网企业，为什么能够参与乃至赢得跨界竞争？答案就是：用户！他们一方面掌握了用户数据，另一方面又具备用户思维，自然能够携“用户”以令诸侯。阿里巴巴、腾讯相继申办银行，小米做手机、做电视，都是这样的道

理。所以，最后一个法则是用互联网思维，大胆颠覆式创新。一个真正厉害的人一定是一个跨界的人，能够同时在科技和人文的交汇点上找到自己的坐标。一个真正厉害的企业，一定是手握用户和数据资源，敢于跨界创新的组织。

互联网产业最大的机会在于发挥自身的网络优势、技术优势、管理优势等，去提升、改造线下的传统产业，改变原有的产业发展节奏、建立起新的游戏规则。

以上便是互联网九大思维模式。看一个企业有没有潜力，就看它离互联网有多远。能够真正用互联网思维重构的企业，才可能真正赢得未来。可以这么说：未来属于那些既懂传统产业又懂互联网的人，而不是那些既不懂互联网也不懂传统产业的人。

云计算知识及应用

云计算技术是一种基于互联网的计算方式，利用这种计算方式可以进行信息共享，也可以将各种软件资源、硬件资源和信息数据服务根据企业客户的不同需求提供给计算机或其他移动设备。这种计算方式是分布式计算、并行计算、效用计算、网络存储、虚拟化、负载均衡、热备份冗余等传统计算机和网络技术发展融合的产物。云计算主要服务模式有软件即服务（SaaS）、平台即服务（PaaS）、基础架构即服务（LaaS）。

云服务就是基于移动互联网而形成的相关服务增加、利用和交付的模式。一般都会涉及使用互联网为客户提供动态且容易扩充的虚拟化的信息资源。这种服务可以是与软件、互联网相关的服务，也可以是其他服务。这就意味着计算机的能力还可以被当作一种商品通过互联网进行流通。

第一节 “云”上生活

对于云计算来说，最根本也是最核心的地方就是计算以及储存数据的中心，阿里云以及腾讯云这些服务商的大量的服务器集群提供计算和存储服务。企业以及用户根据自身需要通过互联网获取到这些计算能力，这些资源取用方便，价格较低，可以有效地防止出现资源浪费。

（一）在线办公

目前随着网络技术的快速发展，特别是云计算的快速发展，网络办公以及在线办公得到了非常广泛的使用，完成了一项任务之后我们不需要将相关的人员聚集在一起。在家或者外出的时候只要拥有电脑和网络就可以马上处理问题。我们有理由相信，在未来，云计算快速发展以后，办公室办公的概念会逐渐淡化。

（二）云音乐

目前，音乐已经成为人们生活中不可缺少的一部分，我们开车出行都会听音乐，放松自

己。过去歌曲多通过磁带、光碟播放，而且储存的数量有限，但是云音乐的出现就可以有效地解决这一问题，将储存问题交给服务商，自己只需要点击自己想听的歌就好。

（三）电子商务

所谓的电子商务，简单来说就是指通过电子网络完成的一系列商务交易过程。20 世纪 90 年代以来，整个国际贸易行业和经济活动都开始电子化，现在电子商务不仅被认为是互联网技术进步和发展的结果，它同时还直接影响着其在市场上的营销手段。

我国电子商务的快速发展与互联网的迅速普及密不可分，互联网给我国电子商务提供了重要的发展载体和基础前提，一方面它直接影响着我国商务交易的形态和模式，从宏观层面上更是给我国市场经济各个方面都带来了一种颠覆性的冲击和影响；另一方面电子商务的出现是时代发展的必然，也更加满足新时代消费者和企业的消费需求。而且网络电子信息安全技术的快速发展也为我国企业电子商务的市场交易经营环境建设保驾护航，电子商务市场交易管理手段的不断改进，政府与其他国家相关主管部门对网络市场主体的大力支持等都极大地促进了电子企业商务的良性健康发展。

（四）云管理

目前，我国社会快速发展，计算机技术在多个产业中都得到了有效的应用。对于企业来说，信息管理非常重要，它不但可以管理日常工作中的多个信息，还可以为企业的发展提供快捷性和便利性的服务。

比如企业可以通过虚拟存储技术实现快速稳定的自动化和管理模式，企业还可以通过虚拟存储技术相关平台，实现对虚拟存储中所有数据的调动；云存储技术能够有效地处理和解决企业存储数据的管理当中出现的问题，减少了数据的损坏和丢失比例。企业如果想要快速高效稳定地发展，就需要应用计算机技术，将计算机和信息管理整合有效地融合在一起，全面发挥出计算机技术本身的作用，挖掘其内在的潜力，全面提高工作效率。

（五）云杀毒

杀毒技术使用云计算技术之后，我们不但可以丰富自己的病毒库，而且使用云杀毒的时候，只需要联网检索嫌疑数据，就可以利用病毒库用云计算强大的处理能力来分析数据是否存在病毒，保证处理分析的准确性。

（六）数字地图

导航电子地图，也称数字地图（以数字形式存储于计算机存储器中），易于计算机检索和利用，并可进行必要的位置、方向以及沿途信息等情况的分析。

20 世纪 80 年代，美国开始实施数字地图（DRM）的创建计划，经过约 20 年的开发，完成了 Etak 导航电子地图，该数字地图包括了美国、德国、法国等国的交通网络数据。其中美国 3. 0 和 3. 4 版本覆盖 100 多个城市区域，4. 0 版本则具有行驶路线寻优功能。日本于 1988 年完成的电子地图数据容量达到 2G，有近 50 万辆汽车安装了电子地图导航系统。

现在依托云计算技术，驾驶员可以通过语音系统提出要求，语音系统在接收到驾驶员的声音信号后会将其转换成文件或文本而完成回复。同时，全球定位系统的导航功能在电子导航系统中起到了极其关键的作用，驾驶员可以在引导式的菜单里找到一切与城市区内相关的设备和路线信息，从而可在第一时间找寻到最合适的交通路线，加上二维和三维地图的显示功能，可以让路线变得更加清晰。

在驾驶员驾驶汽车的过程中，它可以给出前往目的地的准确路线，如此不仅节省了宝贵的时间，还降低了其他成本的消耗。如果在已规划好的交通路线中突然出现交通意外或道路施工的情况，该系统还能及时对其进行修改并为驾驶员提供最新的行车路线，且在经过更改之后，其导航功能也会迅速恢复到正常状态。

第二节　此云非彼云

云存储、云手机、云电视等产品随着手机移动端和互联网的快速进步而逐渐进入人们的日常工作和家庭生活中，云计算无疑已成为当今最热门的话题。

一、云计算

云计算是一种分布式计算，它是指利用网络“云”把庞大的数据计算处理程序进行分解处理，得到若干个小程序，紧接着借助多部服务器组成的系统对它们加以分析和处理，所得结果再发送到用户端上。

目前，随着云计算的迅速发展，它已经不再局限于简单的分布式计算，而是逐渐朝着虚拟化、效用计算、热备份冗杂、分布式计算以及并行计算等综合体方向演变。

云计算主要包含一系列的可以虚拟化、动态升级的资源，它们能够被每一位使用云计算的用户用于交换和分享，同时利用互联网访问也十分便捷。另外，用户不需要自己去深入了解相关的云计算技术，而是结合个人、团体的实际需求将目标资源下载下来即可。可以说云计算的产生是现代科学技术发展的新里程碑。有了网格计算、公用计算、虚拟化技术、SOA和SaaS等作为铺垫，云计算作为一种新型的资源使用及交付模式，不论是学界还是产业界都逐渐意识到它的重要性。对此，中国云发展创新产业联盟认为，在信息时代下，企业商业模式上的创新离不开云计算这一重要技术。

从过去的个人电脑和计算机技术变革到现在的互联网技术变化，直到今天的云计算，这些历程说明了网络技术的日新月异。如今，云计算已经成为我国战略新兴产业中一个不可分离的组成部分，它彻底改变了人们维持多年的生活方式、工作思想和商务模式。

二、云计算的特点

一般来说，云计算具有规模超大化、虚拟化、可靠性高、通用性强、扩展性高、按需供给、物美价廉等特点。

（一）超大规模

“云”具有相当大的规模，谷歌（Google）云计算已经拥有100多万台服务器，亚马逊（Amazon）、IBM、微软、雅虎（Yahoo）等的“云”均拥有几十万台服务器。企业私有云一般拥有数百上千台服务器。“云”能赋予用户前所未有的计算能力。

（二）虚拟化

云计算技术是一种能够使任何使用者从任何一个地点、使用各种终端获取不同的服务，

它要求的所有信息数据资源都直接来自“云”，而不是固定的有形实体。虽然云应用系统是在“云”中某处开始运行，但是实际上，这使得用户无须过分理解、也不用担心应用运行的具体位置。我们只需要一台电脑或一部智能手机，就完全可以通过互联网服务器来完成我们日常生活中所可能需要的一切，甚至可能包括超级智能计算这样的任务。

（三）可靠性

“云”是指我们使用了大量的动态数据多节点副本和高容错、计算机多节点同构和高可靠性互换等关键技术保障措施，从而有效保证了数据服务器的高可靠性，使用到的云计算比我们日常使用的计算机更可靠。

（四）通用性

云计算不是针对特定应用的，在“云”的强大技术平台支撑下，它们不仅可以自动进行构造和开发设计出千变万化的各种应用，而且同一个“云”也可以同时为不同的应用提供服务。

（五）可扩展性

“云”规模可以动态伸缩，满足应用和用户规模增长的需要。

（六）按需要服务和收取费用

“云”本身就是一个巨大的资源库，用户可以根据自己的需要进行购买。比如，用户今后就可以对水、电、煤气做到按要求使用和交费。

（七）价格便宜

由于“云”的特殊容错措施可以采用极其廉价的节点来构成云，“云”的自动化集中式管理使大量企业无须负担日益高昂的数据中心管理成本，“云”的通用性使资源的利用率较传统系统大幅提升，因此用户可以充分享受“云”的低成本优势，经常只要花费几百美元、几天时间就能完成以前需要数万美元、数月时间才能完成的任务。

三、云平台与云服务

关于云计算一般认为可以划分两层：即云平台与云服务。

（一）云平台

云平台是基于硬件的一种服务，提供计算、网络和数据的存储功能。即用户不需要为了跟上软件而更换硬件设施，只需通过云平台就可实现所用数据处理的要求。对于企业来说，不用再为存储海量数据而不停更换服务器、内存等。Google APP Engine 本身就是一个典型的云平台，用户可以通过这个平台将自己已经开发好的软件和应用存储在上面进行分享，而对于这些软件和应用的管理就由这个平台来进行处理。

（二）云服务

云服务则是基于抽象的底层基础设施提供可以弹性扩展的服务，它不一定基于云平台，但它为用户提供可以直接使用的服务。例如 Salesforce 是创建于 1999 年 3 月的一家客户关系管理（CRM）服务提供商，可提供随需应用的客户关系管理平台，它为用户提供可以直接使用的服务。

如果再对其进行一次细分，依据其基础服务的不同类型，云计算又大致可将其划分成三种：基础架构即服务（LaaS）、平台即服务（PaaS）、软件即服务（SaaS）等。

基础架构即服务（LaaS）是以服务的方式提供虚拟硬件资源，如虚拟主机/存储/网络/

数据库管理等资源。用户无须购买服务器、网络设备、存储设备，只需通过互联网搭建自己的应用系统。如 Amazon Web Service（AWS），只要能访问互联网就能使用它，通过程序访问亚马逊的计算基础设施，AWS 提供存储、计算、消息传递等服务。

平台即服务（PaaS），就是提供应用服务引擎，如互联网应用编程接口运行平台等，用户基于该应用服务引擎可以构建应用。如 Force. com 是 Saleforce. com 推出的一组集成的工具和应用程序服务，在这个平台上运行的业务软件超过 80 000 个。

软件即服务（SaaS），是指用户通过 Internet 来使用软件，即用户不用购买软件，只需从互联网上租用。Google Docs 就是典型代表，用户编写文档不需要存放在电脑中，也不需要担心忘了复制而不能修改，只需上网就可以管理自己的文档。

三、云计算的作用

云计算不仅是一次技术革新，更是一场商业模式革命。云计算实质上是一种新的 IT 运营业务模式，即以服务的方式提供或消费 IT。可以说，云计算技术带来了企业商业模式的根本性改变，具体表现如下。

第一，云计算将会大大节约企业成本。通过云计算，在远程的数据中心，几万甚至几千万台电脑和服务器连接成一片，如此强大的运算能力几乎无所不能，甚至可以让你体验每秒超过 10 万亿次的运算能力。而这种能力俨然已经被转换成经济价值。对个人来说，可能以后就不用硬盘了。不少小公司则不需要购买服务器，只要“租”服务器或租用服务就可以。大型数据中心的规模效应导致信息处理和存储的成本大幅降低，更主要的是将提供更强大、更适合个性化需求的应用软件，以互联网方式提供服务，按需分配，减少资源浪费，从而大大提升工作效率，大幅降低业务创新的门槛。

从长期趋势看，云计算的解决方式将使信息获取或处理变得更加简单，无论你身处何地，只要有网络，甚至你自身都不需要携带设备，只需借用周边的显示器，就可以得到你所需要的信息和应用。信息化时代，信息就像我们生活中的氧气，所有的消费和生活习惯都离不开信息。由此可见，云计算所带来的商业模式变化是节约成本，它使得 IT 技术更低成本、更快捷地向社会各个领域渗透，未来数年将出现信息技术与各产业融合发展的趋势，产品的生命周期也将越来越短。

对此，IBM 中国全球咨询服务部 CTO 首席架构师王静玺认为，开源节流将是云计算核心价值的体现之一。LaaS 可以降低所有的运营管理成本，弹性扩展的基础平台适应业务量动态的变化。虚拟化提升服务器硬件资源的使用效率，减少资源浪费，降低运营成本，这些都是“节流”的表现。而 PaaS 层面的变革则是“开源”，它使人们的服务理念和服务方式发生根本式变革，并且只有在云的模式下才能全面解决以客户为中心的问题。

第二，云计算商业模式本身体现了一种共享经济。按照美国国家标准技术研究对云计算给出的描述：“云计算是一种对资源的使用模式，是对共享的、可配置的计算资源（如网络、服务器、存储、应用和服务）提供无所不在的、标准的、随需的网络访问。资源的使用和释放可以快速进行，不需要多少管理代价。”

这种新的 IT 资源使用模式，指的便是动态、随需、自动化。换句话说，云计算将Ⅳ基础架构的所有权和使用权分离，将服务以一种“消费品”的方式来进行交付，用户可以通过互联网实现生产生活，这就是云计算所带来的具有更大价值的新型共享经济。

“分享型经济”是一种新产权结构，具有双层的产权结构。支配权（财产的归属权）在上层，使用权（财产的利用权）在下层，其两个核心理念就是“使用所有权”和“不使用

即浪费”，通俗来说，分享型经济倡导“租”而不是“买”。

作为IT领域的共享经济，云计算不仅给软件市场带来了巨大的变化，也给硬件市场带来了变化。云计算出现之前，软件厂商主要是先一次性收取相关的软件费用，然后通过每年的维护费用赚取客户的钱。云计算出现之后，软件厂商则改变为每月收取会员费用，而不用再购买软件的整个授权，只需要支付自己所使用的软件和服务即可。这样一来，软件厂商就必须改变其产品和服务的商业模式，必须设法向每个客户销售其服务。硬件厂商也是如此。

在过去的十年里，虚拟化主宰着整个行业，而现在的云计算就是虚拟化的个体延续。在设备可以虚拟运行多个系统之前，企业的硬件只发挥了20%~30%的性能。现在通过云计算，硬件设备可以在服务提供商的控制下分享计算能力。这样一来，在相同的硬件配置下，企业的硬件设施就能发挥双倍的性能。最简单的，在需求等同的情况下，企业很有可能会减少硬件设备和相关服务的需求。可以说，云计算由于分享模式提升了产品和服务的使用效率，从而带来企业商业模式的变化。

第三节 云计算的商业模式

一、云计算的常见商业领域

目前在中国主要的行业中，云计算的实际应用尚未得到全面发展和推广，然而随着云计算的迅速发展，云计算的宣传和推广速度也正在不断加快，我国重要的行业和领域内最为主流的IT应用必然是云计算，并且云计算已经成为重要的行业用户开展信息化体系建设、IT运营管理等工作的基础。

（一）医药医疗领域

在国内信息化行业当中，医药企业、医疗单位一直都盘踞在最高点，随着新一轮医疗改革的不断深入，对于我国医药企业和其他医疗单位而言，为了适应对医改相关业务调整的要求，它们必将继续加快建立和完善现有的医疗信息化体系。受这种发展趋势的影响，以“云计算平台”作为技术核心的信息化应用模式便随着行业需求展开，使得医疗企业内部的信息资源共享和运营管理能力提高，包括医疗信息公众服务平台在内的整体和服务功能，都因此得到有效的改善和提升。

2021年上半年，医药电商用户使用率最高的平台是阿里健康，使用率为46.8%，其次是美团（38.3%）和京东健康（37.9%）。互联网平台进入医药电商，具有较大的资本、流量、物流优势，加上一站式购物模式更加便利，使得不少消费者偏向于在惯用的电商平台或外卖平台上购买医药产品。

（二）工业、制造领域

国际数据公司（IDC）最新发布的《中国工业云市场跟踪（2020下半年）》报告显示，2020下半年中国工业云市场规模达到23.0亿美元，同比增长33.9%。在过去的2020年，工业物联网、智能营销、供应链管理等工业云解决方案为工业客户带来了切实收益，并在严格的疫情管控措施下，保障了客户的物流调配、复工复产、资源对接等需求。

受疫情影响，企业转而开始主动探索适合自身的云计算平台，并寻求非接触连接形态下的全新IT解决方案。在云平台市场，头部云服务系厂商凭借完备的数据与智能基础产品体系、相对更高的产品技术壁垒，获得了更大的成长空间；在云应用市场，除头部软件系、工业系服务商完成业务拓展外，中小及新兴服务商凭借对细分行业、独特场景的理解，亦在工业云市场获得立足之地。

若金融危机进一步加剧，制造商之间的竞争将会愈演愈烈，企业一方面需要改进管理模式、推动产品更新换代，另一方面还必须充分兼顾内部产品供应链管理优化和外部产品供应链管理调整，只有如此，才能达到缩短产品研发生产周期和大幅降低运维成本的理想化目标。云计算技术的运用能够更好地对各类业务系统进行整合，以加速企业内部云供应链一体化信息服务平台的产生，使得企业内部信息一体化的进程能够尽快实现，这样其自身的综合能力才可以得到显著的增强。

（三）金融与能源领域

长期以来，在推动我国企业信息化建设的用户中，金融和可再生能源企业被认为是最具代表性的存在，像中国农业银行、中国人民财产保险股份有限公司以及中石化股份有限公司等行业内的企业信息化建设均将在这个时候达到“IT 资源整合集成”的关键时期，在这个时期，只有通过“云计算模式”，才能将基于 LaaS 的数据库和物理集成平台迅速地搭建起来，并且集成各种服务器软件和基础设施，同时，在信息系统整合过程中，要将基于 PaaS 的系统整合平台构造出来，以达到各异构系统间互联互通的预期目标。所以在金融与能源企业的眼里，信息化整合绝对离不开云计算模式的应用。

（四）电子政务领域

云计算将在推动中国各级地方政府机关和企业搭建公共服务平台的过程中为社会贡献自己的一份力量。目前各级地方政府机关都在致力于打造全新公共服务平台，使得公共服务型政府形象更加深入人心。随着虚拟化技术、PaaS 技术的广泛运用，相应的公众平台服务器集群和其他公共服务系统也将相继投入使用，这对于整个公共服务平台内部的安全、稳定地运行，以及整个平台的不间断服务功能的增强而言，都会发挥很大的作用。

（五）教育科研领域

高校、科研单位等需要用到更先进的研发平台时，肯定也会使用云计算。目前，中国科学院与清华大学已经率先使用了云计算技术，所获得的成效远超预期。在不久的将来，云计算还会推广到更多的高校、科研领域之中，大家各取所需地将相应的云计算平台打造出来，再不断整合现有研究的服务器、存储资源等，使云计算平台变成可复用且高效的一把“利刃”，使科研、教学工作的整体效率都得到大幅提升。

（六）电信领域

2020 年中国移动、中国电信、中国联通、华为等联合发布《电信行业云原生白皮书》，白皮书中提到电信网络作为信息通信的基础设施，国内外运营商、设备商和服务商等在电信网络云端化方面纷纷布局。

白皮书以电信行业为视角，梳理了电信行业云原生理念、现状与需求，提出了演进的参考目标与路线，对未来发展趋势做了进一步展望，并呼吁运营商、设备商和 IT 厂商共同探讨云原生演进方向，对电信行业云原生技术发展起到了重要指导作用。白皮书指出，综合电信网络的云计算演进路线，一般存在三个阶段：虚拟化阶段、云化阶段和云原生阶段。国内三大电信运营商均已开展云原生相关技术研究与实验，主流电信设备商也主动推进网络容器化实现，提升研发效率、降低研发成本。

二、云计算企业商业模式六要素

企业在构建云计算商业模式的过程中要考虑云计算商业模式的构成要素的问题。我们从产业选择和战略定位、盈利模型、资源整合能力、资本操纵能力、组织管理能力和价值创造六个维度来进一步阐述其对云计算企业的商业模式的重要性。

（一）产业选择和战略定位

对于云计算企业来说，做好市场细分，确立好自身产品或服务定位至关重要。云计算企业想在市场中得到认可并获得成功，避免自身劣势以及环境带来的压力，就要重视战略的作用，认真地进行企业的云计算定位。

（二）盈利模式

盈利模式对于云计算企业的生存发展起着重要的作用，而成功的盈利模式是企业竞争力的表现。云计算按服务类型可分为基础架构即服务（LaaS）、平台即服务（PaaS）、软件即服务（SaaS）三种，云计算企业可依据自己的云计算服务类型来确定相应的盈利模式。

例如，提供 LaaS 服务的云计算企业可以采用即付即租的盈利模式。一般用户无法承担支撑数据所需要的硬件设施，同样，企业客户自己部署 IT 硬件设施以及软件资源的成本也是比较高昂的。这种模式吸引了许多高层次的科技和创新企业，在不需要购买平台的任何设施和软件资源的情况和前提下，通过即付即租方式快速地搭建和实施企业自己所构建的云计算平台。这种模式不仅可以支撑一批提供应用的中小型云计算企业，而且使得企业自身获得较大的收益。

而对于提供 PaaS 服务的企业来说，用户的人气是十分重要的，因而大部分此类云计算企业都是采取前向聚集人气、后向收费的盈利模式。因为互联网信息的发展，通过前向收费再提供服务的模式是难以实现的，因而向用户提供免费式体验服务，再对特殊服务进行收费的模式更容易为云计算企业积聚大量人气。

提供 SaaS 服务的云计算企业，采用的是一种通过互联网提供软件服务的盈利模式，即企业和用户共同租赁其软件服务。用户不用在线购买任何软件来支持自己的应用，只需在线支付租赁费，就可以享受到该软件的使用。

当然这三种模式不一定是单独应用的，也可以相互配合利用。在线支付租用费用，即可享受软件的使用服务。但是无论采用何种盈利模式，符合云计算企业自身业务特点和资源优势才是最重要的，只有基于此，才能构建企业自身强有力的竞争优势。

（三）资源整合能力

云计算企业在制定战略的过程中必须考虑到自身的资源整合能力，因为战略的制定需要了解企业拥有哪些资源，是否拥有能力使资源得到最佳的发挥，选择何种资源能够使企业的竞争力增强，哪些资源会让企业事半功倍。所以，资源整合能力为云计算企业的行业选择与战略定位提供了参考。

（四）资本运作

云计算企业的生存和发展离不开资本运作，因为云计算技术本身是需要耗费资本的。一旦云计算企业在市场中立足，就需要考虑企业资产与运营之间的合理配置问题，也必然需要将资本运作与战略结合起来。因此，云计算企业在初期发展可以试图获取风险投资的青睐。能够支撑中小型云计算企业发展的不仅仅只有风险投资，政府政策支持资金、产业资助政策等政府资金项目，对于云计算企业的发展来说，也有较大的帮助。

（五）组织能力

企业的特色是通过企业的组织能力表现出来的，拥有正确的战略方向可以使企业的目标明确，拥有良好的盈利模式可以给企业带来盈利。如果企业不具有良好的组织能力，那么企业就无法有效地实现目标，甚至无法盈利。对于云计算企业来说，良好的组织能力可以加强员工间的沟通、增强企业凝聚力，从而更加高效地实现企业的战略目标，同时也可以区别于竞争对手，获得最佳的市场机会。因此，云计算企业应该持续不断地完善组织结构，构建良好的企业文化，形成拥有企业自身特色的管理模式或是管理亮点，不断提高企业自身的组织能力，这样才可以使企业自身的竞争力得到提升，使企业可以在云计算这个巨大的市场中站稳脚跟。

（六）价值观的创造

云计算企业以行业的选择和战略定位作为起点，通过其盈利模式、组织能力、资源整合和人力资本运营等方式使云计算企业获得快速发展，最终目的之一就是实现对价值的创造。这里所讲的价值创造，不仅包括企业本身的价值，还包括客户的价值和对社会的价值。

云计算企业在市场上需要通过应用云计算技术来实现和满足顾客的需要，因而企业价值的创造促进了商业模式的周期性循环往复，从而促进云计算企业的商业模式继续正常运作，为企业提供源源不断的信息和服务。

第四节　云计算的未来发展

在云计算的技术基础之上，能通过移动网络以按需、易扩展的方式获得所需的基础设施、平台、软件（或应用）等的一种 IT 资源或（信息）服务的交付与使用模式的移动云计算，是云计算技术在未来的发展。

一、移动云计算在移动时代的发展

云计算技术在电信行业的应用必然会开创移动互联网的新时代，随着移动云计算的进一步发展，以及移动互联网相关设备的进一步成熟和完善，移动云计算业务必将在世界范围内迅速发展，成为移动互联网服务的新热点，使得移动互联网站在云端之上。

（一）信息技术的进步

我国现代信息技术发展经历了以下几个阶段：第一阶段就是专业人员的使用时期。当时计算机本身就是巨型、昂贵的科学计算专业设备。第二个时期就是个人电脑计算机的时代。电子计算机已经转换成为我们个人日常工作和娱乐的一种家庭生活工具。随着互联网的普及，计算机已经步入第三个发展阶段——互联网时代。由高性能服务器通过网络为多用户提供服务的 Client/Server（CS）模式得到广泛应用，然而，CS 模式对带宽、计算、存储等资源的高要求成为其发展的瓶颈。因此，信息技术又进入了第四个阶段——分布式计算、网格计算、P2P 技术、Web2.0 等得到广泛研究和应用的时代。每个用户既是资源的使用者，也是资源的提供者，由多个用户共同分担庞大的计算、传输及存储需求。目前，移动互联网和云计算是信息技术发展的两个热点。

（二）移动互联网的发展

相对于其他传统的互联网，移动互联网更多强调的就是能够使用蜂窝移动通信网，随时随地在移动中直接接入互联网并实现所需要的业务。随着2007年苹果公司iPhone的面世，移动互联网已经成为我国通信行业发展最为迅猛的移动通信领域。随着移动通信技术和Web应用技术的不断进步、发展和创新，移动互联网业务已经成为继宽带技术后互联网行业发展的另一个引擎和驱动力。移动互联网凭借其移动应用的随身性、可认证权、能够进行身份标志等优点，使得互联网更加广泛普及。同时，移动互联网业务也给传统的互联网业务提供了一种新的市场发展空间和一种可持续发展的商业模式。目前，移动互联网业务正从原先简单的文字图像浏览、视频软件下载、图灵数据库下载等形式向固定互联网业务与移动业务深度融合的形式发展，正成为电信运营商的重点业务发展方向。

（三）移动云计算的应用

云计算由分布式计算、并行处理、网格计算发展而来，是一种新兴的商业计算模型。云计算中的“计算”可以泛指一切ICT的融合应用。所以，云计算术语的关键特征并不在于“计算”，而在于“云”。随着互联网技术的飞速发展，以及互联网应用的全面普及和广泛深入，互联网技术成为ICT应用的基础，层出不穷的互联网应用需求也要求ICT理念进行重新思考和设计，从而使ICT应用架构发生了深刻和根本的改变。这种改变不仅带来ICT应用平台的更新换代，而且也带来ICT应用实现和商用模式的创新。尽管云计算的概念和定义很多，但究其本质还是为了满足ICT应用和业务的网络实现。本书给出云计算更为明确而严格的定义：云计算是在整合的架构之下，基于IP网络的虚拟化资源平台，提供规模化ICT应用的实现方式。

当前应用移动端和互联网的蓬勃兴起和快速发展，基于手机等移动终端的云计算服务应运而生。

在电信服务行业中推广引入云计算相关技术，是移动互联网全新发展时代的必然要求，随着移动云计算日新月异，移动终端互联网及其相关信息技术和通信设备的快速更新和不断完善以及应用程度越来越高，移动云计算及其技术相关业务在整个世界得到了广泛推广及应用。

2009年，我国三大运营商中国移动、中国电信、中国联通如愿地拿到3G（第三代移动通信）牌照，这就意味着国内手机和移动互联网已经进入黄金时期。对于移动云计算市场和技术的发展而言，人们长期使用无线互联网相关服务，将会起到有效的促进作用。

苹果公司所计划推出的新发布的MobileMe存储服务，它指的是基于云计算与云储存的解决模式方案之一。从美国苹果公司最近对外公开发布设想分析来看，MobileMe服务的基本功能和主要作用不仅仅只是处理数码相片、通讯簿、电子邮件和移动笔记本等各个项目，对于智能移动设备终端服务用户所有的需要和所能做的一切，都会在由美国苹果公司自己研发生产的各类智能移动设备终端应用界面中直接进行自动备份。

二、移动云计算的服务模型

移动云计算服务模式包含了“端”“管”和“云”三个维度。“端”指任何能接入“云”并完成信息交互的手机等移动终端设备；“管”指用于完成用户信息传输的通信网络；“云”的本质就是业务实现的方式，即业务模式。云计算主要可以被细分成三个层次的服务和模式：顶级的是软云，中间一层就是平云，底层则是基云。

基云指将TC的基础设施作为业务平台，直接按资源占用的时长和多少，通过公共互联网进行业务实现的“云”。基云的用户可以是个人，也可以是企业、集体和行政单位。基云在英文里是IaaS，也称基础设施即服务。亚马逊是通过其弹性计算云（EC2）在业界最早实施基云的运营商。基云的TT业务将计算、存储、网络、安全等原始I资源以出租形式租给用户，用户可以通过操作系统和应用软件（数据库和Web服务软件）使用租来的T资源。

平云指将应用开发环境作为业务平台，将应用开发的接口和工具提供给用户用于创造新的应用，并利用互联网和提供商来进行业务实现的“云”。平云可以利用其他基云平台，也可以用平云运营商自己的基云平台。平云在英文里是PaaS，也称平台即服务。谷歌通过其APP Engine软件环境向应用开发者提供平云业务，应用开发者必须采用APP Engine应用接口来开发应用。

软云指基于基云或平云开发的软件。与传统的套装软件不同，软云通过互联网应用来进行业务实现。软云业务可以利用其他基云和平云平台，也可以利用软云运营商自己的基云和平云环境。软云在英文里是SaaS，也称软件即服务。Saleforces是最著名的软云运营商之一，提供企业资源规划（ERP）应用服务。软云为用户省去了套装软件安装、维护、升级和管理所造成的麻烦，因为应用程序完全由软云运营商集中管理。

在云端的网络基础设施这个层面一般是由服务器、数据库、内部存储装置、并行分布式计算系统等部分构成；平台的层面一般包括运营、支持与开发三个主要的平台部分；在应用领域主要是为客户提供各类软件、资料及信息。

三、移动云计算的代表企业

加拿大RIM公司向商业用户推出的黑莓企业应用服务器方案，正是移动互联网应用的典型案例，并且它还将云计算特征完美地体现了出来。其中，黑莓的邮件服务器会把移动终端、企业应用和无线网络连成一体，使用户通过应用推送技术的黑莓终端远程接入服务器，实现对个人邮件账户的实时访问，比如远程查看附件、地址本以及日历与邮件的同步操作等。不仅是黑莓终端，其他移动设备平台要想获取同等服务，只需按操作完成与黑莓服务器的连接即可实现。

微软公司自主研发的“LiveMesh”可以把安装有Windows操作系统的电脑，有Windows Mobile的手机，可以通过公开接口来整合使用Mac系统的苹果电脑和其他系统的手机，利用互联网完成设备互联，以实现用户跨越不同设备同步个人终端、网络中的内容，同时还能在“云”里直接存储相关数据。在出现了Azure云平台之后，微软致力于对云端服务能力的完善，同时在操作系统、软件领域取得成功的基础上，让广大用户、开发人员都可以享受到优化程度更高的云计算解决方案。

Google作为云计算的领军者，多年来在面向移动环境的Android平台与终端方面投入了巨大的精力，一系列基于移动终端及云计算的全新应用正是由此而来，比如Google街景、Google手机地图、整合移动搜索和语音搜索的服务，等等。

RIM公司的黑莓邮件服务和苹果公司的“MobileMe”代表了手机厂商直接向用户提供服务的模式，微软的“Live Mesh”和Google的移动搜索则代表了云计算服务提供商通过手机或其他移动终端向用户提供服务的模式。两种模式都是为了实现对企业、多个领域和多个层次的资源和服务进行整合，所提供的各种应用和服务均必须具备相当于信息数据存储的同步特征和相关应用之间的一致性。总之，移动云计算使得各类服务在技术上的表现令人瞩目。

第七章

大数据知识及应用

大数据（Big Data），简称为“巨量资源”，指的就是所需要涉及的资源量规模庞大甚至无法直接通过目前市场上主流的各种软件和工具获得，需要在合理的时间内进行抓取、管理和综合处理的一种大型数据集合。

大数据分析技术主要含义是专门泛指从不同技术类型的商业数据中，快速地分析获得各种高质量、低成本、有价值的数据资料的技术能力。适用于技术研究和扩展应用基于大数据的各种相关信息技术，包括能够实现大规模的并行处理（mpp）的大数据库，数据资源开发与分析挖掘的智能电网，分布式数据档案管理数据系统，分布式数据库，云计算数据平台，互联网及其他各种可靠和可持续性的扩展数据存储管理系统。

第一节　大数据的定义

一、什么是大数据

关于大数据的解释一般都比较抽象，我们可以理解为它是一种物理符号，主要用来记录数字、图片和文字等信息内容，但前提是要足够了解数据背景，才能顺利获取目标信息。大数据的信息数量是无法估量的，实际处理时需要借助一定的数据处理工具，对于当前信息社会的发展而言，它可以说是一种全新的现象，是人类之前没有接触过的陌生事物。种类多、价值高、容量大、流量大是大数据的独有特征，要想从中获取一些有价值的信息，就必须经过专业处理与分析。

通俗来讲，大数据说的就是在一个人所无法接受的时间范畴之内，通过自己使用一部分的软件或者工作方法来对大批数据信息进行获取、管理和处置。这些经过大数据处理的信息能够为企业具备更为坚定的决策能力打下坚实基础。大数据的实际战略意义不仅仅是为了存储大批数据信息，重点在于对这些数据信息的准确性进行专业化的综合处理。

大数据的计量范围超过了一些传统的数据库软件的功能。大多数的人觉得大数据只是一种简单的概念，实际上并没有一个单独的执行标准来判定数据集合的范围限定在多少。随着时代的变迁以及数据处理技术的发展，很多达到大数据规定的数据集合的范围也在不断地扩大。与此同时，大数据的规模也是根据行业领域及其应用的不同而变得不具有统一性。

不少年轻人都有过这样的经历：刚一打开微博，网页就给你特意地推荐了一些“你可能认识的人”的网页链接，而这些人里面还真有不少多年来与你失去了联系的亲密好友或同学。再打开购物网站，你又发现了很多最近打算购买的物品。再打开自己想看的新闻，网页上立刻就显示出很多你喜欢看的新闻。

再去网上书店上搜索一本书，立即就出现很多与这本书同一类型的其他书籍。这其实并不是这家网上书店的神机妙算，也不是出于某些行业专家学者的精心建议和大力推荐，而是因为隐藏在它背后的大数据分析。这些日常数据都详细记录着过去若干年来数以万计的中国人每一次网上购书的行为细节，根据大数据分析，得知很多人买了这本书后还会买另外哪些书，也就会在此后你进入网上书店买书时自动给你推荐与此书同一类型的其他书籍。

这些都有赖于“大数据技术”，这些大型网站引擎可以通过对你的网页浏览和网站搜索使用习惯等众多的大数据因素进行综合分析，来判断和分析归纳出你的文化喜好、社会生活环境甚至是日常生活习惯。

站在大数据对象的角度，想要在大数据中得到一些具有价值的信息，就需要找到大量的数据之间存在的一些相互关联的信息，这样我们才能更好地挖掘其价值。大数据之间的结构化以及相互关联度就是大数据与其他典型大数据之间的区别。

根据技术角度，大数据和其他数据的最大的不同之处在于，大数据可以根据相关数据对象之间的关系进行后期处理，比如买书时给你推荐同类型书籍。

站在应用的角度，大数据是一种具有一定性要求的大数据集合，同时具有捕捉有效信息的一种能力。也正是因为这种应用功能上的紧密联系性，甚至是一对一的联系，大数据的应用才成为大数据分析中必不可少的内容。

二、大数据的特点

普遍认为，大数据主要指的是一种具有规模性、多样化、高速度和价值性四个基本特征的信息。

（一）规模性

也就是大数据数量大的特点，存储单位也是由过去的 GB 变为 TB，一直到 PB、EB。根据大数据技术的不断成长，数据呈现出爆发性的增加。其来源范围覆盖了整个社交互联网，移动互联网，以及各类智能终端。其中淘宝网大概拥有 4 亿的用户，一天所形成的货物成交额数据就能达到 20TB。所以急需先进的算法、快速的数据处理平台及技术，进行计算研究、判断以及及时处理较大内容的数据。

（二）多样性

大范围的数据来源，也意味着大数据的形式变得更加的多样化。大数据总体上可以划分为三种。一种是结构化的数据，其次是非结构化数据，最后一种是半结构化的数据。

（三）高速性

与以前的档案、广播和报纸等传统数据相比，他们的载体不同。这样的大数据可以进行实时分析，而不是一个批量化的分析，在进行输入、处理和丢弃等操作的时候都能够立马见效，没有延迟。数据的增长速度以及处理的速度快是大数据最明显的特征。

（四）价值性

这是大数据最主要的特征。在现代社会产生的数据当中，有价值的信息占据的比例是不多的。对比于传统的小数据，大数据其最主要的价值就是根据各个不同来源的大量数据信息进行选择分析，以此来判断预测哪些是有价值的数据，并且经过机器的自主学习方法、人工智能的方法或者数据挖掘分析方法进行更进一步的研究，来发现新规律以及新的知识。并且将其运用于农业、金融、医疗等各个行业，以至于能够改善社会治理情况，提高生产力，进一步促进科学的研究进程。

第二节　大数据的应用

21世纪以来，随着互联网和信息技术的迅猛发展，个人的出行轨迹、睡眠时间、喜好与偏爱等诸多方面均可实现数据化。在这个资源和数据增长迅猛的新时代，谁能完全掌握住资源和数据的权威，谁就能在激烈的市场竞争中占有一席之地。因此，推动互联网+大数据新兴产业的发展，构建“互联网+数字经济”已成为一项非常重大的课题。大数据之“大”，不仅体现在它的“容量”上，更体现在它的“价值”上。一部分学者将企业的大数据比作含有巨大资源和能量的煤矿。大数据最根本的意义不在于它的作用范围很广，而在于其所具备的价值含量和所带来的成本和数量很重要。对于许多产业来说，大数据也是影响企业市场竞争的基础和根本驱动力。大数据是企业竞争的根本动力。

一、大数据的价值

大数据的价值在未来会得到越来越明显的体现，主要基于以下几个方面的原因。

第一，大数据技术不断提升数据自身的价值。大数据技术的核心诉求之一就是数据的价值化，大数据产业链几乎都是围绕数据价值化来打造的，随着大数据技术的不断发展，数据的价值必然会越来越大。

第二，人工智能离不开数据。数据作为人工智能发展的三个重要基础，在未来的智能化时代也将扮演着重要的角色，所以数据的价值也必然会随着人工智能技术的发展而得到提升。在工业互联网时代，人工智能技术是一个重要的发展趋势，借助于人工智能技术，工业互联网能够发挥出更大的作用，从而能够为广大的行业、企业赋能。

第三，数据是互联网的价值载体。互联网发展到现在，急需一个体现互联网价值的载体，而数据就是这个天然的载体，相信随着互联网的不断发展，互联网整合社会资源的能力会越来越强，数据的价值也会不断得到提升。由于互联网无处不在，所以通过数据来承载互联网价值也比较方便，未来通过互联网来实现“价值交换”也是一个比较明显的发展趋势。

那么，大数据的价值到底体现在哪几个方面？

第一，对大量消费者提供产品或服务的企业可以利用大数据进行精准营销。

第二，做小而美模式的中小微企业可以利用大数据进行服务转型。

第三，面临互联网压力之下必须转型的传统企业需要与时俱进，充分利用大数据的价值，来实现企业的提档升级。

总之，企业组织利用大数据分析可以帮助它们降低成本、提高效率、开发新产品、做出更明智的业务决策。这也说明了大数据将会在越来越多的方面发挥它的价值，大数据的市场前景非常广阔。可以说，如果一个企业不善于利用大数据这个时代武器，就很难跟上时代步伐。

在数据化的时代背景下，每一个企业都重新确定了自身的定位，数据资源的整合分析被放置在核心的战略体系当中，并且由此衍生出一系列新型的服务和产品。各大企业招聘平台和网站也都使用了较为先进的信息化和大数据技术，自主开发了一套能够满足企业后期发展需求的产品，通过各种科学技术，对大量信息技术资料进行了整合和分析，为企业后期发展和战略决策提供一定的理论基础。随着互联网+、人工智能、大数据、云计算等新兴信息技术的不断出现与成熟，越来越多的企业将这些大数据的创新和应用引入科研、政务、传播、农业、能源、物流、医疗、交通、零售、游戏等领域。

二、大数据商业模式变现的八大应用场景

大数据相关产业在技术上分别具有安全无环境污染、生态友好、低生产成本和具有高附加值四大优势，对于加快促进当代我国经济改革和开放转变以往奉行的资源型主义市场经济的快速增长体制方式、实施“互联网+”的重大行动战略规划、实现我们推进党和国家现代制造业 30 年的重大发展战略目标具有十分重要的社会战略意义。前几年，国内对于推动大数据相关产业发展的讨论较多、落地的相对较少，商业模式仍然处于早期起步和发展初探时期，行业发展仍然处于两个重要极端。一个原因是目前过热的浮躁经济给我国企业发展带来了一定的资本市场经济泡沫和新的行业发展风险；另一个重要原因可能就是人们怀疑大数据仅仅是一种技术炒作，仍然始终坚守着中国传统的企业管理战略思想、经营管理方法。进入 2015 年之后，大数据技术产业已经彻底告别了产业泡沫，进入更客观务实的产业发展升级时代，从传统产业的初始萌芽成长时代逐渐发展进入产业成长升级时代。当前，企业大数据应用变为了企业界正在努力探索的一个重要研究领域。

（一）大数据技术交易所

国内外已经有一些大型企业正在努力推进企业大数据的应用交易。目前，我国正在积极探索“国家队”参与的属于一级 b2b 大数据市场交易所融合应用的新场景。2014 年 2 月 20 日，国内成立首个专注于开展面向企业大数据综合交易的企业大数据金融产业交易综合体协会组织——创新中关村数海大数据交易产业联盟正式挂牌成立，同日，中关村中国数海企业大数据综合交易平台正式挂牌启动，定位于企业作为面向大数据的综合交易和金融服务平台。

（二）相关市场调研分析

国内相关市场调研分析报告的统计资料大多是从国家统计局等部委以及相关统计单位的专业统计资料中搜集获取，由国家相关部门专业市场研究机构人员对统计资料的内容进行定量分析、挖掘，找出不同应用行业的相关市场调研定量分析特征并综合分析得到具有确定性的研究结论，常见于“市场调研分析及发展咨询报告”，如《2015—2020 年中国通信设备行业市场调研分析及发展咨询报告》《2015—2020 年中国移动电话行业销售状况分析及发展策略》《2015 年光纤市场分析报告》等，这些移动电话行业客户销售服务发展咨询分析报告主要针对中国社会实体消费者市场销售，其实也就是一种针对大数据化的 O2O 交易销售模式。各行各业的市场分析报告已经给中国行业内的大量专业人士和中国企业领导提供了一些相关的专业智力研究成果

以及他们在中国企业市场经营和国际市场营销工作中的各种相关应用数据作为参照，有利于稳定市场上游、优化适应链，避免行业产能严重过剩，维持行业、市场稳定。这些主要采用的方法是以国家统计学研究部门的传统结构化分析数据和非传统结构化分析数据模型作为基本分析数据库进行研究，是一个针对传统的单一或者两个不同行业的非结构化分析数据的综合应用研究场景。

（三）数据挖掘云计算软件

云计算的出现给中小微企业实时分析海量数据的应用提供了便宜而又快捷的解决办法，SaaS 模式正是云计算最大吸引力之所在。云计算服务中 SaaS 软件系统可以为客户提供第三方软件，如数据挖掘或数据清洁等第三方软件。业内曾经有许多专家指出，大数据=海量数据+分析软件+挖掘的全过程，通过各种强大的功能、独特的分析软件为客户提供丰富多样的数据挖掘服务，这便是其实现盈利的主要模式。目前国内出现了许多大数据公司，他们设计并开发了一些基于云端的大数据分析软件，它们集统计分析、数据挖掘和商业智能于一体，用户只需要把数据全部导入到该平台，就能充分运用该平台提供的丰富算法和模型，进行数据处理、基础统计、高级数据挖掘、数据制图和结果输出。数据由整个系统统一地进行管理，能够准确地区分私人和公共的数据，可以很好地保证私人和公共的数据仅仅是给持有者和客户使用，同时又支持各种数据资源的接入，适用于分析各种行业的信息，易学好用，操作界面简单直观，普通用户略微做详细了解之后便可以使用，同时还特别适合高端用户自行搭建模块进行二次开发。

（四）大数据的咨询分析服务

机构及企业的规模越大，其所拥有的大数据量就会变得越大，但是很少有企业会和大型的互联网公司一样具备自己的大数据分析人才和团队，因而必然会出现一些较为专业化的大数据分析咨询公司，这些公司主要提供基于大数据的管理咨询、大数据分析、商业模式的转变、市场营销战略策划等，这些大数据可以作为评估的依据，咨询公司得到的结论与咨询成果变得更具有说服性，这也正是传统的咨询公司发展转型的主要方向。例如某大型研究与咨询公司副总裁在一次公开会议上表示，大数据可以让贵州的农业生产节省 60%左右的资金和投入，同时可以增加 80%的生产率。该公司之所以能够做出这个论述，主要基于他们对贵州的农业、天气、土地等相关数据的日积月累和其建模分析的技术能力。

（五）政府决策咨询智库服务

党的十八届三中全会主持审议表决通过的《中共中央关于全面深化改革若干重大问题的决定》第二条中明确提出，加强对创建中国具有特色新型国际智库的领导建设，构筑健全的智库决策层和顾问管理制度。这是中共中央首次正式提出“智库”这个概念。近几年，一批以加快建设国家级特色现代化新型智库建设工作保障体系建设为主要发展导向、以积极推动和推进服务我们党和国家国民经济社会改革发展重大战略实施为主要发展目标的新型智库迅速创设建成。可见，大数据的广泛深入运用将极大地提高当代我国地方政府公共决策管理工作的科学效率与政府决策的综合科学性。

（六）自有平台的大数据分析

随着互联网对于大数据的重要性和价值被各行各业逐步接受和认可，一些具有广泛客户群体的大中型企业也纷纷开始研究、建立自有的平台去收集和处理企业内部的大数据，并把它们嵌入企业内部的 ERP（企业资源计划）系统作为信息流，由这些大数据带动企业内部的决策、经营、现金流管理、市场开拓等，起到了促使企业内部价值链向高端化增值转变的重要作用。在数据分析 1.0 时代，数据仓储被看作是分析的重要基础。2.0 时代，公司主要是依靠 Hadoop（大数据计算框架）集群和 NoSQL（泛指非关系型数据库）。3.0 时代的新型"敏捷"分析方法和先进的机器学习技术正在以一个更快的速度为客户提供数据分析的结果，更多的公司或者企业将在其战略部门设立首席分析官，组织跨职能、横向学科、知识框架结构丰富、营销实践经验丰富的专业技术人员对各种类型的数据进行混合分析。

（七）大数据成为投资的重要工具

证券市场的交易行为，各种股价指数和股票价格与证券投资者对其进行的市场分析、判断和市场情绪波动有着极大的交互相关性。自从 2002 年诺贝尔经济学奖由美国行为金融经济学家卡尼曼和行为实验社会经济学家史密斯一起获得后，行为金融经济学也由此开始逐渐得到世界主流的社会经济学家的认可。行为经济金融基础理论把社会行为金融心理学，尤其是社会行为科学的基础理论充分融入并应用到了行为金融中。现实生活中一些已经拥有大量证券投资基金用户相关信息和消费数据的大型互联网金融企业或基金公司将其在自己的行业论坛、博客、新闻研究报告、文章、网民的投资用户消费行为、投资基金意向与股票市场行情与对接等多个方面问题进行深入研究，关注基金投资市场热点和股票市场行情，动态地设计调整基金投资产品组合，开发计划制定并推出一套适合其在大数据行业投资的基金工具，如大数据型证券投资基金。

（八）定向采购网上交易平台

很多数据分析的结果在某个时候都会成为其他行业的主要运作业务依托，国内目前对于实体经济的网络电子商务化已经能够做到 B2B、C2C、B2C 等，甚至目前 O2O 也越来越受欢迎，但是对于互联网和数据这种属于虚拟物质的商品而言，目前尚没有一个具体的网络和线上贸易平台。例如服装制造公司为了针对某个省份的市场，需要该行业内客户的健康、体重等中位数和平均值的数据，那么医院的体检单位、专门的体检部门和机构便是这些数据的提供者。通过从网上获取的这些信息，服装公司将有能力进行精细化的生产，以更少的成本来生产最终贴合消费者和市场需要的服装。设想一下，如果一个企业有这样一个"大数据定向采购平台"，它就好像是放在网上的一个购物服务平台，既可以由一个消费者直接发起对于某个买方的采购需求，也可以直接推出对于卖方想要提供的产品，通过这种方式，再加上第三方的线上支付服务平台，"数据分析结论"这种类型的商品就可能会悄无声息地占领市场。这种类型的商品不会占用物流的大量资源、也不会污染消费环境，但是却一定会因为有"供"和"需"形成巨大的交易市场。而所有的买方与卖方都可能需要同时进行企业实名身份确认，构建诚信信用档案管理长效机制。

第三节　大数据的未来发展：新生产力要素

如今，我们再次站在产业发展转型改造升级的一个历史节点上，感受着一场巨浪的强烈冲击：云计算和移动互联网以及基于大数据的广泛应用已经促使企业对产业的主要生产力结构进行重大结构改革；工业生产力的重大改变已经让许多现在科学上的技术和经济模型都开始拥有了一种新的鲜活感和血液；与此同时，互联网和一个现代化的经济社会也正开始面临着一个新的重构。此时此刻，谁能够正确地看清这一变化趋势，谁就能够准确把握和抓住这

一产业变革的有利先机，谁就能够迅速获得更大的市场运营权和筹码。

一、生产力之变革：系统架构+数据+用户

产业链和生产力的快速变化，在时任百度旗下全球首家大数据服务公司的高级首席系统架构师林教授看来，可以从四个不同的周期时间点和节点角度来对其进行综合分析：大型机时代、PC 时代、互联网时代、云计算时代。

在大型机时代，硬件是主要的生产力，到了 PC 时代，软件是主要的生产力。而在我国进入移动互联网的新时代之后，产业的生产能力就转变为了“软件+用户”。一个新的软件开发完成后，许多的工程师都会继续不断对它升级、完善。

那么，云计算和互联网等大数据使得生产力方式发生了怎样的转变？在这个新的时代，云计算直接带来的正是全球信息计算、存储资源的集中最大化流动效应，以及未来全球计算数据量的每年爆炸式快速激增，这些都直接促进了信息系统基础架构对接和 IT 服务产业的快速发展，并起着越来越关键的战略推动作用。而且随着行业大数据应用时代的逐步来临，也让我们更加积极地参与信息系统和不同行业类型信息服务的整体组织和系统构造中。

以百度搜索公司为例，如果一个用户输入一个搜索请求，其实百度公司一开始是很难确定在搜索结果的页面以什么样的顺序呈现给用户比较合适的。后来，百度公司通过分别依照一定的排序算法，制定两个最适合用户的排序方式，并在两个用户中随机筛选 5%的人群使用其他排序方式 a，5%的人群使用其他排序方式 b。之后，将大量的数据对比结果和大部分的数据反馈返回到机器人学习的平台，综合分析、挖掘百度搜索相关算法的特点和优势，进而研究制定出更优化的搜索排序模型，完善了百度的搜索系统。这样，促使用户能够更好地在百度搜索中找到自己所需要的内容。

二、计算范式之变革：数据中心计算

实际上，IT 产业的核心生产力正在转型变革，也就是说，计算产业规模的转型改变。例如前面我们提到的计算、存储等技术资源的集中和量化流动效应，以及对于处理海量计算数据的实时信息采集存储和数据处理的巨大需求，使得系统架构在技术上已经具有了日益重要的核心作用和主导地位。计算范式正在逐步由桌面系统（即简称为单机计算）转变到数据中心的计算方式。范式的转变也同时牵动着对于软、硬件的设计和工作原理、思路上的改变，而且整个行业的科技根基正在进行一场剧烈的变革。

根据百度搜索公司的说法，数据中心计算相较于传统的单机计算方法，其在系统设计概念上的一个重大改变便是对于容错性的处理思路。在传统的单机设计概念中，系统必须是越能够可靠地运行的就越好，原因也很简单，你只能配置一台电动机，坏掉就不行了。所以，在进行系统设计时，要在系统里面添加很多冗余的信息和校验逻辑，这样在系统出现了错误后还能够进行修正。在数据中心的计算中，主要采用的是分布式系统。分布式系统假设每一台电子产品最终都可能会发生故障，所以它们可以容忍任何一台电子产品出现的问题。这种

情况下使得二者在整个系统的设计方法上具有许多的差别。

另外，单机任务计算和应用数据中心单机计算的不同应用运行场景也各自会有一些差异，前者主要指的是一个面向单用户的一个多任务，而后者则主要指的是一个面向多用户的多个单任务，因此在进行系统架构设计时我们需要更加充分地考虑到其并行性。

在传统的一个 SSD 存储系统管理架构中，是由一个基于总的 SSD 的微控制器系统组合独立起来的并进行自动控制下面的一个 Flash（动画）存储单元，这样的主要技术优势之一就是实现系统结构黑盒化、层次式，不利之处主要在于总的 SSD 往往系统读取数据速度比较快、写入数据速度比较慢，因此容易造成系统技术上的瓶颈。而目前百度则根据实际商业应用中的要求，取消了其在 SSD 软件架构系统中的多擦写数据缓冲、擦写平衡等烦琐的工作逻辑，大幅度地简化了它的 SSD 架构控制器。通过将一个大的 SSD 存储单元分别划分形成很多个存储单元，每个存储单元都分别配备了独立的并行控制器和存储单元，这些控制信息和存储控制器的接口经过暴露上传到上层的数据存储管理系统之后，形成了许多个存储管道，使得每个并行数据的写入读取、存储处理效率都实现了大幅提高。

三、社会之变革：重构互联网

云计算和移动互联网以及大数据已经给我们的生活带来了一系列符合诸如 IT 生产力、计算方式模型、开发方法等偏好的架构和核心技术的巨大变化，它们最大的核心价值就是能够让整个人类社会都能进一步地不断革新和快速转型。因为技术只有真正能够改变人的生活时，才会更有意义。而要想真正让中国的社会经济发生重大变革，则必然需要充分依托诸如云计算、大数据等技术手段来重构整个移动时代互联网。

其实我们可以简单想象一下这样的一个场景：当你在自己的智能手机上自动进行了一个按键式的选择之后，相关的出租车 APP 就一定会自动弹出来，让你可以直接打电话预约到当地的出租车，并提供各种往返于国际机场或者是异地活动或开会的交通工具接送服务。

想要实现这一切，需要以云计算技术作为基本的技术手段，还要融合、联通各种途径和渠道获取海量的数据。然而目前的现实状态却是，数据和信息技术都是分散的。现在的移动互联网存在着许多问题，如每个企业和用户的信息都是分散的，这些信息和数据被割裂在不同的设备上、不同的应用之间，同时，计算资源也很分散。因此，互联网还需要进行进一步的重构。

重构互联网的关键是搭建一套统一的云操作系统。真正的云平台其实就是一个完整的、人人共同分享的现代化统一操作系统，所有的数据、服务、使用者的 ID（身份证）、业务体系本身也都被聚合到一个平台上，形成了一个可以广泛合作与创新的平台。由于现在已经拥有了一个覆盖全局的大数据，大数据算法也就可以充分地发挥其作用，这个平台将会在工程师和用户以及大数据的驱动下不断被推进，最终将会转变成为一个超大的、囊括性强的统一式智能化的系统。它从本质上来说就是一种对互联网的重构。

四、大数据的主要发展趋势

大数据为我们带来了重要的战略契机，第一个就是新一代信息技术与互联网的融合应用

成了新的焦点，未来将为我们创造比较大的商务价值、社会价值、经济价值。第二个就是信息技术产业作为可以持续保证高速的成熟的新型引擎，大数据将会对包括整个设备在内的数据挖掘产业产生巨大的推动作用，同时数据挖掘的市场将会因此而得到良性的发展。第三个特点就是行业中的用户可以获得不断地提升，可以将其更好地从行业中定位为投资者选择的目标市场，更好地拓宽企业未来的市场。此时如果企业已经具有了更强的市场竞争力，那么市场就会变得更大。

（一）成为重要的战略性资源

在未来的一段时间内，大数据将被认为是企业、社会及国家等多个层面的重要战略信息资源。大数据将不断发展成为各种组织，特别是一些大型企业的主体，使之成为增强组织管理能力、增强公司核心竞争能力的一种有力手段。企业将更加注重自己的用户数据，充分利用自己的客户与其网上产品或服务进行交互所带来的数据，并从中创造出价值。此外，在对市场的影响因素方面，大数据也将起到重要作用，影响到广告、商品的推销及消费者的行为。

（二）网民对于数据中心信息安全隐私保护管理相关标准出台的呼声越来越高

大数据 将如何在继续发展的同时实现对个人隐私信息的有效保护，这个问题已经受到了各级政府与网络公司的高度重视。因为现有的与个人隐私信息保护相关的法律法规和其他信息化管理技术手段，已经难以有效地适应大数据的快速发展。预计在不久的将来，全世界范围内的各级政府，包括我国在内，都将专门针对用户数据信息隐私保护陆续出台一系列政策法规。

（三）与云计算的深度整合

大数据的处理发展离不开云计算技术，云计算将为我国的大数据企业提供一个有弹性且具备长期可持续扩展的信息系统支撑环境。云计算服务的高效发展模式，将通过大数据给云计算企业带来新的商用价值。总体而言，云计算、物联网、移动互联网等新兴的计算信息化形态，既是我国企业和客户端大数据产生的信息源头，同时也是一个非常需要综合运用大数据和分析手段的领域。

（四）分析手段发生了变化

大数据分析必然会在未来几年内出现一系列的重大变化，正如电子商务、移动通信、物联网这样，大数据也许会被认为是新一轮的技术革命。基于这些大数据的数字化挖掘、机器学习和人工智能都有可能直接改变我们在小数据里的许多算法和基本理论，这些方面也很有可能让我们在理论层次上得到突破。

（五）网络安全问题日益突出

大数据的安全问题让很多人感到非常担心，对于大数据的保护也就变得愈发重要。随着互联网大数据需求量的不断扩大，对于数据存储的整体物理安全性技术要求将会越来越高，从而在应用中对于数据的多个副本和容灾机制方面提出了新的技术要求。互联网和数字化的生活方式使得犯罪分子比较容易地获得任何关于受害者个人的资料，这也滋生了一些更不容易被跟踪和预警防范的违法犯罪方式，网上很有可能会出现更高明的诈骗骗局。

（六）大数据这门新兴学科的概念产生

数据分析科学必然有机会作为与工业大数据密切相关的一个新兴研究领域。同时，大量关于数据中心技术和信息科学基础研究的学术专著也有机会陆续出版。

（七）催生了职业数据结构分析师这个新兴职业

大数据将为社会不断催生出一批崭新的就业岗位，比如说大数据研究分析师、数据分析科学家、大数据技术处理专家等。目前，那些拥有丰富的理论实践和工作经验，并掌握大量数据信息分析处理技术和相关专业知识的技术人员的人数正呈逐步增长的趋势。随着这些数据信息分析技术和相关专业知识的逐渐增加，以数据处理分析作为驱动性技术工作的就业机会也将呈现出爆炸性的快速增长。

第八章

物联网知识及应用

物联网广义上主要是指通过无线射频信息识别传感器、射频信号辨认成像技术、全球卫星定位系统、红外图像感应器、激光图像扫描仪等各种电子设备与信息技术，实时地自动采集一切可能需要实时进行信息监控、连接、交换和信息互动的物体或使用过程，采集其中的声、光、热、电、力等各种必须符合要求的相关信息，通过物联网络进行各种信息对接，通过物与物、人与物和人与人之间的广泛信息连接，实现对各类物品和日常生活使用过程的各种智能化物品的远程感知、识别和管理。

第一节　物联网的概述

一、物联网的概念

1995 年比尔·盖茨在《未来之路》一书中提及物联网的概念，1998 年美国麻省理工学院创造性地提出了当时被称作 EPC（工程总承包模式）系统的“物联网”的构想，1999 年麻省理工学院自动标识中心凯文·艾什顿教授于 1999 年在研究 RFID（射频识别技术）时，认为在物品编码、RFID 技术和互联网的基础上可以做到物物相连，即把所有物品通过 RFID、传感器等信息传感设备与互联网连接起来，实现智能化识别和管理，并据此提出“物联网”的概念。

在当时，中国的现代物联网一直被人们广泛称之为“传感网”，中国科学研究院最初于 1999 年开始积极启动对中国传感网技术的深入应用研究。2005 年 11 月 17 日，在突尼斯召开的国际信息技术社会经济全球化与世界经济峰会上，国际电信联盟（ITU）发布了《ITU 互联网报告 2005：物联网》，正式地明确提出了“物联网”这个概念。报告还明确指出，无所不在的“物联网”移动通信网络时代即将到来，世界上所有的物体从汽车轮胎到电动牙刷、从私人家庭住宅到卫生纸巾，都可以通过智能物联网进行交易。

2008 年 5 月，欧洲智能系统集成技术平台发布了《物联网 2020：未来之路》（Internet

of Things in 2020)，该报告对物联网的定义为：物联网是由具有标识、虚拟个性的物体或对象所组成的网络，这些标识和个性等信息在智能空间使用智慧的接口与用户、社会和环境进行通信。

2009 年 9 月，欧盟物联网研究项目组发布了《物联网战略研究路线图》，认为全球物联网应该是一种完全基于国际标准的、可互操作性的移动通信网络协议，且应该是一种完全具有自动化配置管理能力的可动态的和全球化的网络信息基础设施结构。至此，物联网概念一锤定音。

纵观物联网概念的发展脉络，我们不难发现物联网概念发生了很大的变化。最初认为物联网是物品通过射频识别等信息传感设备与互联网连接起来，实现智能化识别与管理，其核心在于物与物之间广泛而普遍的联系。后来认为物联网概念是建立在互联网概念的基础上，由具有标识、虚拟个性的物体或对象所组成的网络，这些标识和个性等信息在智能空间使用智慧的接口与用户、社会和环境进行通信，是将其用户端延伸和扩展到任何物品与物品之间，进行信息交换和通信的一种网络概念。

但是伴随着物联网的应用，其概念也发生了根本性的变化。如今的物联网是指在物理世界的实体中部署具有一定感知能力、计算能力或执行能力的各种信息传感设备，通过网络设施实现信息传输、协同和处理，从而实现广域或大范围的人与物、物与物之间信息交换需求的互联。物联网包括末端网、通信网络和应用三个层次，其中的末端网包括各种实现与物互联的技术，如 RFID（传感器网络）、二维码、短距离无线通信技术、移动通信模块等。传感器网络是物联网末端的关键技术之一。

当前最新兴的物联网技术概念是将无处不在的网络末端通信装置和基础设施，包括那些主要具备“内在智能”的图像传感器、移动智能终端、工业控制系统、楼控行业制度管理系统、家居行业智能基础设施、电子商务视频图像监测监控系统等，和外在功能可以直接贴上 RFID 等技术应用标签的各类大型社会公共资产、携带无线通信终端的各类个人或公共汽车等“智能化物件”。然后，通过各种无线或有线的通信网络实现互联互通、应用大集成，以及基于云计算的 SaaS 运营等模式，在各种内部网、专网或连接移动网和互联网的复杂大环境下，采用适当的网络信息安全性能保证管理机制，提供安全性能可控乃至完全个性化的各种实时在线风险监测、定位风险跟踪、报警风险联动、调度风险指挥、预案风险管理、进度风险控制、安全管理风险监测防范、在线功能升级、统计数据报表、决策数据支撑等安全管理和信息服务核心职能，实现了对“万物”的“高效、节能、安全、环保”的“管理、调控、经营”功能一体化信息服务。

二、物联网的特征

物联网应该具备整体感知、可靠传输和智能处理这三个基本特征。

（一）整体感知

使用无线射频识别、传感器、定位仪和二维码等方式，随时、不间断地对物体的各种信息进行采集与获取。所面对的对象范围更广，信息更丰富。而随着现代互联网通信网络与其他无线通信信息技术的快速发展与不断创新，以及微机电等电子技术的快速发展与不断进步，感知与对象联网技术已可将传感器与无线通信芯片嵌入于实体物质或与其高度整合。

物联网在一个物体上直接植入各类微型传感器或者芯片而逐步地使其进行智能化，并且通过无线网络连接上网，使得物体的信息都得以获取和分享，实现了人和物体的对话、人与人之间远距离的对话以及物体和物体之间的沟通与交流。诸如血压测量仪及血糖机等设备可自动地感应到人体的各种生理机能，并自动地将读数发送至云端；实体世界的家电产品可将每小时的电量消耗、冰箱内的库存食物、冷气的开关状态等传送至云端，进而实现由人远程操控；实体世界的车子可将行车记录器的影像、空气质量与道路坑洞等信息传送至云端分享给他人等。

（二）可靠传输

通过各种电信网络和因特网融合，几乎所有人都可以进行各种实时远程的信息传送，实现各种信息的交互和信息资源共享，并对其他信息进行各种有效的处理。

现在的无线网络已经遍布到各个场所，通过互联网把各类信息都进行实时推送已经成为现实，而5G网络的出现使信息推送变得更加及时。一般来说，我国的物联网向用户传播的信息都是属于私人或者是集体共同所有的，这些信息不能被随意泄露的，这就对互联网技术关于信息的传输和管理功能的稳定和安全性方面提出了更高的要求。在我国的互联网应用过程中，人们通常都会对物品进行远程的监控和管理，确保人们能够在任何时候都能从物品上得到真实的信息，基于这种特点的物联网的可靠性和安全度必须得到改善。

（三）智能处理

智能处理是指通过各种电信网络和因特网融合，对接收到的感知信息进行实时远程传送，实现信息的交互和共享，并进行各种有效处理。

物联网感知层从终端获取了很多数据信息，在经过网络层的传输以后到达一个标准化的平台，再利用先进的云计算技术对其数据信息进行优化和处理，赋予这些数据智能，这些数据最终才会被转换为对终端用户来说有用的信息。未来的物联网不仅可以提高社会的工作效率，改善人类的工作环境。而且人类可以利用物联网，利用先进的云计算，借助科学模型，采用数据挖掘等技术对所搜索的数据资源进行技术整合和深度分析，解决生活中、工作中出现的各种难题。

三、物联网呈百花齐放趋势

2020年5月19日，国际知名调研机构高德纳（Gartner，又译顾能公司，是全球最具权威的IT研究与顾问咨询公司）发布了全球最新物联网平台竞争格局报告——《竞争格局：物联网平台供应商》。在这份最新的年度调研报告中，高德纳对上百家科技公司进行分析，从产品格局、技术优势、生态布局等视角和维度进行对比，最终筛选出物联网行业全球最强的十家企业。而这上百家企业中，对我国物联网发展影响最大的有以下六家：AllSeen、微软、苹果、百度、京东、阿里巴巴。由此可见，当今世界的物联网技术发展势头迅猛。

（一）AllSeen

由LG、高通（Qualcomm）、夏普（Sharp）等50余家知名企业合并后组成的AllSeen联盟，采用高通所开发的开放源始码平台AllJoyn为基础，开发出AllSeen技术，是单纯的协议规范，并不属于硬件设计。一开始的概念是基于 TCP/IP 网络协议，制定一个类似 UPnP、DLNA 的概念，使硬件设备能通过 AllSeen 的协议，经过 Wi-Fi、电线或是以太网络联结达到可被控制的目标，进而将智能家居的理念实践于日常生活之中。目前已经有 23 家企业，包括 LG、Sharp（夏普）、海尔、松下等家电厂商以及 Silicon Image（矽映电子科技）、思科、TP-LINK（普联技术有限公司）、Canary、Fon（英国通信公司）、Harman（家用与车用音响制造商）、HTC 等电子和 IT 企业加入联盟。

（二）微软

首先是 Azure IoT Central（微软物联网中心），这是一个基于微软云服务构建的端到端 IoT SaaS（软件及服务）平台，该平台可以帮助客户实现完全托管的 SaaS 产品，无须专业人士即可帮助客户提出并实现物联网方案。凭借着 Azure IoT Central，微软成为少数几家能为物联网提供核心服务、PaaS（平台即服务）和 SaaS 产品的公司之一。

其次是面向工业物联网的 Digital Twin（数字双生设计），Digital Twin 是美国密歇根大学的迈克尔·格里夫斯教授提出了一个概念，简单地说就是为真实设备构造一个虚拟模型以降低维护难度与成本，多用在工业公司，以实现物理设备与分析技术的同步与融合。而微软方面则增强了 Digital Twin 技术，提供连接设备的真实视图，该服务被命名为 Azure Digital Twin。借助该服务，用户可以创建包含人物、地点与物体在内的数字综合模型。

（三）苹果 Home Kit

2015 年苹果 WWDC 大会上发布的 Home kit（家庭用品）平台，借助 Home Kit，用户可以使用 iOS 设备控制家里所有标有“Works with Apple Home Kit”（兼容 Apple Home Kit）字样的配件，这些配件包括灯、锁、恒温器、智能插头及其他配件。也就是说，利用苹果 Home Kit，可以实现智能家居。比如说：输入命令“开灯”或“关灯”；“把灯光调暗”或“把电灯亮度设到 50%”；“把温度设定为 20 度”“打开咖啡机”；这些命令随即就会被执行。

苹果认为，Home Kit 不仅是一个简单的框架，而且可以通过它打开和控制家庭中的各种配件。Apple TV 因为时刻挂在网络上，所以也可以成为家庭自动化的一个重要组成部分。另外，新的 iOS 10 拥有一个控制所有智能家居的 Hub 类应用，而 watchOS3.0 同样支持控制智能家居。

（四）百度

百度智能云天工物联网平台以云-边-端及时空数据管理能力为核心优势，提供完善易用的物联网基础设施，为重点行业提供端到端物联网解决方案。

比如提供企业级物联网平台、边缘计算平台等基础设施，以高性能、可扩展的物联网架构满足企业级物联网业务的发展。简化云端接入和管理，通过边缘计算框架，将边缘侧与云端算力结为一体。还可以提供高性能物联网时序数据和时空数据的存储、查询、分析能力，实现 OGC 标准服务的发布，支撑时空数据的共享与应用。通过百度先进的 AI（人工智能）语音语义和物联网技术，轻量级的云云对接及鸿鹄芯片的软硬一体解决方案，为客户提供链式语音语义服务及单项的 AI 能力拆解调用服务，快速赋能智能设备。

（五）京东

京东智联云物联是融合了京东智联云全部物联网技术成果的物联生态平台。为数字化门店运营者、设备厂商、设备开发者提供统一、灵活、安全可靠的设备连接通信能力、设备智能化管理能力、远程监控能力以及设备数据灵活流转能力的智能平台，提供智能化场景服务。

（六）阿里巴巴

阿里云物联网服务平台为广大用户企业提供安全可靠的终端设备数据连接和数据通信管理能力，支持终端设备相关数据实时采集上云，支持引擎数据流转设备数据和移动云计算终端设备数据的实时下发。此外，也为广大用户企业提供了方便快捷的工业自动化远程设备数据管理器和服务实现功能，支持自动化的数据存储和远程设备调试、监测、运维。

物联网大数据分析，是阿里云为所有的物联网研究和开发人员提供的物联网设备智能化分析，全链路覆盖了所有的设备大数据的生成、管理（存储）、清洗、分析及可视化等各个环节。有效降低数据分析门槛，助力物联网开发工作。

物联网应用开发服务（IoT Studio）是阿里云针对物联网场景提供的可视化应用开发工具。物联网开发服务提供网络可视化开发、业务逻辑开发与物联网数据分析等一系列便捷的物联网开发工具，解决物联网开发领域开发链路长、技术栈复杂、协同成本高、方案移植困难的问题。

生活物联网平台是一款针对智能生活领域的物联网云平台。在阿里云的 IaaS 和 PaaS 层云产品的基础上，搭建了一套完整的、更贴近智能家电领域的公有云平台。助力智能化生活领域的研究者、方案商，提供软件功能设计、嵌入式开发和调试、设备安全、云端研究、APP 系统开发、运行管理、资料库统计等，涵盖前期研究开发服务到后期运行，全过程生命周期服务。

第二节　物联网的“智慧生活”

随着移动互联网时代的进步和发展，物联网技术的成熟和应用，各行各业都利用物联网技术进行云上开发，物联网技术被认为是现代信息产业这个新兴领域未来市场竞争的一个制高点和整个产业转型升级的重要核心驱动力，随着时间的推移，逐渐渗透到生活、人居、安全等各个领域，万物互联和移动互联正在革命性地发展，“智能+生活”已经成为现代社会进步的一种必然趋势。伴随着我国移动互联网信息技术的发展和进步，智能家居、安防管理和控制、室内场景模型等，已经逐渐成为不少知名品牌楼盘的“标配”，在个体家庭健康、交通管理和控制、环保、公共安全、平安家居、智能消防、产业监控、老年人护理等诸多方面，物联网均可以充分地发挥其作用。

一、舌尖上的物联网

随着互联网的迅速普及和移动支付等应用场景的逐步深入，传统的餐饮业也将进一步迈向“智慧”文化。

例如，2020 年 6 月 26 日，在呼和浩特市玉泉区大召景区十二个盟市摊位上，玉泉区市场监督管理局大召市场所执法人员正在逐户核对商家先前申报的基础信息，并将制作完成的草原音乐美食季食品安全信息二维码统一张贴在店铺灯箱醒目处。也就是说，凡是参加此次青城草原音乐美食季的顾客，都可通过扫二维码“扫”出舌尖上的安全。据悉，2020 年 6 月 26 日晚，内蒙古草原音乐美食季首站在玉泉区大召景区正式启幕。

草原音乐美食季食品安全信息二维码是玉泉区市场监督管理局和玉泉区景区管理办公室为加强“青城草原音乐美食季”食品安全监管，根据实际情况专门制作的食品安全监管二维码。执法人员和消费者通过扫描摊位二维码均能获悉该店的经营资质、营业执照、从业人员健康状况等信息，不仅便于执法人员现场监管，还便于消费者进行社会监督，从而提高食品安全监管的透明度。

还有“智慧农业”，通过云计算、传感网、无人机等多种农业信息基础技术，在我国农业生产中进行全方位的深入运行和推广应用，是集新兴生物互联网、移动和高端生物互联网、云计算和移动物联网等多种信息基础技术于一体，依托部署的在现代农业种植生产现场的各种环境传感器信息节点（主要包括现场环境的气温湿度、土壤水分、二氧化碳、影像等）和各种无线通信信息网络，从而基本实现了对农业种植生产现场环境的包括智能感知、智能预警、智能决策、智能数据分析、专家在线在内的技术指导，为农业生产提供精准化种植、可视化管理、智能化决策。实现农业可视化远程诊断、远程控制、灾变预警等智能管理。

因为有了这些高科技的保驾护航，如今市民能买到的农产品大多是可追溯产品。也就是说，小到一枚鸡蛋、一个桃子，大到一桌宴席，所有菜品的来源，都可通过二维码技术，追溯到产地信息。

二、可穿戴的物联网

可穿戴技术并不完全是新技术。最早的可穿戴技术始于 1286 年，当时近视眼镜首次被发明出来。近视者戴上近视眼镜后，能够清楚地看到远距离外的物品。在物联网方面，可穿戴设备最早出现在 20 世纪初，有蓝牙耳机等，可以与用户的手机和电脑进行通信。如今，可穿戴技术的生态系统日新月异。夹扣式、捆绑式、包裹式和滑盖式技术可以收集和分析数据，将消息发送给其他技术，并承担其他责任，以使用户的生活更轻松，更舒适。

（一）可穿戴的设备

最早的物联网可穿戴设备主要是通过传统的蓝牙技术来实现，让智能手机和电脑实现了同步，例如传统的蓝牙耳机，用户可以直接依靠可穿戴技术来实现电话和手机之间的语音交流，而不必再将设备存储器放在自己的耳朵和口唇上。现在蓝牙的主要目标之一就是通过蓝牙发送和接收的信息在各种设备之间实现互联网的共享，像智能手表、谷歌眼镜等都是可穿戴的蓝牙设备。未来，这些可穿戴设备变得越来越实用，越来越广泛。

（二）可穿戴的医疗器械

全新的物联网设备可以极大地改善健康数据的收集，从而为医生和患者提供更多信息，以用于诊断和治疗。例如，起搏器和胰岛素泵之类的知名医疗设备可以连接到物联网，以增

加监视的功能；可摄入的传感器可以监视胃肠系统的活动，将数据发送到附近的接收设备；还可以将物联网的研究计划用于关节炎、抑郁症和帕金森等病症。可穿戴智能医疗设备可以持续跟踪患者的后续情况，医生可以动态评价药物的疗效，及时跟踪患者的康复进展情况，发现潜在的风险因素。

可穿戴技术与物联网的结合已经在彻底改变医疗保健行业，医疗行业对此的关注度会越来越高，其应用范围也会越来越广。由此可见，可穿戴医疗技术的前景十分广阔。

（三）可穿戴支付技术

以前，考虑到支付安全方面的原因，支付技术方面的创新往往很少，因此与支付相关的可穿戴设备发展相对缓慢，但到了现在，几乎所有较大的物联网开发商（亚马逊、三星、Fitbit 等）都可提供（或很快将提供）可穿戴支付技术，这种技术主要以腕带的形式出现，甚至还出现在时尚珠宝和手表中。用户只需轻轻触碰就可以实现在线支付，而无须伸手去拿钱包。任何提高支付便利性的举措，对商家和消费者而言基本都是积极的。

（四）可穿戴显示设备

头戴式显示器与其他类型的显示一样，都是显示图像的设备，通常以眼罩与头盔的方式将显示屏贴近用户的眼睛，通过光路调整焦段，从而在短距离内向眼睛投射影像。现在的市场上既有微型投影系统，也有 OLED、LCD 与 LCOS 显示系统。每一种显示系统各具特色，不少还具备了高清甚至全高清的 2D 或 3D 显示功能，实用性已经达到非常高的水平。

头戴式显示器加入智能系统与移动通信功能，可提供与智能移动设备相同的功能，同时对影音播放的兼容能力也较专业领域的更强，能够全面支持各种不同格式的音视频文件，这样的未来畅想引起了大部分年轻一代玩家的关注。然而由于制造成本高昂，长时间观看会对眼睛造成影响以及佩戴舒适性等问题，还是引起了人们的质疑，不过已经有越来越多的厂商准备进入这个领域。

三、智能家居

（一）智能家居的概念

智能家居（Smart Home Automation）是以住宅为平台，利用综合布线技术、网络通信技术、安全防范技术、自动控制技术、音视频技术将家居生活有关的设施集成，构建高效的住宅设施与家庭日程事务的管理系统，提升家居安全性、便利性、舒适性、艺术性，并实现环保节能的居住环境。

智能家居就是物联网在家庭中的基础应用，随着宽带业务的普及，智能家居产品涉及方方面面。家中每个人都可利用手机等产品客户端远程操作智能空调，调节室温，甚至那些机器设备还可以学习用户的使用习惯，从而实现全自动的温控操作，使用户在炎炎夏季回家就能享受到凉爽惬意；通过客户端实现智能灯泡的开关、调控灯泡的亮度和颜色等；插座内置 Wi-Fi，可实现遥控插座定时通断电流，甚至可以监测设备用电情况，生成用电图表让你对用电情况一目了然，从而合理安排资源使用及开支预算；通过智能体重秤，能够监测运动效果，内置可以监测血压、脂肪量的先进传感器，内定程序会根据身体状态提出健康建议；通过智能牙刷与客户端相连，提供刷牙时间、刷牙位置提醒，可根据刷牙的数据产生图表，监测口腔的健康状况。另外，智能摄像头、窗户传感器、智能门铃、烟雾探测器、智能报警器等都是家庭不可少的安全监控设备，即使家人出门在外，也可以在任意时间、地点查看家中任何一角的实时状况，监测任何安全隐患。这些看似烦琐的种种家居生活，因为物联网的出现，而变得更加轻松、美好。

（二）智能家居发展过程

智能家居的概念起源很早，但一直未有具体的建筑案例出现，直到 1984 年美国联合科技公司（United Technologies Building System）将建筑设备信息化、整合化概念应用于美国康涅狄格州（Connecticut）哈特佛（Hartford）的 CityPlaceBuilding 时，才出现了第一栋“智能型建筑”。

1994—1999 年，智能家居行业还是一个概念不清楚，产品行业定位不明确和市场认知模糊的新兴产业。当时中国深圳市仅仅成立了一家名为美国品牌 X-10 智能家居中国代理商的中国销售公司，主要从事包括中国产品进口和欧美地区零售产品的出口业务，产品大部分是通过出口销售到欧美国家用户手中。2005 年，我国的深圳、上海、天津、北京、杭州、厦门等地才陆续成立了几十家专门从事研发设计制造国外智能家居的专业公司和相关企业，国外的很多智能家居核心技术和相关产品还未完全进入国内的消费市场。

2005 年之后，为了获得更多客户，厂商过度地夸大了智能家居的各种功能，而实际上产品也无法真正达到这个目标，产品的不稳定就会导致用户较高的投诉率。很多年轻人都在怀疑智能家居的真正实际应用情况，因此客户率直线下降。2005—2007 年，许多国内相关的企业都转行，国外的一些智能家居品牌却进入了中国的市场，如罗格朗、霍尼韦尔、施耐德、Control4 等。

2011 年以来，很多用户开始正式认识智能家居，市场份额明显增长，智能家居进入一个相对快速的发展阶段，由于住宅家庭成为各行业争夺的焦点市场，智能家居作为一个承接平台、成为各方力量首先争夺的目标。

HomeKit 作为苹果在智能家居布局的核心平台，是在 2014 年发布的。在 2015 年 5 月，苹果宣布首批支持其 HomeKit 平台的智能家居设备在 6 月上市，而在 2016 年 6 月，苹果开发者大会 WWDC 在旧金山召开，会议宣布建筑商开始支持 HomeKit。智能家居从此受到国内用户的青睐。

如今，消费者都在关注智能家居产品，虽然从产业来看，国内还没有特别成功的智能家居企业，但智能家居是未来家居行业不可忽视的市场之一。智能家居网络随着集成技术、通信技术、互操作能力和布线标准的实现而不断改进。它涉及对家庭网络内所有的智能家具、设备和系统的操作、管理以及集成技术的应用。

四、智慧出行

（一）智能交通

智能化交通是指借助移动互联网、云计算、大数据、物联网等先进的信息技术和服务理念，将目前传统的交通运输业和互联网产业进行有效的融合渗透与优化整合，形成一个完全

具有"线上资源合理分配，线下高效优质运行"的综合创新服务业态和特色发展服务模式，并充分利用电子卫星图像定位、移动数据通信、高性能电子计算、地理位置信息分析系统等多种科学技术创新手段，初步实现交通智能服务。

在路况信息的收集与应用基础上，对交通路况能够实时视频监测和自动感知，准确并全面地把握交通正常路况，经由交通手机短信、路侧的绿色电子交通布告牌、交通信息广播站等交通途径等传送到普通居民信息终端上。在导航技术的应用基础上，集成了对车辆驾驶员的交通行为信息进行实时的图像感应和信息分析技术，实现公众出行多模式多标准动态导航，提高公众出行的安全性。在交通管理的技术基础上，辅助交通管理部门制定交通管理方案，促进整个城市节能、环保、低碳、绿色、减排的发展，提升整个城市的交通运行管理效率。

（二）Mobii 智能移动系统

英特尔与福特公司共同研发了"移动内部成像"，即"Mobii"系统。Mobii 利用车内摄像头、相关智能系统以及智能手机或平板电脑实现互联互通，协助车主完成各项任务，帮助车主提高行车的便利性和安全性。英特尔与福特开发 Mobii 的初衷是，探索驾驶员与设备互动的最佳方式，以及如何利用技术手段提高这种互动的直观性和可预测性。

依托物联网系统能够进行身份验证，Mobii 采用了一个新型的前置摄像头和脸部图形识别技术，能够确定在方向盘后面的驾驶员和预先获得许可的驾驶员之间是否相同。如果不是汽车的主人就不能起动汽车，从而有效防止车辆失窃。所以当有任何异常情况出现，车主将会在第一时间接收到有驾驶员照片的报警消息。Mobii 还可以显示汽车一天的行程，车内的摄像机也可以协助车主准确地定位掉落在车上的东西。Mobii 还能够自动识别车主手势，系统能够根据相关手势或语音指令来打开或者关上天窗。

目前，国内也推出了有内置车载信息服务设备的汽车。例如，上汽集团有一款车型上预装了类似平板电脑的设备，主要提供资讯服务，包括让司机和乘客收听在线新闻和音乐、获取语音导航服务、打网络电话等。上海通用公司则主要是在安全上做文章，车主与呼叫中心联系后，服务商能远程控制车子的门锁、鸣号，这样，车主忘锁车门或在停车场找不到车时就能少些烦恼；万一爱车遭遇事故，车载系统会自动报警并报告方位，为急救赢得时间。

（三）无人驾驶

无人驾驶电动汽车的主要原理是通过车载驾驶传感器或者驾驶系统软件来自动检测到驾驶车辆及周围的交通环境，并根据这些车载传感器获得的高速道路、车辆行驶所处理的位置和周围交通车道障碍物等一些相关环境信息，控制其是否转向和判断车辆是否加速，从而有效促进驾驶车辆在高速道路上随时能够安全、可靠、方便地高速行驶。无人驾驶汽车技术集工业自动化过程控制、系统结构、人工智能、视觉自动计算等众多核心技术于一体，是我们未来衡量一个国家的技术科研创新实力和一个产品技术工业化发展水平的重要标准。无人驾驶技术也是一种新的智能"车联网"，给人们带来了一个全新的生活体验。

安徽国防科技职业学院进行自主研究开发设计研制的第三代中国红旗 HQ3 无人驾驶汽车，于 2011 年 7 月 14 日首次顺利地完成了从我国湖南长沙至湖北武汉的高速公路全程无人驾驶汽车的测试实验，历时 3 小时 22 分钟顺利抵达武汉，总行程 286 千米。在实验中，无人驾驶汽车自主超车 67 次，路上曾遇到复杂天气，部分路段有雾，在咸宁还遭逢降雨。这创造了中国自主研制的无人车在一般交通状况下自主驾驶的新纪录，标志着中国无人车在环境识别、智能行为决策和控制等方面实现了新的技术突破。

未来，汽车可以与道路进行对话，感知并合理地设计行驶的最佳路径；与其他驾驶员进行对话，感知两个车的距离避免相互碰撞；坐在自己的车里，能随时掌握周围其他的汽车和自己所在的汽车之间的地理位置关系，以及前方的道路是否存在拥堵或者是否畅通等相关信息。就像“车联网”能够让我们实现点对点的信息沟通，它也同样能够让车与车“对话”。未来已经具备“车联网 DNA”的新能源汽车不仅高效、环保、智能，更重要的一点是它还能够为驾驶员提供前所未有的交通安全保障，甚至能够把汽车驾驶员发生交通事故的风险概率大大地降低为零，如果遇上禁止直行的路牌，不用驾驶员踩刹车，车子就能自动减速并停下来。

（四）智慧旅游

智慧旅游，也被称为智能旅游。就是利用云计算、物联网等新技术，通过互联网/移动物联网，借助便携的终端上网设备，主动感知旅游资源、旅游经济、旅游活动、旅游者等方面的信息，及时发布，让人们能够及时了解这些信息，及时安排和调整工作和旅游计划，从而达到对各类旅游信息的智能感知、方便利用的效果。智慧旅游的建设与发展最终将体现在旅游管理、旅游服务和旅游营销的三个层面。

1. 旅游管理

智慧旅游是从游客的角度出发，通过互联网和信息化技术来提升旅行者的体验与旅游品质。游客可以在旅行资料获取、旅行计划的决策、旅行产品的预订和支付、对旅行进行评估与回顾等各个环节中感受到由智慧旅行所带来的一种全新的服务体验。

智慧旅游基于物联网、无线技术、定位和监测等技术，实现了信息传递与实时数据交换，让广大游客的旅行过程更顺利，提升了旅游的舒适性和满意度，为广大游客提供了更好的旅行安全保证，确保对旅游服务品质的保障。而且智慧旅游也将推进从传统旅游消费模式向现代旅游消费模式的转变，并能够引导广大游客逐渐产生一种新的旅行习惯，创造一种新的旅行文化。

2. 旅游服务

智慧旅游由以往传统的大型旅游企业经营管理模式向更为现代化的旅游管理模式快速转型。通过运用互联网时代信息化管理技术，可以及时、准确地掌握各类旅游者在各类旅游服务行为过程中的各种反馈，也能及时了解各类旅游服务公司的日常运作管理情况等相关信息，实现对各类旅游服务产品经营行为的信息监控。实现由传统的被动信息处理、事后主动管理监控转向服务过程主动管理和实时主动监控的巨大转变。

智慧城市旅游将通过与城市公安、交通、工商、健康、质检等旅游相关主管部门之间共同形成旅游信息技术资源整合共享和信息沟通技术协作的有效联动，结合城市旅游相关信息技术资源以及大数据技术来建立健全智慧城市旅游风险预测、报告管理机制，提升其对旅游突发事件的及时应急综合防控处理能力，保障市民旅游安全。智慧城市旅游的出现，可实现我国旅游服务企业的公众投诉和相关旅游服务行业品质安全问题的有效及时解决，维护好我国旅游服务行业的正常市场秩序。

智慧旅游依托信息收集技术，主动及时获取各类旅行者的业务信息，形成对各类游客的大量信息数据收集积累与信息分析处理系统，全面及时地掌握各类旅行者的业务需求动态变化、意见建议以及各类旅行者与旅游企业之间的各种相关业务信息，实现各类旅行者企业进行科学的商业决策与经营管理。

智慧旅游还旨在鼓励和引导旅游企业广泛应用旅游信息网络技术，改善其旅游经营管理流程，提高其经营管理水平，提升其旅游产品和旅行服务的国际竞争能力，增强游客、旅行服务企业以及其他相关行政主管机构三者之间的信息交流与服务互动，高效合理地整合行业资源，推动我国智慧旅游服务行业整体持续健康发展。

3. 旅游营销

智慧旅游是通过对旅游市场的监控和大数据分析，挖掘当前旅游市场的热点和目标游客的兴趣，引导各地旅游公司策划相应的旅游商品，制订出相应的旅游营销方案，从而促进旅游产业的市场营销理念创新和旅游营销方式的革命。智慧旅游可通过量化分析，甄别出有影响力的营销途径，筛选出有价值的营销公司，进行长期合作。智慧旅游也充分运用了新媒体传播的特性，吸引游客主动地参与到旅游信息传播及营销中，并通过积累大量游客的数据及对旅游商品的消费信息，逐渐建立并完善自己的旅游信息网络营销服务平台。

五、智慧安全

近年来，随着全球各种气候变化异常事件频发，灾害的突发性和危险程度进一步增强，互联网已经可以实时监控环境变化的状态和情况，提前做好风险预防、实时风险预警、及时制订并采取有效的应对策略，降低自然灾害对人类身体和生命财产安全的威胁。美国布法罗大学早在2013年就提出研究深海互联网项目，将特殊处理的感应装置置于深海处，分析水下相关情况，对海洋污染的防治、海底资源的探测，甚至对海啸的发生提供更加可靠的预警。该项目经过多次试验，并在当地的湖水试验之中取得了成功，为进一步拓宽其使用领域提供了依据。相信不久的未来，人类利用物联网技术能够智能化地感知到大气、土壤、森林、水资源等多个方面的各种指标信息，对改变人类日常生活条件将会起到重要的促进作用。

综上所述，物联网已广泛应用于我们的“吃、穿、住、行、安全”等领域，物联网的出现使我们的生活更加舒适有序。比如，医生可以方便快捷地进行远程医疗，实时访问患者、及时调整医治方案等。

如今，物联网的应用越来越广泛，已由以前纯粹的概念变为更理性更实用的商业实践，可以说物联网已经融入我们日常的生活中。

第三节 物联网的商业模式

物联网涵盖了各个领域，关联着巨大的产业链，应用领域十分广泛，物联网现在的应用和发展状况与IT业初期十分类似，稳定和便捷而且有利可图的商业模式尚未完全形成，产业上下游的受益程度具有很高的不确定性。只有通过多方共赢的商业模式，才能够促进物联网产业的发展，所以很多物联网企业必须随着企业内部、外部环境条件的变化而进行动态调整和资源整合，提高其经济效益，获取持续增长的竞争力。

一、物联网对商业模式的影响及转变

物联网已经对现存的各种商业模式、商务流程、信息沟通、竞争规律等产生了深远的影响：以移动互联网技术为基础和核心的物联网将向传统行业进一步渗透、延伸、扩大，使得产业的边界也由清晰而变得模糊；以社会资本市场为纽带的实体企业向以契约为关系的虚拟企业方向发展；信息资源从单一的独享方式转向了资源共用；正式的组织架构向网络化的非联盟方式转化；由一种独立的竞争模式向企业内部网络连接和联盟模式进行转化。

物联网本来应该被物流行业最先使用，可是因为物联网中最重要的是在信息网络中实时改变的信息，但是这些信息的收集和获取只有大型的电信运营商才能够做到，所以物联网的起步，不是从物流服务行业开始的，而是从电信服务行业发展而来的。

（一）信息实时更新

云计算技术的广泛应用，使得物联网系统中物的信息能够得到实时的更新，使得企业、客户都能够时刻关注和了解自己所迫切需要的数据和信息，方便了企业与其他企业、个人企业与其他个人、企业与其他个人之间对数据和信息的及时、有效的交流与沟通。

（二）成本降低、交易快捷

由于物联网的核心与基础就是互联网技术，所以我们的企业和顾客把整个贸易的全部过程都在互联网上迅速、准确地进行和完成，而且还能够在整个贸易的全过程中尽量有效地降低企业的风险和成本，减少企业的人力和资金负荷。

（三）交易流程透明、信息共享

物联网的出现就是要促进整个贸易的发展过程透明、清楚，所有贸易的数据和信息应当是保留在电脑或者互联网上的，这样可以促进贸易过程中的各种数据和信息都是由政府或者企业精准地掌握。物联网是通过与网络信息世界的互联来实现物理世界任何产品的移动互联，实现了在任何时候、任意地点、任何时间都可以识别任何产品，使得产品发展成为一种附有各类动态信息的“智能产品”，并且可以使产品的信息流和物流速度完全同步，从而给产品的信息分享和传递提供一个高效、快捷的移动网络平台。

二、物联网在商业模式中的应用

从物联网广泛的应用看，发展物联网产业将可能形成以下几种类型的商业模式。

（一）政府买单模式

政府对运用了物联网的关系国计民生的重要公共服务和民生项目买单，正因为此，用户自己建设的物联网相对较少。政府对物联网的发展提供一些战略性、全局性的指导与示范，这有助于在产业化进程中更好地加强各个物联网行业人员之间的协调和互动，有效保障物联网产业的健康发展。

（二）免费模式

全世界投资规模最大的100家跨国企业中，有60家公司的收入来自这样一种新型的商

业模式：公司通过向某一类型的客户直接收取一些小额的服务费用或者说只是通过提供一些免费的销售服务吸引一定数量的客户，然后再依靠他们吸引另外一些客户，而后者贡献给企业的实际收入将可能大大地超过公司获得和服务前者的实际成本。

"自由免费"就是这样的一种新型免费商业模式。它所要代表的可能也是这个数字化互联网经济时代下传统商业的未来。因此当今中国网络营销商业模式下的免费策略不失为一种良好的战略选择，例如谷歌和百度。

（三）运营商推动模式

目前我国移动互联网的信息产业还在发展初期，可以先通过一种免费的信息服务提供方式来吸引大批企业用户，进而通过推广升级产品的方式吸引其中一部分产品支持者。这些产品支持者付费购买升级产品后成为 VIP 客户，就可以获得更好的产品增值性和服务体验。

（四）用户和厂商共同推动的模式

这类应用的推动力量来自行业（领域）用户的业务需求，系统集成商或软件产品厂商作为系统的实施方，充分发挥自身技术优势，针对用户需求提出满足行业（领域）需要的智能化服务方案（如环保领域的碳足迹监控系统、智能化城市交通系统等），这类应用将在促进两化融合、保障民生、促进社会生活健康发展等方面发挥重要作用。

（五）垂直应用模式

这类模式由于高度的标准化，与企业工作流程密切相关，专业性较强，所以其业务门槛相对较高。在这样的模式下，物联网的应用速度很快，同时还需要跟其他企业之间形成战略合作伙伴关系。电力、石油、铁路等工业领域均可以考虑采取这样的模式。其共性就是一个产品在行业内往往只会存在于一个或几个大型公司内，并且具备很强的实践和执行能力。

（六）行业共性平台模式

这类模式主要针对行业内的企业碎片化现象。因为在同一个行业内存在很多大大小小的企业，因此该行业的物联网难以规模化发展，需要公共平台的支持和服务。但是，这样的行业标准化推进难度非常大，需要政府、行业、企业共同合作推进，这样运营商提供的行业共性平台服务才会有相应的市场。

三、企业主导的物联网商业模式

企业主导型商业模式，即由企业承担主要投资，企业在项目运作上拥有绝对的话语权，电信运营商主要扮演通道角色，可能会适度参与系统建设。具体包括：企业投资自建模式、企业建设运营模式、全租赁佣金模式、企业投资运营商做系统集成模式。

物联网商业模式中最核心的问题是平台，一方面是平台由谁投资建设，与平台相关的物联网终端、识别设备由谁投资；另一方面是如何运营以实现平台投资成本的回收甚至盈利。围绕平台投资、平台运营或盈利、设备投资、运营商参与程度等几个关键点的识别，列出了以下四种物联网商业模式。

（一）企业投资自建模式

（1）实现方式：企业投资建设业务平台、识读终端标识、终端识读器，租赁电信运营商的通信网络，即运营商直接给企业提供移动网络数据通道，按月收取包月费或流量费，不通过 M2M 服务商。

（2）代表性应用：电力行业的电力远程监控、环保行业的污染源监控、水利行业的水文监控等。

（3）适用性分析：在这种模式中，物联网平台的全部费用都由企业承担，企业的投资压力比较大，需要有非常充足的资金链保证。这种模式下的物联网应用，一般来说都会有其私密性要求，行业性特点强，对识读器和识读编码的要求都会有极强的个性化特点，跨行业的拓展性差。行业壁垒非常深，电信运营商只提供相关的数据卡，比较难介入其业务应用，很难形成竞争优势。

因此该模式只适用于自身经济效益好、且对自身有更高管理要求、有实力自行定制 M2M 业务的企业。

（二）企业建设运营模式

（1）实现方式：企业投资建设物联网平台，用户无须建设平台，只需要承担物联网识读器和物联网识读标识的费用，并支付相应的平台使用费和通信费用。运营商直接给企业提供移动网络数据通道，按月收取包月费或流量费，不通过 M2M（基于移动端的移动互联网模式）服务商。

（2）代表性应用：出租车定位等。

（3）适用性分析：首先，出租车定位业务里，运输公司投资建设 M2M 平台。出租车司机作为客户，除了一次性缴纳物联网识读器和物联网识读标识费用外，还需要缴纳每月 50 元的功能费（其中通信费用 5 元交给运营商；其余 45 元实质上就是平台使用费，交给运输公司）。对于运输公司来说，平台搭建成本实现了均摊，建设成本在一定期限内可以收回。其次，运输公司要求名下所有出租车司机开通定位业务，可以实现本公司系统内部出租业务的实时共享，这也是公司与名下出租车司机实现互惠互利的主要原因。但是各运输公司只能要求其名下的司机使用，其他运输公司的司机无法使用这个平台，因此平台应用、扩展规模有限。最后，运营商提供的只是通道，因而没有竞争优势。该模式具有一定的适用性，适用于有实际管理应用需求、且自身用户有一定规模的企业。

（三）全租赁佣金模式

（1）实现方式：企业投资建设物联网平台，搭建相关设备，通信运营商提供网络租赁，通过收取一定的佣金对相关平台和设备费用进行补贴，客户无须任何投资，只要缴纳一定的设备押金并按现金流量支付佣金。

（2）代表性应用：银行移动 POS 机。目前，通信运营商也开始尝试通过移动支付、一卡通等应用介入该市场。

（3）适用性分析：电信运营商提供的仍然只是通道，不具备竞争力。该模式盈利的关键在于有足够的现金流量，因此在支付行业比较适用。

该模式有较大局限性，仅对有较大现金流量的支付行业适用。

（四）企业投资运营商做系统集成模式

（1）实现方式：行业企业承担项目投资，电信运营商承担总系统集成商的角色，与M2M设备厂商、M2M服务商联合形成合作联盟，共同参与到企业的物联网及其应用系统集成的建设中。

（2）代表性应用：数字环保项目、电子警察等视频监控应用。

（3）适用性分析：这种商业模式可实现系统集成收入，在通道的提供上处于竞争优势，同时为获得客户的后期应用延伸需求奠定扎实的基础。适用于有投资预算的大型项目，但是运营商需要在项目规划、招标前介入。

综上所述，这四种模式适合于不同行业市场的物联网，每种模式各有特色、各有不同的发展空间。

四、运营商主导的物联网商业模式

（一）电信运营商（联盟）主导型商业模式

即由电信运营商或者运营商与集成商合作共同承担主要投资，从而在项目运作上赢得较大话语权的商业模式。具体包括：项目BOT运营模式、电信运营商系统集成商合作联盟、平台租赁运营模式、电信运营商建设信息化基础产品库四种。

1. 项目BOT运营模式

实现方式：由电信运营商搭建公共平台，由项目运营商建设物联网识读器和物联网识读标识，同时给电信运营商支付通信费用，最后通过项目的运营收入来实现相关费用的支付。我们以公共停车位的收费管理来进行描述，通信运营商搭建了停车场管理的平台，并制定相关的规范，项目运营商则通过BOT模式来承建公共停车场相关的收费系统，并通过公共停车位的收费运营来补贴项目相关的设备及通信费用。

适用性分析：BOT模式在路桥等大型基础设施的建设中应用较多，该模式通过BOT来实现项目建设成本的补贴，在类似这种基础服务行业的应用中有一定应用空间。BOT的另一个特点是项目一旦建成，则利润率很高，具有较大的后期潜力。运营商的收入依然是通道费用，但是因为有公共平台，因此在项目运作中具有较强的竞争力。该模式适用于交通管理、城市综合管理等投资规模大、具有一定公众服务性质且项目预期收益可观的行业。

2. 电信运营商系统集成商合作联盟

实现方式：电信运营商挑选行业应用领域处于领先地位的系统集成商构成合作伙伴联盟，系统集成商负责开发业务和售后服务，而电信运营商则负责检验业务在整个网络上的运行情况，并代表系统集成商进行业务推广、计费收费。

适用性分析：这种模式适用性较广，如果解决平台建设投资问题，则比较容易在行业客户中复制推广。项目投资可以采取合作伙伴联盟按照一定比例进行投资的方式，后期以BOT模式由企业分期支付。这种模式里，电信运营商占主导地位，而合作的系统集成商多为小型企业。电信运营商有推广的积极性，因此比较容易推向市场。只要电信运营商有项目推广积极性，这种模式在大型企业客户中会有比较大的市场空间。

3. 平台租赁运营模式

实现方式：电信运营商建立M2M设备的统一接入平台，并将统一接入平台的接口直接开放给终端厂商、应用服务商，提供统一、透明的接入视图。这种商业模式不仅收取通道费用，而且还可以提供接入平台的计费、远程维护等，并由此获得收益。客户无须建设平台，只需要承担物联网识读器和物联网识读标识的费用，并支付相应的通信费用。

适用性分析：对于客户来说，平台搭建成本得到了均摊，能够大幅降低建设成本。电信运营商直接担任平台运营商，除了收取传统的通道费用外，还可以收取一定的平台租赁费以及维护费用。该模式能够有效分摊平台搭建的压力，基于个人、家庭市场的物联网应用可以尝试这种模式，部分标准的行业也可以考虑采用这种模式。

4. 电信运营商建设信息化基础产品库

实现方式：由电信运营商联合应用服务商自行开发标准化业务，建立信息化基础产品能力引擎平台，提供全套业务和解决方案，客户可根据实际需求选取所需产品组合即可。比较类似于当前国内电信运营商在语音、数据业务或者集团市场标准化产品上的经营模式。

代表性应用：如 Orange（橘子官网）就将 M2M 系统分成很多应用模块，并在此基础上提供定制化的业务。其他像 NTTDoCOMO（日本领先的移动通信运营商）、Telefonica（西班牙电话公司）等也采取了这种模式，但在国内比较少见。

适用性分析：这种模式比较容易实现标准产品的规模化定制，也是电信运营商的传统经营模式，一旦实现，规模效应非常可观。平台的搭建需要电信运营商整合大量的业务，前期可以考虑从个人市场中用户比较感兴趣的业务入手，如定位等，后期逐渐丰富平台的产品内容。平台建设比较复杂，前期比较适合个人市场。

（二）平台运营商主导型商业模式

即由平台运营商承担主要的平台建设投资，从而在平台运作上拥有绝对的话语权，其决定将直接影响平台的具体运作模式的选择。具体包括平台免费开放模式、平台租赁广告模式两种。

1. 平台免费开放模式

实现方式：由某些公共组织搭建公共平台，免费对公众和团体开放，终端厂商提供硬件，MZM 服务商提供内容和服务，用户承担物联网识读器和物联网识读标识的费用，以及软件安装使用和更新费用。

代表性应用：GPS 导航等。

适用性分析：由于全球定位系统是免费开放的，所以这种模式下，只需要增加终端厂商、服务提供商即可构成产业链。GPS 导航也是目前比较成熟的一项应用，多用于车载导航设备或者各种 GPS 终端设备，其通信方式以无线电为主，不需要额外支付通信费用。该模式中的平台搭建和实现方式较特殊，具有一定的局限性，很难在其他领域复制。

2. 平台租赁广告模式

实现方式：由平台运营商投资搭建公共平台、物联网识读标识和物联网识读器，然后以租赁的形式交给广告商运营，广告商以广告所得收入支付物联网平台的运营费用。

代表性应用：移动 LED 广告机。

适用性分析：物联网的物品管理能够做得非常精细，将会成为越来越多的广告商看好的渠道，比如出租车、公交车的移动 LED（电视）、楼宇、营业厅的移动广告机等。在个人市场的应用上可以考虑，但是需要国内物联网应用普及到一定程度才会有市场。该模式适合于物联网应用普及到一定程度时采用。

综上所述，这六种模式有的适合于不同行业市场的物联网应用，有的适用于家庭和个人市场，每种模式各有特色、各有不同的发展空间。

五、电信运营商的物联网商业模式

对电信运营商的物联网商业模式结构的分析，可以参照一般企业商业模式结构的思路进行。电信运营企业的内部结构要素可以归结为价值对象、价值主张、价值创造和价值实现四个维度，外部关联要素则是整个物联网产业链中的其他重要成员，比如系统集成商、服务提供商、客户三个维度。电信运营商从自身的角度把内部和外部的各个要素构建在同一个框架下，当不同的结构要素和关联要素相互作用用时，运营商可以结合具体的设计方向，通过各个要素之间不同的组合进行商业模式的设计。

（一）间接提供网络连接

由系统集成商租用电信运营商网络，通过整体方案连带通道一起向用户提供业务，这是目前使用较多的商业模式。随着运营商的强势介入，这种模式的使用正在迅速减少。这种情况是基于物联网应用都是个体内部实现的，且实现物联网应用的企业相对比较专业，需要由行业内专业的系统集成商提供服务，特别是行业壁垒高、对应用要求复杂的行业，更需要系统集成商的存在。

（二）直接提供网络连接

由电信运营商向使用 M2M 业务的企业客户直接提供通道服务，而不通过系统集成商。目前中国移动、中国电信在电力、金融等行业的业务开展基本以提供数据通道，包月或按流量计费的方式进行。

（三）合作开发，独立推广

运营商与系统集成商合作，系统集成商开发业务，电信运营商负责业务平台建设、网络运行、业务推广及收费。这种模式中，电信运营商占主导地位，成为运营商进入 M2M 市场的主流模式，如中国移动、中国电信都与行业领先的系统集成商合作，由运营商面向客户推广行业应用产品。

（四）独立开发，独立推广

电信运营商自行搭建平台开发业务，直接提供给客户。目前国外实行这种模式的电信运营商包括 Orange 等，因对运营企业初期投入要求较高，所以采用这种方式的企业还比较少。目前国内还未出现运营商独立搭建平台并开发业务再直接提供给客户的案例。

第四节　拥抱物联网，拥抱未来

1999 年，“物联网”这个最初被广泛运用于物品和信息资源共享等各个领域的新技术概念在当时并未引起太多的关注。但二十多年过去了，物联网早已经不是过去的那个概念了，在 AI、云计算等一系列新兴科学技术的推动下，催生了一个万物互联的现实化社会。旧有的商业模式与理念在新时代社会大环境中显得有些力不从心，企业正在寻求改革与转型，探索一种能够更好地适应物联网时代发展的新形式。

一、物联网的发展前景

近年来，随着我国国内移动端和互联网应用技术产业的快速发展，产业链和整个基础性的技术生态环境也已经得到了充分的发展，市场整体容量也趋于饱和，物联网应用技术已经成为我国下一个技术创新的发展风口，成为许多移动设备软件制造商、网络服务提供者、系统软件集成商等厂商十分看好的战略重点和重要突破。

当前产业互联网与5G通讯的联合驱动下，物联网未来的发展前景仍然是非常广阔的。物联网由于自身已经能够与大量的行业领域产生比较紧密的联系，所以物联网被广泛认为是推动工业的互联网发展的重要因素。另外，物联网对于推动人工智能在全球范围内的落地和应用也具有非常重要的作用，所以在未来，物联网必然也将受到更多关注和重视。我国十二五规划之后，国家针对中国装备制造业转型升级工作提出了明确的改革口号，为整体装备制造业发展得到了国家政策扶持提供了强大的保障。

最新的一项统计数据报告显示，预计2026年物联网技术投资将达到11 026亿美元，在这个预测期内，物联网技术投资将以24.7%的年均复合增长率快速成倍地增长。事实上，到2022年，物联网技术投资预计将以每年13.6%的速度增长。

二、物联网发展的六大难题

（一）成本高

我国中高端传感器主要依靠进口，同时，当前市场上的物联网传感器种类众多，除摄像头传感器以外，还包括温度、湿度、加速度、大气污染等各类涉及化学量物理量的传感器，品种繁多导致难以形成规模效应，依赖进口进一步导致边际成本提高，从而导致整个物联网建设成本居高不下，只有降低成本才能更大范围地推动物联网发展。

（二）技术不成熟

传感器在采集数据后，仍然需要对其进行一定量的大数据分析，从而获得更多的价值。目前虽然我国的大数据挖掘技术、人工智能等新兴技术正在逐步发展壮大，但是这些新兴技术不一定是全球通用的，仍然需要与产品和行业相互结合，这也就增加了对人才的需求，因此我们有必要加强对各个垂直产品行业里的物联网应用型人才的培养。

（三）缺少比较稳定的安全防护措施

物联网本身就与安全问题有关，其主要的特点之一就是永远都在线，且传感器的结构比较简单，不可能像手机那样能够同时拥有较为安全的软件和硬性防护措施，这样极易使物联网成为被分布式或者拒绝服务攻击的跳板，因此我们要重视物联网的安全防护技术工作，既要把物联网做得安全可靠，也要把它们做得简单好用、低成本。

（四）缺乏合适的商业模式

中国目前的物联网发展较好，如城市安全监控监管智慧，流量监控，但是要找到一个合适的商业模式，并进入良性循环，仍照比较困难，需要进一步探索。

（五）法律法规不健全

无处不在的感知设备，涉及了企业内部商业机密、国家安全与公共事务机密、个人隐私等诸多方面的信息资源。目前，我国政府部门已经对网络上出现的个人隐私保护问题产生了

高度关注，相关部门也正在着手解决这一问题，相信不久的将来，相关的法律法规将会正式出台。

（六）缺乏龙头企业

目前，在许多物联网行业中，有大型的企业已经在市场上逐渐占据了主导地位，成为物联网这个行业的一部分，虽然中国也有企业正在努力做物联网，但还缺乏具有带头作用的龙头企业指导物联网这个新兴行业，使市场呈现出一种多极化的发展趋势。

三、物联网带来的改变

（一）产业互联网的发展促进工作方式的变化

物联网是产业互联网的基础，所以在产业互联网发展的大背景下，物联网将与大数据等相关技术构成一个整体的解决方案。对于职场中的人来说，未来我们所有的工作模式、工作内容、工作时间等在很大程度上都会发生改变。简而言之，就是工作内容会变得越来越简单，工作方式会越来越轻松，工作时间会越来越短。

（二）物联网将促进教育方式的改变

目前人工智能（AI）教育是教育领域的一个重要关注点，未来人工智能（AI）教育必然会得到广泛的普及，以此来解决因材施教问题和教育资源不平衡等问题。而人工智能（AI）教育的一个重要基础就是物联网，可以说没有物联网就不会有人工智能（AI）教育。未来对于大部分职场人来说，都需要终身学习，所以物联网的发展对于学习方式也会有较大的改变。

（三）物联网促进日常生活的改变

物联网对人们日常生活的影响主要表现为出现了很多方便的软件或设备，比如汽车上的智能出行（包括车联网的概念）、智慧健康医疗、智能家居、可穿戴设备等，这些技术和领域都需要物联网深度参与，所以物联网对人们生活的影响是全方位的。

物联网的发展是综合技术发展的结果，物联网需要大数据、云计算和人工智能的支持才能发挥出更大的作用，所以相关技术的发展对于物联网的发展也有积极的促进作用。

第五节　区块链知识及应用

一、区块链的时代宿命

（一）区块链技术概述

区块链技术诞生于 2008 年，在科研技术不断发展的情况下，其技术内容也在逐步发生改变。区块链技术本身也涵盖了多个领域内的技术，它包含数学密码、计算机技术等。随着区块链技术的不断发展，越来越多的新科技内容被整合进入其中，丰富了区块链技术的含义。一个分布式区块链技术应用的基本特性就是在分布式内容组成过程中，各区块链要素都要得以体现，由此形成一个共同的链式结构；并且在每一个节点之内，都保持区块链的数据，扩大了区块链的信息储存范围，同时根据其内的不同信息选择、使用哪些公式和计划信息，也决定着其网络形成的结构关系。每个区块链还能够具有其独特的记账权，在共识机构建立过程中，通过相应的安全保障措施，使各区块力量和谐统一，由此发挥更加积极的作用。

（二）区块链技术特征

从区块链技术特征来看，区块链本质上是一种协议构架。这样一种协议构架能够体现某种理念，在开放、共享、信任等理念价值引导过程中，它对区块链不同领域的技术也起着决定性的作用，最终能够体现出其常态特点。去中心化，实质上也是区块链中心化展示的一种独特性质，因此，在去中心化过程中需要与其他技术做好共同结合。通过组织个体之间的相应联系，区块链每个区块之间的组织和人都能够共同连接。区块链的透明性和隐匿性则表现在区块链能够实现用户信息的开放访问，对全部信息和数据内容做出及时管理。在用户开放访问过程中所体现出的每一个信息都是真实有效的，且具有一定的稳定性和抗风险性。分布式账簿、数据储存模式和独特的互联网加密模式，使得部分地区会出现运行失效。想要对区块链做出改变，也必须着重分析整个区块链的运行内容，最后，区块链运行还要具有一定的高效性，它可以降低各方成本，提高交流效率。

（三）区块链时代价值

结合时代发展使命，区块链技术的应用行业较广，它在艺术行业、法律行业、软件开发行业、房地产行业、物联网行业、保险行业等领域之内都有着重要的应用。随着区块链技术成为全社会关注的热点，我国监管部门也着重对虚拟货币出现的一些问题作出打击，针对区块链技术应用的不足做出逐步处理。关于区块链技术，在区块链应用发展过程中，区块链特征更为明显。在区块链技术作用过程中，可以将供应链、物联网、医疗、农业等领域联系起来，从而实现互补。现阶段随着 5G 技术等的不断兴起，两者之间能够实现优质互补。在加强 5G 通信安全性的同时，也能提高其区块链技术的应用效果。

二、区块链发展历程

（一）区块链 1.0

所谓区块链 1.0 时代，即是指区块链建立一个去中心化数据库，由此去中心化数据库完成列表增长。每一个区块之内都设定了相应的时间、地点以及区块链接，这使得区块链所保存的数据具有稳定性功能，实际上在区块数据保障过程中，这也是通常采用的一种保护措施。通过高容错分布式计算，使系统建立，完成区块链信息的搜集整理。随后运用好区块链技术内容，将其进行保护，这是区块链 1.0 时代发展的一种必然。区块链技术是伴随着数字货币比特币变革的，随后也产生了一些如同莱特币、以太币等数字货币。在数字货币支撑发展过程中，中心权威机构无须参与，这对传统的金融机构影响很大。

（二）区块链 2.0

到 2014 年，区块链 2.0 时代是区块链发展的一大转折阶段，这时区块链才真正完成了去中心化的过程。在区块链 2.0 时代内，它能够完成重要编程，基于经济学家的建设内容，区块链 2.0 时代做出了一些精密协议，它也展示了当前时代建设的特点，实现了知识之间的共享。区块链 2.0 时代技术跳过了交易和价值交换等环节，人们可以直接通过此项技术做出

内容探知，它可以帮助人们远离全球经济化，让个人隐私得到保护，这实现了信息内容与货币内容的逐步转换。区块链 2.0 时代，让个人永久数字 ID 成为可能，它也展示着区块链技术本身的发展功能，在潜在数据财富分析过程中，这也体现出了其实际价值。区块链 2.0 技术最为突出的特点就是能够解决智能合约过程中的各项技术难题，使得可编程智能合约被应用到金融领域之内，从单一的数字货币扩散到其他货币内容之中。

（三）区块链 3.0

区块链 3.0 时代也被称作可编程时代。随着区块链技术的逐步发展，在区块链技术应用过程中，它与智慧农业、智慧医疗、智慧物联网等业务内容联系较为紧密，从根本上也会对社会产生很大影响。关于区块链技术应用范畴，基于其对数字货币研究的成果，在区块链 3.0 时代之内，它可以完成相应的自我治理。其本身的智能合约以及应用过程也显现得较为完全，IPFS 解决了区块链储存成本高、存储效率低等问题。共识机制与 IPFS 结合开拓新市场，这也是区块链支撑的构成要素。

三、区块链的商业模式

（一）私有链商业模式

私有链商业模式是企业在组织控制行为之下所完成的一种区块链技术发展，它有着严格的控制功能，能够做好信息的读取以及修改，并创造出少量的用户管理内容，其保持着去中心化特性，交易过程较为简单、交易成本较低、连接性较强。基于其内容管理过程，它能够做好数据管理。经过一定的电子技术应用，这决定了区块链的不可篡改性，能够解决数字方面的失真问题，也有助于提高数据本身的透明度。通过此权威保障，也有助于一些版权内容的保护。它能够为版权内容提供更可靠的保护方法，例如在区块链内进行版权注册和使用，就能够在一个新的去中心化平台上对其作出及时管理。按照区块链本身的结构特点，在登记内容之中，将信息以及关键联通点展示在他人面前，这也具有一定的支持维护特性。而在电子合同保护领域之中，电子合同应便于在网络上进行操作，所以进行电子合同的保护也是十分重要的。在常规数据库之中，这些交易都是由多个权威管理内容所构成的。区块链技术使得电子合同可以具备相较于传统电子签名较高的安全性，其主要技术手段适用于算法，致力于区块链帮助用户快速获取信息。

（二）联盟链商业模式

联盟链是指共识过程受到预定节点和许可性网络控制，它介于公有链和私有链之间。联盟链是在多节点控制过程中引入的，以牺牲部分中心化为代价，换取一些区域链的限制控制特性，相比公有链而言更具灵活性、可靠性。公众可以查阅相应的交易记录，但是也必须在获得验证之后才能够获取其受控功能。其一般应用于金融服务、物联网服务、供应服务等范畴之内，对于金融服务过程而言，基于公有链搭建去中心化信用流通机制，能够颠覆以往的公有中心化经济问题。在区块链技术应用过程中，它可常见于不同的情景之内，实现智能票据、智能银行结算等业务，建立起更加安全的模式。对于物联网技术而言，物联网都是基于去中心化管理构架进行设计的，这存在着较大的数据安全维护成本和数据安全隐患问题，基于区块链技术和云连接模式，所有的智能设备都能够放于物联网中；其费用较低，也降低了后续的物联网设备维护费用。在供应链服务方面，区块链技术可以使各个供应环节的信息更加公开透明，并提供有效解决方案，帮助我们认识区块链管理要点。

（三）公有链商业模式创新

公有区块链是指该领域的基于其公有链设计的一项内容，它是所有用户都能够参与的一种共识过程。其优点是绝对自由、绝对隐私，但从现实方面来看，这只是一种理想化的经营过程，也必须受到法律以及政府的监管。在公有链商业模式创新领域之中，社交网络也能够基于其框架设置，由公有链系统对其进行保障，它能够在中心化竞争过程中起作用。而对于现有的商务模式，去中心化区块链为电子商务提供了另一种途径。在商品支付方面，无须第三方担保费用就能够交易，简化交易流程。此外，商品和服务也可以在没有中间商的情况下进行交易，基于数据传播问题，能够有效保障数据安全，也能完成各项数据价值的传播应用。

四、区块链商业模式的创新和发展

（一）弥补式创新

弥补式创新是区块链技术中所现存的一种基础式创新模式，弥补式创新内容的发展核心就是对基础模块作出分析，以此完成区块链本身技术的弥补。从现存商业模式来看，它能够找到区块链技术发展的漏洞，完成缺陷弥补，并实现共需平台的逐步监管。从监管机构内容出发，需要了解网络区块链的构成成分，并对其关键要素作出分析。在联通过程中，会由双方的共同信息供给模式，解决其数据问题。通过应用好各区块链技术，降低数据流失风险，由此保护好各方利益。在数据权方面，区块链共享商业模式中的供需双方没有完全或应有的数据使用权，但是也拥有了一定程度上的选择权。供需双方在数据选择过程中，无须从头开始，也能够基于信息本身内容做好不同平台之间共同建立分布式账簿，使得数据信息能够做好分点储存。在弥补式区块链共享商业模式内，按照分布式账簿的数据储存以及查看功能，可以实现其中介区块发展，有助于平台的不断扩展。由于信息数据的有效性验证工作不由互联网单独负责，这时其利益相关者会直接对其决定使用弥补式区块链共享经济内容。但由于区块链在数据上的创新，在某种程度上能打破以往的网络平台垄断模式，促进平台的不断发展。

（二）取代式创新

取代式创新是区域发展中的另一种创新模式，在共享经济模式下取代颠覆式创新的作用也十分明显。传统的共享经济中，互联网平台大多被逐步削弱，而共享经济的互联网平台支撑内容被逐步改变，在技术交换形成过程中，还形成了一些新的区块链价值，其体现出的是共享经济时代本身的特性。在隐私方面，互联网平台内的角色转变较快，各区块链之间的信息传播内容也较广，这需要通过一定的技术操作，对用户信息作出保护。它是一个综合性的平台及用户服务，以其再次交易内容为一体，但是在实际发展过程中，也存在着一定的风险。例如对于数据内容的搜集弥补，也是区块链技术发展本身存在的一大缺陷。从区块链技术角度出发，取代式区块链共享经济创新对于其发展而言也是意义重大的。其本身没有发生一定的转变，但在加密模式内容探索方面却呈现出了一定的变化。在区块链特征思考过程

中，取代式区块链共享经济模式的创新和去中心化程度较高，这样一种去中心化并非偏离中心平台内容，而是使其更好地运行。在各交易链范畴之内，共同完成各种工作目标，做好创新服务。

（三）颠覆式创新

颠覆式创新是区块链共享经济内容的一种全新观点，这一观点认为，互联网平台作为区块链的作用被完全颠覆。基于共享经济创造的主体以及客体关系，如对于其中的搜索服务、验证服务、技术支撑服务等，都会纳入新的共享经济体制内。在隐私方面，对于所有的区块信息都能够共同完成交易，也可以独立于经营个体而存在，实现区块信息之间的完全加工验证以及丰富。在数据全方面，共享经济中的各区块拥有一定的数据完整性，并随着数据质量的提高，其价值密度也在逐步上升。从区块链技术角度来看，区块链取代式内容能够颠覆以往的商业路径。在创新过程之中，加强辅助内容应用，供需双方必须根据自己的实际需求以及供需内容认识到供需机制建立的高效性，由此建立起新的自动化区块系统。这种多共识内容的出现颠覆了区块链的传统认知，由此促使一些商业经济体主动完成去中心化发展后作为一个新的中介交易平台，将金融、征信、监管内容融为一体，这逐步形成了一种新的商业模式，实现了智能合约的广泛应用，满足了用户的实际价值。

（四）区块链赋能的商业模式创新

当前，业内对于区块链的解读不太一样。综合区块链的解读内容，它主要是指通过数据协议，在多个独立计算机组成的网络共享空间内所形成的一种软件技术。这不同于以往的中心式构架内容，无论是在线上还是在线下，其中的信任机制都形成了一个新的联通关系。区块链技术管理的特点就在于它会基于一定的数学原理进行信用系统建设，在重构以及去中心化发展过程中完成一个开放式平台的建造。在网络授权方面，也不仅仅局限于某一账本内容，在同一账本出现修改之后，后面的数据内容会发生一定的变化。区块链所有的分布式账单都提供了一些新的不可改数字，在传输过程中，每一笔账单的实际流通内容也较为明显。通过保障数据内容的安全性，实现数据信息的可靠传递，不被他人发现。甚至在攻击时，也能够准确地传递出相应的市场价值，使区块链在去中心化过程中也由此完成了具体行业领域的对接。

当前，人们将区块链应用分为私有链、公有链和联盟链等。其中的私有链是企业层面的商业模式，公有链是平台或跨界商业模式，联盟链则是产业层面的商业模式。

第九章 移动互联网知识及应用

移动互联网是一种通过移动人工智慧网络技术连接构建的移动网络终端，通过采用人工智能或者移动无线通信的方式来获取网络业务和提供服务而发展形成的新兴业务，它主要涵盖了移动终端、软件及其基础应用三个主要层面。终端应用层主要内容包括各种智能手机、平板笔记本电脑、计算机或电子书等；网络软件应用层主要内容包括各种操作系统、中间件、数据库和网络安全软件等；信息应用层主要内容包括各种休闲类的娱乐、工具媒体类、商业类等不同的软件应用和信息服务。我国移动端和互联网的快速推广普及和蓬勃发展，不但为我国企业发展带来更多的创新商业模式，还极大地推进了我国经济社会发展创新的模式转型。

第一节 移动互联网的发展及现状

一、移动互联网的发展历史

整个中国移动互联网的发展过程大致可以归纳为四个阶段：萌芽、培养成长、高速增进期和全方位发展。

(一) 2000—2007 年的萌芽阶段

这个时期的移动应用终端主要指的是基于 WAP（无线应用协议）的应用模式。这一时期因为受限于当时中国移动 2G 的网速及中国手机的智能化发展水平，中国移动互联网的发展处在一个简单 WAP 应用期。

WAP 应用把 Internet 网上 HTML 的信息转换成用 WML 描述的信息，显示在移动电话的显示屏上。由于 WAP 只要求移动电话和 WAP 代理服务器的支持，而不要求现有的移动通信网络协议做任何的改动，因而被广泛地应用于 GSM（全球移动通信系统）、CDMA（码分多址系统）、TDMA（时多分址系统）等多种网络中。

在移动互联网萌芽期，利用手机自带的支持WAP协议的浏览器访问企业WAP门户网站是当时移动互联网发展的主要形式。

（二）2008—2011年的培育成长阶段

2009年1月7日，工业和信息化部为中国移动、中国电信和中国联通发放了第三代移动通信（3G）牌照，此举标志着中国正式进入3G时代，3G移动网络建设掀开了中国移动互联网发展新篇章。

随着3G移动网络的建设和智能手机的普及，移动网速大幅加快，初步打开了移动智能终端上网带宽的瓶颈，移动智能终端丰富的应用软件使手机上网的快捷性和娱乐功能得到了大幅增强。同时，我国在3G移动通信协议中制定的TD SCDMA协议得到了国际的认可。各家大型互联网企业都在努力进一步抢占移动互联网的入口，一些大型的互联网企业试图通过推出自己的手机浏览器抢占移动互联网的入口，而另一些大型的互联网企业则主要是通过与移动互联网的制造者进行合作，在移动互联网产品开始生产或者销售之前，就把自己为企业提供的服务和应用程序预先安装到了手机中。

（三）2012—2013年的高速发展阶段

随着手机端的操作系统快速发展，具有移动触摸屏等应用功能的移动智能手机得到大规模普及和广泛应用，这也解决了传统的智能键盘机在移动互联网平台上上网的众多不便，安卓系统智能手机端应用程序大量诞生，极大地完善了手机移动终端上网应用功能，移动互联网的应用呈现出一种高度爆发性的快速增长。

进入2012年之后，由于安卓移动手机的用户迅速增长，安卓智能手机操作系统的商业化推广使用使传统的智能手机进入一个技术升级替代期，传统的移动手机软件制造商纷纷效仿苹果的经营模式，推出新的触摸屏手机和新的上网应用软件商店。由于使用触摸屏移动智能手机的上网应用浏览方便，上网应用丰富，受到了消费者喜爱。同时手机设备制造商之间的市场竞争激烈，智能手机的市场价格大幅下降，千元左右的智能手机大规模研发量产，推动了智能手机在我国市场上的广泛应用。

（四）2014年至今的全面发展阶段

2013年12月4日，工业和信息化部对中国移动、中国电信以及中国联通三大主要电信运营商分别正式发放了4G通信牌照，中国4G通信网络正式开始进行首次大规模并网试验。4G通信网络的成功建设使得中国移动网实现了快速发展，终端实时上网传输速度有了大幅度的提高，以前因网速受到的瓶颈和局限问题都得到了有效解决，移动互联应用的工作场景也因此得到了极大的丰富。

由于网速、便捷性、手机应用等互联网发展的问题被解决，我们迎来了桌面互联网的时代，门户网站已经成为企业各个领域开展活动的主要标配；移动互联网的新时代，手机APP成了企业开展商业活动的必备软件。而且由于4G网速的大幅度提高，促进了企业和用户对实时性的要求提高，相应地，流量相对更大、市场需求更大。随着各种移动应用的快速增长，许多智能手机的应用已经开始向视频行业大力推进。

二、电商的移动互联网化

（一）电商互联网化的现状

移动电子商务是由电子商务的概念衍生出来的，过去的电子商务概念指的是通过台式机销售为主，是有线电子网络商务；而现在的移动互联网电子商务，是通过智能手机、平板电脑这些可以随身携带的移动终端同时进行 B2B、B2C、C2C 或 O2O 的电子商务。互联网、移动通信应用技术、短距离网络通信应用技术及其他商业信息处理应用技术完美地紧密结合，使人们可以在任何时间、任何地点进行各种商贸活动，实现随时随地、线上线下的购物与交易、在线电子支付以及各种交易活动、商务活动、金融活动和相关的综合服务活动等。

与传统的通过电脑（台式 PC、笔记本电脑）平台开展的电子商务相比，移动电子商务拥有更为广泛的用户基础。截至 2020 年 12 月，我国网民规模达 9.89 亿，较 2020 年 3 月增长 8 540 万，互联网普及率达 70.4%，其中，农村网民规模为 3.09 亿，较 2020 年 3 月增长 5 471 万；农村地区互联网普及率为 55.9%，较 2020 年 3 月提升 9.7 个百分点。截至 2020 年 12 月，我国在线教育、在线医疗用户规模分别为 3.42 亿、2.15 亿，占网民整体的 34.6%、21.7%。

（二）电商是移动互联网的营销利器

自 2013 年起，我国已连续八年成为全球最大的网络零售市场。2020 年，我国网上零售额达 11.76 万亿元，较 2019 年增长 10.9%。其中，实物商品网上零售额 9.76 万亿元，占社会消费品零售总额的 24.9%。截至 2020 年 12 月，我国网络购物用户规模达 7.82 亿，较 2020 年 3 月增长 7 215 万，占网民整体的 79.1%。随着以国内市场为主导的大循环经济体系加快形成、国际国内双循环经济格局加速形成，网络零售不断培育新时代消费市场动能，通过助力“质”“量”双升级，推动了消费“双循环”。在国内消费循环方面，网络零售激活城乡消费循环；在国际国内双循环经济方面，跨境电商发挥着稳定国际进出口贸易与国内贸易的作用。此外，网络直播成为“线上引流+实体消费”的数字经济新模式，实现蓬勃发展。电商直播成为广受用户喜爱的购物方式，66.2%的直播电商用户购买过直播商品。

现在淘宝平台的很多服装卖家所售卖的款式都需要提前预订，随后卖家将这些款式发往小单快订、定制生产的“淘工厂”生产，这种模式迅速得到认可。例如东莞川盛毛织有限公司目前 80%的订单都来自这样的电商卖家，公司负责人李斌说，订单生产模式的变化，使原先一条几十人承担上万件服饰生产的大流水线，转变为现在两三人裁制 10 件到 20 件衣服的小流水线，这一方面增加了订单量，另一方面使得人力资源配置更加灵活。对于小商家而言，这种模式不仅解决了生产供应端的难题，而且工厂的生产流程进度还能通过电商卖家后台实时查看，实现了便捷的智能管理。

除了小型实体电商，大型实体店铺还在产品生产端、数据管理层等各个方面也都进行了积极的模式尝试和技术融合上的创新。“我们目前正在上线的是全网顾客真实心声系统，以周为单位深入地研究消费大数据，平均每个月收集超过 200 万条顾客评价，一方面是分析消费者的最新喜好，研发出创意性较强的新产品；另一方面，对已经推出上线的产品，根据市场消费者反馈情况来进行调整。”良品铺子门店把 3 700 万名门店会员的商业个人信息数据

进行精准匹配并实时连接到2 000多家“智慧门店”系统，通过移动互联网商业大数据分析平台，可以实现对一家单店用户个体或一家连锁店的不同用户消费群体信息进行精准的数据分析，并对不同消费人群的需要进行深度挖掘，以全渠道数字化模式形成了智慧零售的核心驱动力。

和良品铺子一样，从网购的消费需求，到网购消费者的消费数据，网络购物已开始在各个环节与传统企业融合创新。比如通过对年轻消费者的深度洞察，进行逆向定制，海尔、美的等这些传统家电行业的大巨头，不断推出自己的定制新品，很多产品就是专门为年轻用户量身设计的智能化家电新品，例如一个人的滚筒洗碗机、10kg的超大容量的滚筒洗衣机等，这些定制新品都深受年轻消费者的热烈欢迎。五芳斋等大批传统品牌则通过打通网购平台与后端供应链，实现了从包装、食材到个性化祝福的私人定制，重构了生产流程。

三、移动互联网金融

移动互联网金融被普遍认为是推动我国传统金融服务产业和互联网紧密结合的一个新兴产业。移动互联网金融区别于传统金融服务业的不同之处在于，它通过智能手机、平板电脑和无线POS机为代表的各类移动设备，使传统金融业务具备透明度更强、参与度更高、协作性更好、中间成本更低、操作更便捷等一系列特征。随着智能终端的快速成熟发展、应用广泛普及、移动无线通信信息技术的日新月异以及金融移动安全等信息技术的快速发展与不断进步，移动金融业务网络覆盖范围、金融业务产品的技术创新与业务内涵也在不断扩大，各种类型的移动互联网金融业务模式也在不断涌现。

（一）移动支付

移动支付交易是一种简单而又快捷的交易方式，它不仅能够克服用户的地域、空间、时段的各种约束，而且还能有效地提高交易效率，为中小商户和广大消费者的生活提供便利。移动在线支付可以随时提供各种小额、多笔次的交易，因此我国手机在线支付、互联网在线支付普及率极高，发挥了移动互联网金融在便利社会公众支付、提升商业零售经营效率、促进社会完善公共金融服务等各个领域中的重要应用功能。

根据相关统计，截至2020年12月20日，我国使用移动互联网在线支付的用户规模总数已经高达8.54亿，较2020年3月同期同比增长8 636万，占到全国移动网民用户总数的86.4%。网络支付通过聚合供应链服务，辅助商户精准推送信息，助力我国中小企业数字化转型，推动数字经济发展；移动支付与普惠金融深度融合，通过普及化应用缩小我国东西部和城乡差距，促使数字红利普惠大众，提升金融服务可得性。2020年，中国人民银行发行的数字货币已经在深圳、苏州等多个试点城市进行了数字人民币红包检验，取得了阶段性的成果。未来，数字货币将进一步优化功能，覆盖更多消费场景，为网民提供更多数字化生活便利。

（二）移动理财

通过移动终端来打理自己的资产，进行个人金融信息查询、理财产品认购等操作，对于消费者来说是一件非常普遍的事情。各大商业银行的手机银行除了简单的充值、转账汇款等信息管理功能外，还添加了更多的金融服务，比如生活缴费、投资理财、小微金融、贵金属交易等金融服务项目。

为了继续大力推广手机银行业务，中国农业银行、中国建设银行、中国光大银行、中国民生银行、招商银行等多家上市银行都相继推出手机移动银行理财客户端，推出了一系列专属于手机银行的理财产品。除了传统商业投资银行，越来越多的个人投资者们也进入了这种移动化金融理财服务领域。例如，阿里巴巴在成功推出了首款余额宝后，就积极涉足理财服务市场；腾讯推出了首款微信理财信息服务平台后，就进入了移动互联金融服务领域；京东也创立了京东理财白条，开展自身金融服务理财产业，发展势头强劲。

（三）移动金融的O2O模式

O2O模式又称离线商务模式，是指线上营销线上购买或预订（预约）带动线下经营和线下消费。O2O可以通过打折、提供资讯、服务以及预订等手段，把线下门店的信息直接推送给互联网的用户，从而使他们成为自己线下的客户。这些适合于客户必须要来门店消费的各种商业活动，比如吃饭、健身、看电影、美容与美发等。

移动支付金融服务O2O模式的开始兴起和迅速发展主要体现在两个重要方面，一是涉及移动在线支付的基金、信托、理财、融资（众筹）、投资、金融信息、租赁等金融服务项目离不开O2O模式；二是进入移动金融O2O模式的企业覆盖面广，进入的企业多。比如支付宝与上品折扣联手推出商场O2O购物服务；腾讯将微信和财付通捆绑在一起，依托微信的摇一摇、二维码扫描等功能，针对性地开发出各种支付方式，实现O2O线上支付与线下商务的整合。

总之，随着我国移动端和互联网的快速普及和发展，以云计算、大数据、社交互联网络等作为主要代表的互联网技术的迅猛崛起，以及全球性的智慧城市、智能产业、智能家居、可穿戴等信息设备的普及和应用，传统金融行业和领域都迎来了一个新的机遇，新的移动端和互联网应用场景将会更多，移动端和互联网与这些应用场景紧密地相互结合，将会在未来产生更多的移动端和互联网金融创新模式。

四、数字政府与移动政务

移动政务也被称为移动电子政务，它主要目的是利用移动技术手段在政府部门的工作中通过各种诸如智能手机、无线网络、蓝牙、RFID等新兴技术，向社会公众提供政策服务。充分利用现代移动通信技术，通过移动通信终端、相关接入、认证及应用协议等技术进行研究和开发，实现电子政务的可移动化。

同传统电子政务类似，移动政务也可以用于政府部门对政府部门（G2G）、政府对政府雇员（G2E）、政府对企业（G2B）以及政府对公民（G2C）。与传统的电子政务相比，移动式的电子政务让公务员能够随时随地地办公，企业和其他社会公众都能够随时随地地获得政府的信息和服务。

2020年，党中央、国务院大力开展数字化政府体系建设，切实地提升了人民群众与企业之间的满意度、幸福感和信任获得感，为扎实地做好“六稳”工作，全面落实“六保”任务工作提供了服务支持。截至2020年12月底，我国互联网时代下的政务信息化服务网络用户规模已经高达8.43亿，较2020年3月同期增长1.50亿，占我国网民群众整体的

85.3%。数据统计资料显示，我国在线电子政务发展指数为0.794 8，排名从2018年的第65位迅速提升至第45位，取得了历史性的新高，达到了全球电子政务行业发展“非常高”的水平，其中我国在线电子政务发展指数由全球第34位迅速跃升至第9位，迈入了全球领先行列。各类政府部门积极推动政务服务的线上化，服务的种类及人次均有明显增多；各地区各级政府“一网通办”“异地可办”“跨区通办”日益成熟，“掌上办”“指尖办”日益发展，成了政务业公共服务的标配，营商环境也不断得到改善。

目前，移动政务应用模式主要表现为政府官方网站模式、政府APP应用模式、政府微博应用模式、政务微信应用模式四种。在飞速发展的移动互联网时代，应开发设计新的融合协作应用模式，即综合应用现有的应用模式，建设系统化、全方位的电子政务网状结构，主要包括三个方面：第一点就是同一个单位需要由统一的小组负责，使用不同类型的电子政务平台进行协作；第二点就是同一事业单位的不同部门之间需要相互配合，建立一个跨越多部门的联盟集群；第三点就是需要将政府和企业内部的各项业务部门的流程做到细致化，或是适时地引入一些先进而又专业的系统集成技术及相关的人才，委托一些比较专业的公司来对其进行管理，以此来确保整个系统集成的规范化、有序化，实现其功能的最大化，从而能够更好地顺应未来移动互联网的发展趋势，真正做到为政府服务，利民亲民。

五、移动互联网的日常应用

（一）出租车行业

在中国移动和互联网变化的大潮中，变化最为深刻的当属出租车服务行业，早期的出租车服务行业主要由公立机构占据主导地位，打车服务市场的需求巨大，许多年轻人在出行的高峰期“一车难求”，但是很多出租车的师傅往往等很久却找不到乘客。而出行者，等待的时间很长不知道自己能不能打到车。这一切的原因都在于呼叫中心这种传统的服务方式并没有适应现代社会快节奏的需求。

但是随着移动互联网的发展、打车应用软件的普及，自己只需要安装一个应用程序软件，就能把驾驶员和乘客连接起来，乘客与驾驶员之间能够实时地知道彼此之间的情况，并且能够在最短时间内达成交易。而这种颠覆性的工具，相较于传统的出租车服务公司的呼叫平台，成本几乎可以被认为是零。

（二）餐饮行业

餐饮在我们的日常生活中占据了非常大的比重，过去的小餐馆以单据形式进行收银买单，甚至一些连锁餐厅也无法保证其从前端排队点餐到后台的烹饪，以及供应链的整个流程能够通过信息化方式完成，跑单、漏单、错单现象层出不穷。而移动互联网则为餐饮行业存在的问题提供了较为完善的解决方案，即立体决策和整合营销。人们只要通过智能手机就可以直接在网上找到美食餐厅，扫一下官方微信上的二维码就可以直接在线下单点餐，传统的网上注册消费会员卡已经完全变成了人们在智能手机上的一种虚拟消费卡片，移动互联网让人们的饮食消费决策变得立体而更精准。此外，诸如点评、团购、微博、微信等社交媒体渠道的全方位整合营销，越来越为餐饮从业者所采用，它贯穿着整个消费者的餐饮消费周期。

（三）旅游行业

旅游业是中国传统行业中最早与互联网融合的产业，移动互联网的兴起使得这一领域的信息化变革显得尤为复杂和深入。去哪儿网副总裁谌振宇就曾提到，“移动互联网的创新给传统在线旅游业带来以流量分流为主要形式的冲击，用户行为习惯的改变对原有产业链也产生了很大的影响”，也就是说，移动互联网推动了旅游行业产业链的分解与重塑。在线上，携程主攻机票和酒店；去哪儿网定位于综合的信息服务提供商；途牛主打定制化、个性化旅游；马蜂窝则致力于众包旅游和旅行攻略等。目前，线上这种类型的旅游企业很多，通过进行用户细分，重新定位市场，运用移动互联网技术，打造自身的核心竞争力，完善旅游产业链。

此外，线下的大型旅游酒店服务业也正在创新求变，以线下酒店旅游服务行业为主要代表，锦江酒店集团、布丁庄园酒店、速 8 酒店等二十多家大型连锁酒店，加快了线下酒店服务信息化的建设进程，保证了酒店能够更好地在科技上和各种移动应用客户端平台实现无缝对接；其中包括了如家、锦江酒店在内的不少大型连锁酒店也都自己设计并自主开发了自己的酒店商品和移动客户端，希望能够通过自己的酒店官网、客户端等多种方式直接进行酒店商品的线下直销，圈住线下用户。

（四）教育行业

目前，线下学校教育模式是一种由专家教师和行政人员把控的体系，那么在线教育将要重新定义知识的传播问题。如今，中国的教育大多是线下进行的，新的线上教育模式的出现，使得用户掌握更多的选择自主权。

线上教育的优点在于它可以解决教育资源的不均衡，利用人们碎片化的时间来完成一个学习的整个过程。从技术层面上来讲，现在已经可以轻松地实现教师在线实时授课，并且能够进行课堂交流互动、作业审核等功能，也可以轻松地实现几百名学生同时在线聆听课程。但是线上教学还它存在一些问题，主要在于：学生想要与教师进行互动和回答问题，教师端的硬件技术水平艰难达到这个目的；互联网网速虽然发展已经很快，但仍远远达不到全国各地都普及的程度；客户端的操作问题，比如上课的时候，学生端会出现无法打字、不能说话、断线、网络卡住等各种烦琐的问题。

（五）医疗行业

互联网+电子医疗，是利用移动互联网对于各类医疗卫生产品和健康服务的一种新型综合应用，其主要服务内容包括以健康知识教育、医疗健康资料在线查询、电子健康信息档案、患者自身疾病的医疗风险评价、在线咨询疾病诊疗顾问、电子疾病处方、远程疾病会诊及患者进行远程对症治疗与早期康复等各种形式多样化的与健康相关的医疗信息服务。互联网医疗，代表着我国医疗事业一个新的发展趋势和方向，有利于解决当前医疗行业资源不均衡和人们日益提高的健康需求之间的矛盾，这也是国家卫生健康委员会积极引导和支持的医疗发展模式。

2020 年抗击新冠疫情期间，中国许多大型医院及其他大型互联网健康医疗平台都主动引入了用户在线健康治疗服务。2020 年 7 月，国务院办公厅印发《关于进一步优

化营商环境更好服务市场主体的实施意见》，提出在保证医疗安全和质量的前提下，进一步放宽互联网诊疗范围，将符合条件的互联网医疗服务纳入医保报销范围，制定并公布全国统一的互联网医疗审批标准，加快创新型医疗器械审评审批并推进临床应用。

（六）房地产行业

房地产在移动互联网上的广泛应用由来已久，比如在网上公开正式发布的楼市新盘、二手房地产买卖、租赁商品住宅等相关信息，这种房地产相关信息的公开和网上发布方式催生了一大批房产网站，如网易搜房网、新浪网易乐居、搜狐焦点网和网易安居客等。

易居网在中国先后成功推出了“口袋乐居”“口袋经纪人”“口袋家居”三款全新的家居房产类型的移动家居 APP 家居产品。“口袋乐居”主要包括实景房价在线评估、税费抵扣计算、房贷审核结果分期计算、寻找合适房源、实景在线看房等多种应用功能。房产中介经纪代理行业基于移动互联网的基础应用，例如“掌上链家”，使用微信二维码进行产品展示和交易，用户使用手机扫描一个在售楼盘的二维码，就可以了解到该楼盘的具体商业地理位置优势、报价、卖方联系电话、户型以及实景看房照片等与这个楼盘密切相关的诸多信息。

但从客观上来说，移动互联网介入房产领域基本还停留在提供服务的层面，处在培育平台和积累用户的阶段，其广告价值和商业价值尚在培养期。

第二节 移动互联网≠移动+互联网

一、移动互联网

我国已拥有全球最大的移动终端用户规模，根据中国互联网络信息中心（CNNIC）在京发布的第 47 次《中国互联网络发展状况统计报告》显示，截至 2020 年 12 月 20 日，我国网民规模达 9.89 亿，互联网普及率达 70.4%。

所谓的移动互联网就是指互联网和移动通讯网的一种融合。移动互联网大致可以划分为移动互联网和无线互联网。无线互联网指的是室内计算机或者笔记本电脑以无线的方式直接接入到移动互联网，而目前的移动互联网主要基于智能手机（主要用户是智能手机）直接接入到移动互联网，是一种真正的移动概念，更加充分地体现了对网络无所不在的应用需求得到了满足。

我们一般认为移动互联网是以移动网络作为接入网络的互联网及服务，包括三个要素：移动终端、移动网络和应用服务。①移动终端，包括手机、专用移动互联网终端和数据卡方式的便携电脑；②移动通信网络接入，包括 2G、3G 甚至 4G 等；③公众互联网服务，包括 Web、WAP 方式。

二、移动互联网≠互联网

移动互联网与 PC 互联网是两个不一样的概念，移动互联网并不是 PC 互联网 2.0 的衍生产品，它有着自己的特点。

（一）操作系统平台不同

台式电脑的操作系统常见的设备主要有 Windows 操作系统、UNIX 操作系统、Linux 操作系统和 Mac OS 操作系统，但是普通用户基本上是 Windows 操作系统，而对于链接移动互联网的手机或平板端，则要面对 iOS、Android、WP、黑莓等多种系统平台，各类应用需要开发适配不同的 iOS 版本。

台式电脑的移动操作系统总体而言相对稳定，没有太大的变化，而手机、平板电脑等移动终端操作系统的更新换代则以月为工作单位，因此，移动互联网的广泛应用乃至整个信息产业和社会生态系统的升级换代都比之前要快得多。

（二）硬件平台不同

链接到手机或者平板电脑后，其内容、输入方式等都与台式机在功能上有很大的区别。台式机具有非常便捷的键盘和鼠标输入装置，以及 U 盘、移动硬盘、打印机、投影机等各类输出装置；而手机或平板电脑等移动终端主要是以触屏输入为主，相对而言工作效率较低。为了解决这个问题，现在手机有了语音文字录入功能，可以通过延展设备使用更多的工具，将手机、平板往移动终端发展。

现代化的移动终端已具备了极强大的视频数据处理存储功能，而且性能如同电脑那样，像一个完整的小型计算机处理体系，让你能够轻松处理海量数据。另外，目前移动智能终端还拥有非常丰富的通信方式，即移动用户既可以通过 GSM、CDMA、WCDMA、EDGE、3G 等无线运营网通讯，也可以通过无线局域网、蓝牙和红外设备进行通信。

（三）终端特性不同

有了移动智能终端技术，手机用户不但可以自动进行语音通话、拍照、听音乐、玩游戏，而且还可以实现全球定位、位移、距离、重力、电磁波、压缩、影像、语音、NFC、二维码、支付、指纹卡片扫描、身份证卡片扫描、条码卡片扫描、RFID 条码扫描、IC 卡扫描以及对各种酒精自动检测等丰富多样的技术功能。手机也因此成了我国政府部门进行移动执法、移动办公和服务的一个重要管理手段和技术工具。也就是说，移动智能终端的出现，使得整个产业产生了与 PC 非常不同的、更丰富的互联网应用和商业模式。

（四）使用条件和应用场景大不相同

移动终端的使用没有受到时间、地区的限制，大多数都是碎片化的时间使用，但是电池的容量、网络覆盖率、上网速度、上网资金成本等诸多因素制约着移动终端的运行。而台式机则通常是在办公室或家中使用，时间比较固定且具有持久性，网速快且花费也比较少。这就使得智能手机及其他平板电脑的应用并不可能像台式机那样便捷。因此，要更充分考虑用户在使用过程中的流量消耗、用电时间等各种影响因素，还需要考虑设备使用起来更加轻松、便捷。

（五）入口不同

浏览器技术是互联网最重要的技术入口，而 APP 是移动互联网最重要的技术入口，台式机的网页浏览器是非常重要的入口，雅虎、360、百度和谷歌都是非常不错的门户网站。

而移动互联网端都是APP服务，搜索依然是移动端的重要入口，但可以选择的浏览器却有无数个APP。

（六）商业模式不同

互联网的主要商业模式就是通过一个入口层的产品来获取客户，把控网络的流量，最后再通过对流量进行变现的方式来实现盈利。

移动端互联网的商业模式主要就是通过产品和服务来获取更多的用户，把更多的用户转换为自己的“粉丝”，然后通过跨界整合资源来为更多的用户带来更好的产品和体验，最终达到提高用户期待值的目的。

三、移动互联网的主要特征

移动互联网本身就是在传统的互联网基础上进一步发展而成的，因此二者虽然具有许多共性，但由于移动通信技术与移动终端的发展不同，它又必须要具备许多其他传统的互联网所没有的新功能。

1. 交互性

手机或平板电脑等移动终端可以随时携带并使用。人们随时随地都可以通过语音、图文或视频来进行沟通和交流，我们随处都可以看到用户在使用智能手机和平板电脑。

2. 便携性

相对于台式机，手机或平板电脑等移动终端拥有小巧轻便、可以随身携带两个重要的特点，人们可以直接将它放到书包或口袋中，这样用户就可以很容易在任何地方连接网络，并且可以长时间使用。正因如此移动终端可以给我们带来一种超级优越感，使用户可以随时随地掌握娱乐、生活、商业等相关信息，进行支付、查询周边地理位置等操作，移动应用程序可以深入人们的工作和日常生活，具有满足人们的衣食住行、吃喝玩乐等功能。

3. 隐私性

手机或平板电脑等移动终端设备的安全隐私性远远超出台式电脑要求。由于其具有体积小、便携式等特征，对信息防护的重视程度很高。尤其在进行数据共享时既需要保证认可者的信息有效性，也需要保证数据的安全性。联网的台式机系统中的用户资料是很容易搜集到的，而手机联网的用户由于无须随意分享自己所在设备的信息，从而大大确保了其使用的隐私性。

4. 定位性

移动互联网与台式机联网不同，其最为典型的应用就是位置服务。它主要具有以下几种功能：位置签到、位置分享及基于位置的社交应用；基于位置围栏的用户监控及消息通知服务；生活导航及优惠券集成服务；基于位置的娱乐和电子商务应用；基于位置的用户换机上下文感知及信息服务。

5. 娱乐性

手机或平板电脑等移动终端在互联网上的信息处理技术综合应用，如图片图像共享、视频播放、收听音乐、回复邮件等操作，为用户的日常学习、工作生活提供了更多的便利。

6. 局限性

移动互联网应用服务在便捷的同时，也受到了来自网络能力和终端硬件能力的限制。在网络能力方面，受到无线网络传输环境、技术能力等因素限制；在终端硬件能力方面，受到终端大小、处理能力、电池容量等的限制。移动互联网各个部分相互联系、相互作用并相互制约，任何一部分的滞后都会延缓移动互联网发展的步伐。

7. 强关联性

由于移动互联网的业务受到了网络和终端功能的限制，因此其业务的内容和方式也必须要匹配特定的网络技术标准和终端产品，并且具有较强的关联度。

移动互联网通信技术已经逐渐将移动互联网应用平台的发展与其他移动互联网应用平台的发展紧密相连，例如带宽不够会影响在线视频、视频电话、移动网络游戏等应用。同时，根据各种移动终端设备的不同，提供的服务也有所不同，这些都是区别于传统的互联网而独立存在的。

8. 身份统一性

这种身份统一是指所有移动平台中的用户个人身份、社交地位、贸易地位、支付地位等都要经由移动互联网平台进行统一。身份信息本应该是分散传递到各个地方的，当互联网日益发展、基础设施平台日益完善之后，各个地方的身份信息也必须能够得到整合。比如，在网银里绑定了自己的手机号码和银行卡，支付的时候如果不验证手机号，就不会直接从银行卡中扣钱。

综上所述，移动互联网和传统互联网之间是对立统一的，智能手机的普及、4G 乃至 5G 技术的开发应用以及基础设施的配套完善，都为移动互联网的发展奠定了坚实的基础。虽然传统互联网跟不上人们“快节奏”的生活，但是并不是一无是处，还是可以起到促进移动互联网发展的作用，但论发展速度和发展轨迹，移动互联网的想象空间和发展潜力更大，其实效性相较于传统互联网更胜一筹。

第三节　移动互联网的商业模式

在当今社会，一种新型的商业模式已经出现，就是移动平台的建设，而平台是移动互联网的最大特色，能打造出成功的平台，说明其商业模式可以成功。

一、商业模式=平台+终端+业务一体化

由于商业模式本身就是由多种元素共同组成的一个整体，所以这些元素和其他组成的元素之间都会有着内在的联系，相互影响，最好能形成一个良性循环。

移动互联网成功的商业模式，需要通过提升平台的价值，针对其所在的目标市场和消费者进行准确的价值定位，以平台作为服务载体，有效地整合企业内外部的各种资源，建立一个由企业链上各方共同参与、共同推动的价值创新的商业生态系统，形成一个完整的、高效的、具备独特技术和核心竞争力的系统，并通过不断地满足客户的需求，提升产品价值，构建多元化的营销和经济模式，从而帮助企业持续获得经营利润。

二、移动互联网商业模式七要素

无论什么行业的商业模式，都非常需要有自己的价值观念和主张、确定自己的市场分割、定义自己的价值链架构、估算自身成本结构和发挥自己的利润潜能、描述自己的价值链和竞争策略等。再加上结合当前移动互联网的优势和特点，企业的战略定位将会是商业模式成功的首要条件。打造一个开放性的平台将会是自己商业模式的基础和核心，构建良好的行业和消费生态体系是互联网商业模式发展与创新的基础和关键。盈利模式是衡量一个商业模式发展与失败的重要衡量标准，它们之间相互关联、彼此影响，共同构成了移动端和互联网的商业模式这个整体。

（一）战略定位

我们应该准确地认识企业在市场上的定位，明确要为哪些客户提供服务和产品；应该要聚焦重点，集中资源，使得企业家能够在当前移动互联网领域的市场竞争中脱颖而出。战略定位的关键就是要做好对市场环境的分析，做好对市场的细分和充分利用自身的资源优势，使得企业能够更好地在激烈的市场竞争中维护自己的优势地位。

（二）顾客的需求

移动互联网时代的企业需要通过自己的产品和服务为客户提供优质的体验。洞察顾客的需求，发现和分析顾客的数据与信息，帮助他们解决问题。

（三）产业定位

移动互联网企业能够为用户提供所有必要的服务、应用、资讯和休闲，使用户随时利用移动终端设备进行商品选择和购买。

（四）平台建设

打造一个开放性的平台，是移动互联网商务模式的创新，通过丰富多样的应用来吸引更多的用户，最终把这些用户发展为忠实粉丝。

（五）业务一体化

现在移动互联网领域的竞争正在由单一的技术、产品与服务之间的竞争进一步演变成为整体行业之间的竞争。平台中所涵盖的最新终端设备数量、用户群体数量、应用群体数量以及开发人员数量，基本上都决定了一个平台的未来。围绕一个平台建立的产业链所具有的经济价值，被认为是平台的市场竞争力的直接体现。

（六）社会化的营销

移动互联网公司利用微博、朋友圈等多种新媒体方式进行产品分销，与其他客户之间开展互动，向其他客户推荐自己的产品和服务，建立并维护良好的客户关系。同时，我们可以通过各种社会化的媒体渠道来了解客户的需求，从而能够更好地吸引顾客、扩大销售面、进而实现提高产品收益的目标。

（七）盈利模式

游戏、广告、电商是目前互联网三大盈利模式，另外我们认为增值服务是互联网第四大盈利模式。比如线下商户所提供的产品和服务种类特征各异，需要互联网平台提供定制化程度很高的 LBS（基于地理位置数据而展开的服务）、移动支付和移动社交等服务，而缺乏简单流量变现模式的互联网平台，也将以这种增值服务作为盈利的主要来源之一。所以企业的盈利主要来源包括：移动终端的销售收入、内容专利费、平台交易分成、广告费、会员费、数据费及咨询服务费等。

三、移动互联网时代下的商业模式的四个特征

（一）产业链新要求

当移动互联网发展成为人们日常生活必不可少的因素后，企业所面临的市场将不再受到地理空间的限制，那么如何与外部企业进行合作、加强产业链的合作，协同分享的方式就成为企业生产运营和经济发展的重中之重，也是移动互联网发展经营的必然趋势。

整个产业链以消费者的不同需求特点为服务核心，企业的产品服务要素都直接围绕着消费者的不同需求向外扩展和不断延伸；企业在与上下游企业合作中，已经不仅仅局限于传统生产链条的线性关系，而是向着广度、深度、密度三维交叉的方向延伸。如今，由行业龙头企业、基础电信企业、大型互联网企业等发挥龙头带动作用，通过生产协作、开放平台、共享资源等方式，带动与支持上下游中小微企业的发展，这已成为各行业发展的普遍现状。

（二）大数据新要素

信息技术与经济社会的互相交汇、融合带来了激烈的市场竞争，这些竞争激烈的市场使得信息数据增长迅速，使得数据成为一种战略资源。数据不同于劳动、资本、设备等其他传统的生产要素，企业一切的生产和经营活动都可以实现数据化，而且随着企业的生产和经营活动的积极开展，所产生的信息量也就更大。以互联网+数据流进行集约和创新，推动信息的网络化共享、集约型整合、协同化开发和高效化综合利用，改变了我国传统生产管理方式和市场经济的运行机制，成了提升我国企业核心价值的重要驱动力。

以企业的用户管理系统为例，利用大数据的技术，企业可以更迅速、更及时、更精准地分析和把握客户的需求，开展大数据分析，深度洞察企业的客户需要，提升大数据的价值，为企业的商务模式和创新发展提供有效的支撑。

（三）融合新趋势

随着我国互联网的快速发展和普及，零售、物流以及其他行业都在不断地进行着商业模式的转变。

1. 线上线下的融合

传统企业适应移动互联网的发展，实现线下到线上的资源融合，以及综合型企业通过积极向全流程产业链上下游延长的方式，推进垂直一体化，实现线上线下同步发展和融合。

2. 不同产业的跨界融合

移动互联网时代中的企业携带自己的用户和粉丝来延伸跨界，各行业之间的边界日益模糊，跨界融合已经成为企业在国际市场竞争中的常见战略。通过企业的跨界融合，使得企业

快速地进入新的业务范围，获得新的技术和专业人才，通过与公司原有业务的融合，完善公司整体的生态系统，提升公司发展的能力。

3. 虚拟实体的融合

以金融行业为中心的虚拟经济承担了优化资源配置、减少交易费用等多项重要的基础性职责。移动互联网支付信息服务功能的出现，既可以优化资源配置，又可以减少交易费用，促进实体经济与虚拟经济的融合。

（四）平台建设新战略

随时在线是移动互联网时代的根本属性，企业之间的竞争逐渐转变成为移动网入口之争、流量之争，发挥互联网平台功能，将移动互联网打造成为入口平台和流量平台，已成为企业商业竞争的战略抉择。

在我国移动互联网快速发展的过程中，涌现出一批优秀的企业，如淘宝、京东、支付宝、微信等。也出现了电商贸易平台、第三方支付平台、服务共享平台、社区性人际沟通平台、开放式创新平台、协同式创新平台等互联网平台。近两年的移动共享经济，也是我国移动平台式经济的重要组成部分。我国生活服务类的消费场景，比如汽车、房产、餐饮、家政、旅游、医疗、贵金属交易等，通过允许闲置的资源进行分享和综合利用，增加了新的产品和服务，吸引了更多的用户。

第四节　移动互联网消费内容的创新趋势

电脑端消费为主的市场占有率从三年前的49.7%迅速下降到现在的44.8%，移动终端逐渐成了消费的重要入口，短视频和网络直播明显向移动端迁移。现阶段由于手机的不断智能化和人们日常生活的碎片化，使得终端消费不断从大屏向小屏消费转变，未来几年伴随着信息科技的不断革新，移动化的发展趋势必然也会不断加深。

随着移动智能终端的快速发展，人们的精神文化享受与物质文化享受也在不断提高。用户需求不断推动着消费内容的改变，而内容服务作为直接的信息消费对象，其中包括在线音乐、有声电影、视频、动画、在线电子读物、社会媒体网络、直播、信息和在线游戏等各种典型的信息内容服务类产品，共同组成当下丰富多样的移动端消费内容。

（一）提升内容质量

用户对于阅览内容的要求进一步提高，对于消费内容的真实性和丰富度也提出了要求，随着我国人口红利的逐渐消退和使用者审美需求的不断上升，内容类型领域在发展初期就已形成的以量取胜、内容为王的趋势也在不断增强。占比近60%的用户对于内容有了更高要求，其中发达地区的用户更希望其内容具有核心价值和原本的要义；超过50%的网站用户对于自己在消费内容中产品情节、实用价值和画面的清晰度都有所追求，故事情节内核也成了内容市场激烈竞争的一个重要因素。

（二）消费者既是阅览者，又是创作者

当前这个移动端和互联网时代，原创优质内容已经成为内容平台重要的组成部分，而且

优质的内容可以直接帮助平台获得更多的流量。比如，b 站（哔哩哔哩，英文名称：bilibili，简称 b 站，现为中国年轻一代高度聚集的文化社区和视频平台）上的《我的三体》在网络上得到了官方及社会大众的认可，可以预见会成为与官方同一 IP 概念下的优质内容。这种方式值得借鉴：一方面完善人物情节关联，形成内容联动，另一方面扩大受众范围，形成营销联动，同时起到促进产业链人才供给、人才储备的效果。“IP”是指互联网 Intellectual Property，意为知识产权。在产业格局中，IP 更多地意味着一种“改编权”。本意为“知识产权”的 IP，根本属性为文化产业中文艺作品的知识产权，尤其强调对拥有版权的文艺作品进行改编和开发的权利。

消费者的二次内容创造使得产品和内容价值叠加，年轻用户群体对于新鲜事物接受度比较高，在线消费者群体中可支配的时间比较长，其中在网络上进行自主创造的意愿最为强烈。UGC（用户原创内容）的内容制作也越来越多地呈现“业余的专业化”特点，它们既能吸引消费者，也是产品和内容制作者的主导权和推动力。

（三）内容变得更人性化

2020 年新冠疫情期间，科普纪实、新闻事实等偏严肃方向的内容平均上升幅度高达 16.7%，生活向好的内容平均上升 21.0%，而偏娱乐方向的内容则出现 3.2%的大幅同比下降。

在内容生产上，以资讯内容为例，机械枯燥的内容拼凑与直接迁移的时代退出舞台，而通过自媒体化，内容愈发呈现人格化特点。

内容分发：AI+社交（人工智能与社交）互为协同。社交产品开发中采用人工智能技术的目的，就是为了提升产品的使用体验，包括但不限于更精准地匹配到同类人，提升聊天体验以及更智能地实现内容分发。一方面算法推荐体现在触达内容的筛选，另一方面与 AI 筛选（人工智能筛选）的具有情感化、人性化特点的互动推荐也结合得更加紧密。

内容变现：从粗犷直接的曝光，到千人千面的推荐，再到精细化的内容营销，广告形式不断，商业模式也随之发生革新。内容的人性化或 IP 化。IP 化就是品牌化的升级。IP 化更多折射的是价值观、人生观、世界观或哲学层面的含义，它最终要和人们产生文化与情感上的共鸣。本质上助力用户 AIDA 模型全面升级，通过有温度的内容扩大注意受众、激发深层兴趣、驱动核心欲望，进而完成多元综合的变现闭环。AIDA 模型是营销沟通过程的一种。消费者从接触外界营销信息到完成购买行为，根据其反应程度的不同，可划分为注意（attention）、兴趣（interest）、欲望（desire）和行动（action）四个连续的阶段。AIDA 是上述四个阶段英语首字母的组合。

（四）社交分享获得重视

由于青少年在各种社交网络平台较为活跃，热衷于造梗或者玩梗，对于分享优质内容的这种活动，更多的青少年愿意通过网络弹幕、热评等平台分享创作内容，提升作品的可读性与用户触达率，这种类型的二次开发释放了内容的产业链价值。在微信等小程序的传播形态下优化了网络传播效率，微博热搜和话题评论功能有助于用户进行更有针对性地网络信息传递，并且热搜榜单和热门评论是除用户主动搜索外获取信息最重要的

方式。

用户对于热搜的强烈兴趣主要是基于扩大自己的网络知识面，还有部分用户据此紧跟时代潮流、积累各种社交谈资，这也充分反映了这些网站的用户融入网络社会群体的需求。

（五）用户对内容的兴趣方向

用户越来越关注生活导向、成长导向等主题内容，各个年龄阶层对于消费内容偏好有所差别。有超过60%的用户主要消费内容为资讯、小视频、数字音乐等。24岁以下的用户更偏爱网络游戏和短视频等，而25~44岁的用户则倾向于网络社交传播媒体和短视频，45岁以上年龄较大的用户则倾向于技术类信息。

（六）不同环境下的消费者选择

消费者几乎全天都有使用网络的习惯，工作场景下的网络使用时间较为分散，短视频和网络信息资讯型内容备受青睐。在日常生活中，用户的网络内容消费时间比较集中，在线视频成为用户内容消费的首选，此外，在通勤途中的移动碎片时间，音频和音乐类更受用户欢迎。

图文内容：虽然制作门槛低，但优质内容创作需要用户具有驾驭文本的能力。同时头部图文内容虽然沉淀孵化周期较长，但头部IP（排名靠前的IP）内容受众留存更久。

短视频内容：生活化、日常化的内容特点以及快速发展的移动通信服务明显降低了创作者门槛，也因此得以快速向下沉市场以及全年龄段用户不断渗透。

中长视频：用户出于补偿性心理的碎片化学习，但与系统化结构化学习相比，还只是某种程度上的消遣，仍可以起到兴趣启蒙、拓宽眼界的作用，进而激发系统化学习的动机。

直播：秀场及游戏直播对用户付费吸引力强，电商直播具有极强的展示优势，互动属性强。

（七）更多消费者选择付费内容

大城市的消费者更愿意对音乐、音频等内容进行付费，中小城市目前支付的比例最大的是中长视频类型。此外24岁以下和25~34岁的用户都愿意对网络游戏内容进行付费，直播打赏也是居于前位。现在年轻的消费者网络社交活动的核心就是寻求同好，强兴趣引领，更多的是愿意进行分享与互动而又有付费的意愿。而年长的消费者群体网络支付功能较少，平台主要是依靠网络广告进行变现。

内容成为消费产业的流量入口，直播以打赏+带货的模式为最直接体现。很多移动电商企业将内容多元作为卖点，一些用户把实物消费热情转化成对主播的情感支持，还有些用户通过直播体验产品的性能。

（八）飞轮效应使得内容生态运转更加高效

内容的生产：一方面是因为出于对审核和管理机制的强化与重视，使内容在整体上变得高品位，另一方面是创作者和用户日益增长而逐步加深的互动程度将可以有效地指导创作的方向。在双重因素影响下，内容整体性更倾向于消费者的预期。

内容分发：一方面AI不断挖掘用户标签进行机器学习，驱动内容分发更加智能高效，另一方面以小程序为代表的新型终端借助巨头生态平台搭建，充分体现轻量级启动路径优势，丰富传播形态、提升传播效率。

内容变现：小程序协同APP服务终端为用户提供内容付费与实体消费（订单转化）的服务闭环，加速的变现效率成为生产与分发提效的原始驱动力。

第五节　移动互联网的未来发展

随着移动终端的快速发展和广泛应用，我国移动互联网的应用和服务形成了巨大的规模。截至2020年年底，我国已经拥有了全球最大的移动终端和电脑用户规模，月活规模正式突破11.6亿大关，其中办公管理应用同比增长132.6%，运动健康应用同比增长123.2%，智能设备同比增长75.9%，2020年受新冠疫情影响，旅游出行、汽车服务领域的应用同比下跌严重。

一、小程序飞速发展

（一）APP与小程序的用户对比

APP是随着移动互联网和智能手机的出现而进入快速发展时期的，是人们日常生活中常用的工具。根据中国网信办数据显示，截至2020年年底，我国国内市场上监测到的APP数量达到345万款，其中本土第三方应用商店APP数量为205万款。

（二）用户有选择地下载APP

购买APP的用户总的来说是以青壮年为主，45.9%的人是移动手机用户，其中一个手机上的APP数量约有11~30个。受限于手机内存和运行要求，用户主动下载的意愿有限。从用户年龄段和人群结构分布变化情况分析来看，25~44岁的青壮年人群构成使用APP的主力军，从城市分布来看，一线城市用户的手机APP下载人均达31个及以上，占比高达49.6%，而10个以内占比仅为6%。

（三）小程序更灵活，更受消费者喜爱

小程序已经成为移动用户日常生活工具的选择，根据市场调研和大数据资料分析显示，超过86.2%用户都知道小程序，其中96.6%的用户已经开始使用小程序。小程序的便捷性与开发快速性已经得到了广大用户的广泛认可，调查显示，用户对小程序感兴趣和会推荐的比例高达31.3%和32.2%。当下碎片化消费倾向，为小程序的增长加速度提供了新的发展契机。

（四）小程序优势明显

2018年后，以百度、微信、阿里、头条、腾讯等平台为代表，各家的平台依托各自优势，纷纷布局小程序产业，其中百度智能小程序依托30亿流量池和百度产品矩阵的辅助，在生活技能、知识科普内容领域的用户使用率高于行业平均水平，整体在用户使用黏性上也略高于行业平均水平。

（五）小程序的中心化与去中心化

小程序的开发者推出优质的网络内容获取用户浏览和流量，随着人口红利的消失，互联

网已从增量拓展进入存量竞争阶段，流量获取成本高。目前针对开发者的分发模式主要为两种，分别是以微信小程序为代表的去中心化分发和以百度智能小程序为代表的中心化分发。二者各自都有优势，去中心化后内容社交属性更强，通过用户的社交行为习惯来推出社交内容以获取流量。而中心化内容更多的是参考算法推荐进行内容制作，优质的社交内容激发了优质用户的各种付费购买意向，完成了内容商业化的发展进程。

二、移动互联时代的热门用户未来发展

（一）女性经济

2020 年 2 月新冠疫情期间，女性用户的数量虽然上升幅度不大（一直保持 5.4 亿人左右），但是，月人均手机使用时长同比上升了 42.7%，同时，女性用户关注的软件数量从 22 个逐渐增加至接近 25 个。从产品来看，短视频、资讯软件增长较快，而由于疫情原因，效率办公、k12 分别激增 374%、161%。具体来看，2020 年 2 月，女性用户活跃渗透率排名前 10 位的 APP 分别为微信、手机淘宝、QQ、爱奇艺、腾讯视频、支付宝、抖音、百度、拼多多、微博。

在传统电商服务领域，女性用户规模已经连续一年快速增长至 4.46 亿人，比去年上一季度增长 8.0%，月度人均使用时长为 416 分钟，同比 2019 年上一季度环比增长 10.3%。同时，女性消费者对于自己购买各类产品的路径，也从以前单纯从淘宝挑选到现在的抖音、小红书等其他内容平台，还可以通过微信、微博等社交平台，以及电商直播、拼团等。当然，直播平台是女性最喜爱的一种商业模式，在直播平台上，女性用户的支付率远高于男性用户。比如在手机淘宝观看直播的女性用户支付率高达 68.8%，相比之下，淘宝用户的平均支付率为 56.8%。

（二）“Z 世代”经济

据悉，“Z 世代”是指 1995 年至 2010 年出生的人。“Z 世代”的显著特征是对社交媒体的深度参与，他们非常重视网络社交，并将其视作自己生活中极为重要的部分。他们从未真正看见和经历过移动互联网诞生之前的网络世界，是真正的“网生一代”。在亚太发达国家，有将近三分之一的 Z 世代每天耗费在移动智能设备上的时间超过 6 小时，甚至更长。Z 世代十分清楚“持续在线”的优势与潜在弊端，因此也认为自己面对手机确实存在着一种过度享受的问题。

大多数的 Z 世代是学生，他们的消费能力有限，因此会热衷于对产品进行仔细研究，特别是乐意进行商品比价。提供给 Z 世代用户的内容已经越来越多，这就直接影响他们对产品和品牌的选择，全部 Z 世代受访者中有 70%表示会通过网络获取品牌信息。

根据哈啰出行 2021 年招股书统计数据，哈啰单车、哈啰助力车等共享两轮车服务的收入为 11.75 亿元，哈啰出行共享单车与助力车的骑行次数从 2020 年第一季度的 5.33 亿次增加到了 2021 年第一季度的 10.21 亿次，顺风车单次乘车出行的平均距离也得到了增加。2020 年返利网携手哈啰出行，联合发布《省出美好生活：“后浪”网络消费及出行生活洞察报告》。该《报告》显示，教育类订单额同比增速达 629%，而且年轻人愿意去追逐热点，为自己最喜欢的产品或内容点赞，为其关注而买单。从出行数据上看，节假日网约车目的地

为健身房、书店的订单占比达 13%，目的地为休闲娱乐场所的骑行订单占比为 24%，游戏电玩订单额同比增速达 142%。

（三）银发经济

iiMedia Research（艾媒咨询）数据显示，2021 年中国银发经济接近 6 万亿元。随着 50 岁以上的银发人群增多，在互联网用户中占比进一步扩大到 35%，这部分网民规模已经超过 1 亿，而且用户增速（2020 年 5 月同比 14.4%）高于全体网民，成为移动网民的重要增量。其中，女性用户增长远远高于男性网民（普通女性比例占比 57.1%），同时银发消费者这个群体对于网络社交、视频、信息等各个方面，都很感兴趣。依赖移动互联网进行办公、支付的银发经济，对比往年的用户数量分别增加了 1618 万人、861 万人。

越来越多的老人加入线上网购的潮流大军，手机上的淘宝、京东等软件成为我国银发消费者最常见的应用。家电、食品、电器等产品是老人喜欢浏览的品类。线上支付工具在银发人群中的普及将继续拉动他们的线上购物和理财等需求。

（四）宅经济

宅经济从消费向学习、工作、生活延伸，依托人的需求层次，形成了非常明显的趋势。2020 年 5 月，线上购物（包括电商、外卖）成为增长最快的电商应用（同比增加近 2 500 万），生鲜电商月活用户数量同比增长 21.9%，快递物流人均使用次数同比增长 31%。吃喝之外，线上问诊、居家健康管理、运动健身需求已经爆涨。

医疗服务行业整体月活量在 3 000 万人左右，在同比增速前 5 位的 APP 中，叮当快药、科瑞泰 Q 医、北京挂号网、丁香医生、健客网上药店分别同比增长 190.9%、189.1%、182.8%、173.1%、154.4%。同时，居家运动健身、健康管理用户规模分别突破 7 600 万人、2 500 万人。

线上租房也成了一个新的爆发点，2020 年 5 月，房屋租赁 APP 突破 6 200 万人，同比增长 33.3%，其中，在同比增速前 5 位的 APP 中，蘑菇租房、幸福里、住这儿、自如、蛋壳公寓分别同比增长 410.8%、377.3%、196.2%、137.3%、135.5%。

三、移动互联时代的资讯共享

（一）疫情下的移动互联时代

2020 年元月，受我国疫情的影响，最长的双休假期、最宅春节诞生，日活跃用户规模、日均用户时长均创历史新高，从 1 月 23 日开始，全网用户每日使用总时长节节攀升，从原来的 50 亿小时，一路飙升到 57.6 亿小时（1 月 24 日，火神山直播）、61.1 亿小时（2 月 3 日，在家办公第一天），各领域时长也发生了变化，视频、游戏两大领域占比上涨至 38%，新闻资讯也上涨至 9%。具体来说，相比放假前（2020 年 1 月 2 日-8 日），春节假期期间，短视频领域，快手、抖音日均用户增量均超过 4 000 万人；社交、新闻资讯领域，微博日均增长 4 000 万人，新浪新闻日均增长 2 500 万人，今日头条日均增长2 000 万人；游戏领域，和平精英、王者荣耀日均用户分别增长 2 747 万人、2 629 万人。小程序方面，资讯类、疫情相关的小程序增长很快。

新冠病毒疫情暴发引起社会广泛关注，民众积极响应国家号召不出门、积极主动地做好

疫情防护工作，因此网络用户线上的生活更加积极和活跃：购置各种防护性生活用品、在家进行工作和学习、查看资讯等，上网的时间大幅增加。

在用户规模增量方面，手机游戏、视频等领域受益明显；在微信小程序中，查询获取疫情信息的实用工具、新闻资讯和生活服务类产品表现突出，在增量排名前50位中占比达到24%。快手、抖音因合作央视和地方卫视春晚，用户增量均超过4 000万人。随着疫情的持续发展，社交、新闻资讯等平台是很多信息重要来源，用户增长明显。在微信小程序中，医疗服务、生活服务、新闻资讯等帮助用户更快捷地了解疫情信息的平台也获得快速增长。

（二）社交分享、价值共享

网民对移动社交依赖性加强，更频繁地通过社交APP拜年、获取信息等，时长比2019年增加了15%，微信、QQ的活跃用户规模扩大，用户数量持续上涨。平安好医生、丁香园等医疗APP用户增加较快。随着越来越多的平台加入医疗知识普及，民众信息来源多样化，活跃用户规模趋于平稳。

在城市服务、国务院客户端小程序上线后，可以进行实时数据查询，用户迅速攀升至千万。用户对手机游戏的需求也有所增加，用户规模较平日增长30%，人均单日使用时长增长17.8%，其中王者荣耀较2019年增长近75%，其他吃鸡类游戏和休闲类游戏也都表现不俗。

短视频和在线视频行业成为广大网民主要的放松方式之一，也是网民了解学习知识的重要平台，用户、时长都维持了上升趋势。在视频社区中，视频与弹幕构成创作的共同体。视频内容将具有相似兴趣的人群聚拢，弹幕为人们提供了一个共同存在的场域，大家在这样的场域中发言和互动，再通过观看别人的发言来确认自己是否属于同一集体圈层，进而获得身份认同。在这个过程中，弹幕逐渐成为人们的社交新语言。

第十章

人工智能知识及应用

第一节　人工智能的时代未来

一、人工智能概述

人工智能也被称为人工智能技术，它是一项新型技术。仿真研究和智能技术众多领域内的发展，也可以融合人工智能进行逐步建设。人工智能技术包括两方面的内容，即人工智能和智能技术。当前人工智能还没有统一的概念，但是人工智能已经应用到了人们的生活之中，它能够完成协同发展。随着人工智能技术的逐步发展，它的应用领域也越来越多，如智能技术、智能系统、数据分析。智能技术最为突出的特点就是能够完成人机系统的交汇，实现文字、语言之间的转换，这是该技术构成的核心要素。人工智能技术发展至今，最为突出的一项事例就是深蓝计算机击败象棋大师以及阿尔法狗。人工智能可以为人类服务，完成交互功能。数据分析功能则主要是指模拟数据生成，进行有效信息的获取。它包括基础算法理论、算法可视化元素等，这是人工智能技术做好数据支撑的一大基础。此外，在当前的人工智能自动化系统构成之中，智能系统也包含了对人工智能的多种选择，在对外部环境与内部因素进行分析后实现关键数据信息的网络收集，并独立完成目标调整，真正完成智能系统构建。能够根据目标独立做出自我行动的调整，这说明人工智能技术具有自动性。在模仿人类行为、进行逻辑运算过程中，它能够在日常生活以及生产领域内得到广泛应用。

二、人工智能技术的应用

人工智能技术在应用过程中，需进一步转变思维，这就需要摆脱传统思维局限，将其纳入正确的发展轨道。将人工智能的仿真功能放于首位，重视人脑与人工智能之间的信息交换，最终形成新的二进位 01 码，以便随时进行使用。人工智能的本质是建立算法系统。在全新的智能信息技术应用过程中，要重视人工智能技术所涵盖的科学意义。重视公共知识探

索，在模拟交互过程之中了解使用人工智能的最终目的是服务于人类。人工智能与人脑活动的本身区别在于人工智能中的符号可以不断地重构演变。针对人工智能内容的扩展，可以在反复模拟验算过程中进一步模仿人脑的交互作用。人工智能够实现方法论的突破，它在处理信息、进行信息检索模式改变时，也可以加强技术和人工智能的同步发展，做到投入与产出的平衡，降低技术风险。

第二节 中国人工智能发展过程

一、中国人工智能的起步

20 世纪五六十年代，人工智能在西方国家得到重视和发展。20 世纪 80 年代初期，钱学森等人主张开展人工智能研究，中国的人工智能研究开始活跃起来。

二、中国人工智能的发展

改革开放后，自 1980 年起，中国派遣大批留学生赴西方发达国家研究现代科技，学习科技新成果，其中包括人工智能和模式识别等学科领域。如今这些人工智能“海归”专家，已成为中国人工智能研究与开发应用的学术带头人和中坚力量，为发展中国人工智能做出了举足轻重的贡献。

1981 年 9 月，中国人工智能学会（CAAI）在长沙成立，1982 年，中国人工智能学会刊物《人工智能学报》在长沙创刊，成为国内首份人工智能学术刊物。20 世纪 70 年代末至 80 年代前期，一些人工智能相关项目已被纳入国家科研计划。例如，在 1978 年召开的中国自动化学会年会上，报告了光学文字识别系统、手写体数字识别、生物控制论和模糊集合等研究成果，表明中国人工智能在生物控制和模式识别等方向的研究已开始起步。又如，1978 年，我国把“智能模拟”纳入国家研究计划。

我国国防科学技术工业委员会（简称国防科工委），于 1984 年召开了全国智能计算机及其系统学术讨论会，在 1985 年又召开了全国首届第五代计算机学术研讨会。从 1986 年起，我国把智能计算机系统、智能机器人和智能信息处理等重大项目列入国家高技术研究发展计划（863 计划）。

1986 年，清华大学校务委员会经过三次讨论后，决定同意在清华大学出版社出版《人工智能及其应用》。1987 年 7 月，该书公开出版，成为国内首部具有自主知识产权的人工智能专著。从此，中国首部人工智能、机器人学和智能控制著作分别于 1987 年、1988 年和 1990 年问世。1987 年《模式识别与人工智能》杂志创刊。1989 年首次召开了中国人工智能联合会议（CJCAI），至 2004 年共召开了 8 次。此外，还曾经联合召开过 6 届中国机器人学联合会议。1993 年起，把智能控制和智能自动化等项目列入国家科技攀登计划。

进入 21 世纪后，更多的人工智能与智能系统研究课题获得国家自然科学基金重点和重大项目、国家高技术研究发展计划（863 计划）和国家重点基础研究发展计划（973 计划）项目、科技部科技攻关项目、工信部重大项目等各种国家基金计划支持，这些研究课题一般都与中国国民经济和科技发展的重大需求相结合，为国家的发展做出了积极的贡献。

近年来，中国的人工智能已发展成为国家战略。2014 年 6 月 9 日，习近平总书记在中国科学院第十七次院士大会、中国工程院第十二次院士大会开幕式上发表重要讲话，他强调："由于大数据、云计算、移动互联网等新一代信息技术同机器人技术相互融合步伐加快，3D 打印、人工智能迅猛发展，制造机器人的软硬件技术日趋成熟，成本不断降低，性能不断提升，军用无人机、自动驾驶汽车、家政服务机器人已经成为现实，有的人工智能机器人已具有相当程度的自主思维和学习能力。……我们要审时度势、全盘考虑、抓紧谋划、扎实推进。"这是党和国家首次对人工智能和相关智能技术作出的高度评价，是对开展人工智能和智能机器人技术开发的庄严号召和大力推动。

在 2015 年的十二届全国人大三次会议上，李克强总理在政府工作报告中提出："人工智能技术将为基于互联网和移动互联网等领域的创新应用提供核心基础。未来人工智能技术将进一步推动关联技术和新兴科技、新兴产业的深度融合，推动新一轮的信息技术革命，势必将成为我国经济结构转型升级的新支点。"这是对人工智能技术的重要作用给予的充分肯定，将有力助推人工智能的发展。

2015 年 5 月，国务院发布《中国制造 2025》，部署全面推进实施制造强国战略。这是中国实施制造强国战略第一个十年的行动纲领。围绕实现制造强国的战略目标，《中国制造 2025》明确了 9 项战略任务和重点。这些战略任务，无论是提高创新能力、信息化与工业化深度融合、强化工业基础能力、加强质量品牌建设，还是推动重点领域突破发展、全面推行绿色制造、推进制造业结构调整、发展服务型制造和生产性服务业、提高制造业国际化发展水平，都离不开人工智能的参与，都与人工智能的发展密切相关。人工智能是智能制造不可或缺的核心技术。

2015 年 7 月在北京召开了中国人工智能大会，大会发布了《中国人工智能白皮书》，其中包括《中国智能机器人白皮书》《中国自然语言理解白皮书》《中国模式识别白皮书》《中国智能驾驶白皮书》和《中国机器学习白皮书》，为中国人工智能相关行业的科技发展指引了方向。

2016 年 4 月，工业和信息化部、国家发展改革委、财政部三部委联合印发了《机器人产业发展规划（2016—2020 年）》，为"十三五"期间中国机器人产业发展描绘了清晰的蓝图。

2016 年 5 月，国家发展改革委和科技部等 4 部门联合印发《"互联网+"人工智能三年行动实施方案》，明确未来 3 年智能产业的发展重点与具体扶持项目，进一步体现出人工智能已被提升至国家战略高度。

2017 年 7 月 20 日，国务院印发了《新一代人工智能发展规划》。该《规划》提出了面向 2030 年我国新一代人工智能发展的指导思想、战略目标、重点任务和保障措施，为我国人工智能的进一步加速发展奠定了重要基础。

2019 年 6 月 17 日，国家新一代人工智能治理专业委员会发布《新一代人工智能治理原则——发展负责任的人工智能》，提出了人工智能治理的框架和行动指南。这是中国促进新一代人工智能健康发展，加强人工智能法律、伦理、社会问题研究，积极推动人工智能全球治理的一项重要成果。

《中国互联网发展报告（2021）》显示，我国 2020 年人工智能产业规模为 3 031 亿元，

同比增长 15%，增速略高于全球增速。我国人工智能企业共计 1 454 家，居全球第二位，仅次于美国的 2 257 家。

三、人工智能不是万能的

人工智能的突出特点就是人工智能可以实现知识能力的进一步发展。

随着人工智能技术的广泛运用，它也赢得了人类的高度关注。但是，人工智能虽然好用，却不是万能的。比如机器人写出来的新闻报道，从专业角度来看，比人类写的更客观、数据资料更翔实。但是，却让人体会不到人间的情感冷暖。这是因为机器人不具备人类的情感，所以写出来的新闻只是各种格式化运算的结果，只能是以冷冰冰的面孔呈现。这也是目前机器人新闻写作只运用在某些人类不方便到达的地区、领域或时段的原因。

当然，伴随人工智能的产生，人类也在考虑如何将人工智能在可控范围内进行发展，使得后续的智能软件更具安全性、可靠性。

第三节　全球主要国家和地区人工智能发展现状

截至 2020 年 12 月底，全球已有 39 个国家和地区制定了人工智能战略政策、产业规划文件，美国将长期投资人工智能，维持其全球领先地位，其他主要经济体争取形成独特优势引领人工智能创新，新兴经济体旨在尽可能地从人工智能中获取数字红利。

一、美国希望巩固领先地位

美国在全球人工智能领域率先布局，以《为未来人工智能做好准备》《美国国家人工智能研究与发展策略规划》《人工智能、自动化及经济》与《美国人工智能倡议》四大政策文件为基础，形成了从技术、经济、政策等多个维度指导行业发展的完整体系，并在投资、就业、开放数据、就业问题以及标准问题研究等多个方面予以落实。2021 财年联邦政府预算报告中明确提出，计划大幅增加人工智能和量子信息科学等未来产业的研发投资，并且实施对教育和职业培训的投资。

二、欧盟更重视人机伦理问题

欧盟从 2015 年起就在积极探索人工智能伦理与治理举措，因此在这方面走在了世界前列。2020 年 2 月发布的《人工智能白皮书：通往卓越与信任的欧洲之路》重点围绕“卓越生态系统”与“信任生态系统”两方面展开，着重建构了可信赖与安全的人工智能监管框架。此外，欧盟仍在积极推进新的人工智能立法提案，2020 年 12 月，欧盟委员会公布了《数字服务法案》和《数字市场法案》的草案，这是欧盟在数字领域的重大立法，意在明确数字服务提供者的责任并遏制大型网络平台的恶性竞争行为。

三、英国目标是打造世界人工智能创新中心

英国政府为推动人工智能产业创新发展，塑造其在 AI 伦理道德、监管治理领域的全球

领导者地位，让英国成为世界 AI 创新中心，颁布了多项政策。2020 年 7 月，英国政府发布《研究与开发路线图》，希望加强和巩固英国在研究领域的全球科学超级大国地位，通过吸引全球人才及加强国际科研合作、增加科学基础设施投资和重点资助领域及科技转化等方面的部署，大胆改革并确保英国研发系统适应今后的挑战。

四、德国通过改变战略来应对国际国内新形势

2020 年 12 月，德国政府依托“工业 4.0”及智能制造领域的优势，批准了新版人工智能战略，提出到 2025 年对人工智能的投资从 30 亿欧元增至 50 亿欧元。新战略将专注于 AI 研究、专业知识、迁移和应用、监管框架等领域，可持续性发展、环境和气候保护、抗击流行病以及国际和欧洲网络等将成为新举措的重点。

五、日本提出加快数字化转型

日本加强人工智能领域的全面布局，2019 年 6 月，日本政府出台《人工智能战略 2019》，旨在建成人工智能强国，并引领人工智能技术的研发和产业发展，该战略设有三大任务目标：一是奠定未来发展基础；二是构建社会应用和产业化基础；三是制定并应用人工智能伦理规范。2020 年 7 月，日本政府发布《统合创新战略 2020》，指出为了在控制风险的同时提高生产效率、丰富民众生活，必须运用人工智能、超算等新技术，加快推进数字化转型。

六、韩国发布国家人工智能战略

韩国于 2019 年 12 月发布《国家人工智能战略》。该战略分为构建引领世界的人工智能生态系统、成为人工智能应用领先的国家、实现以人为本的人工智能技术三大领域。2020 年 6 月，韩国发布人工智能新政，重点之一就是促进 5G 和人工智能的跨行业应用。2020 年 10 月，韩国发布《人工智能半导体产业发展战略》，预计投入 700 亿韩元，在十年内为该领域培育 20 家创新企业和 3 000 名高级人才。

七、俄罗斯期望人工智能居于世界领先地位

2019 年 10 月普京签署命令，批准《俄罗斯 2030 年前国家人工智能发展战略》。战略提出强化人工智能领域科学研究，为用户提升信息和计算资源的可用性，完善人工智能领域人才培养体系等，旨在促进俄罗斯在人工智能领域的快速发展，谋求在人工智能领域的世界领先地位。2020 年 8 月，俄罗斯总理米舒斯京签署《2024 年前俄罗斯人工智能和机器人技术领域监管发展构想》。该构想是俄罗斯第一份构成人工智能和机器人技术监管法规基础的文件，目的是确定俄罗斯监管体系转型的基本方法，以期在尊重公民权利并确保个人、社会和国家安全的同时，在经济各领域开发、应用人工智能和机器人技术。

八、中国计划持续推动人工智能与实体经济深度融合

围绕促进人工智能产业发展，我国已发布了一系列的人工智能相关政策文件，包括《新一代人工智能发展规划》《促进新一代人工智能产业发展三年行动计划（2018—2020

年）》《"互联网+"人工智能三年行动实施方案》《关于促进人工智能和实体经济深度融合的指导意见》《国家新一代人工智能创新发展试验区建设工作指引》和《国家新一代人工智能标准体系建设指南》等。这些文件中均提出了人工智能技术标准、产业规划、安全和伦理等方面的要求，明确指出要把握新一代人工智能发展特点，促进人工智能和实体经济深度融合。

九、其他国家人工智能计划

其他国家也持续加强 AI 投入，旨在通过持续的投资，促进本国 AI 产业的发展，提升 AI 竞争力。2020 年 1 月，挪威发布国家人工智能战略。该战略立足产业领先和数字化程度较高的优势，从监管环境优化、教育、基础设施建设、政府支持项目和技能培训、人工智能的伦理、政府产业政策和期望、安全性要求等多方面进行了详细叙述。2020 年 10 月，沙特阿拉伯发布《国家数据和人工智能战略》，十年内吸引约 200 亿美元的国内外投资，培训超过 2 万名数据和人工智能专家，创建 300 多家初创企业。

通过以下的表 10-1，就可以知道全球主要科技企业布局人工智能的概况。不得不说，当今世界上很多国家对于人工智能这一科技产业的发展都很重视。

表 10-1　全球主要科技企业布局人工智能概况

企业	软件/框架	终端	AI 芯片
谷歌	Google 智能助手 TensorFlow 开源软件库	智能音箱 GoogleHome 谷歌眼镜	开发 TPU 芯片，已发展至第二代，满足深度学习算力要求
微软	Skype 及时翻译 小冰聊天机器人 Cortana 虚拟助手	HoloLens 眼镜 Surface 智能硬件	为下一代 HoloLens 头戴设备研发芯片，开展第三方授权
脸书	Facebook 开源 AI 工具 PyTorch 开源机器学习库 PyRobot 开源机器人框架	Portal 家庭视频聊天	研发 AI 神经网络芯片，减少对高通等厂商的依赖
亚马逊	Alexa 智能虚拟助手	Echo 智能音箱	为 Echo 音箱及其他搭载 Alexa 助手的产品开发专用芯片
苹果	Core ML 机器学习框架 Siri 智能语音助手	苹果智能设备	手机 AI 芯片进化至第三代，并为笔记本开发 M 系列专用芯片
IBM	IBM Watson 认知计算	开发超成像医疗硬件等新型硬件	类脑芯片 TrueNorth、深度学习芯片 LakeCrest
百度	飞桨学习框架 百度大脑	小度智能音箱 AI 机器人 自动驾驶汽车	发布云计算加速芯片昆仑，收购芯片初创公司助力自动驾驶

续表

企业	软件/框架	终端	AI 芯片
腾讯	腾讯 AI 开放平台 腾讯云智能教育	正在布局智能硬件生态	已经涉足芯片产业，发布造芯战略
阿里	阿里云开放平台	天猫精灵智能音箱	阿里旗下平头哥发布 AI 芯片含光 800
华为	华为 HiAI 能力开放平台 华为智能家居 AI 框架 MindSpore	华为智能设备	已发布 AI 芯片昇腾 910，将推出更多昇腾处理器

第四节　人工智能商业模式的创新趋势

（一）50 万亿元新基建下的 AI

在新的基础建设（简称“新基建”）发展过程中，其基本方向就是围绕科技端的基础建设，它包括 5G 基站、特高压城际高速铁路和城际轨道交通、新能源汽车、智能中心、人工智能、工业互联网等接近 500 000 亿元的国内投资正逐步上马，它也与未来相接轨。中国将有 2.2 万个项目，49.6 万亿总额投资到位，其中落实到 2020 年年度计划中，投资总额规模也达到了 7.6 万亿元。在新基建下，基于政府扶持以及市场需求，人工智能及其商业模式已出现逐步的创新。以人工智能、云计算作为代表的新基建，成为众多互联网企业做出发展的起点。在推动产业升级、进行建设保障过程中，中国的人工智能技术达到世界先进水平。当前我国已初步建立起人工智能技术标准、服务标准与产业生态链，培育人工智能人才若干。在人工智能产业核心探讨过程中，其产业规模达到 1 500 亿元，带动相关产业不断发展，初步建成人工智能产业链。在带动服务体系与产业生态价值过程中，人工智能核心产业规模也将逐步突破。

2021WAIC 世界人工智能大会上，滴普科技董事长兼 CEO 赵杰辉谈及 AI 对商业模式产生的影响，赵杰辉认为：“企业服务市场 5 年后一定是 SaaS 化服务模式，但届时的 SaaS 并不是我们现阶段所认知的固有形态，而是通过提供底层技术构建生态，以数据整合的方式统一呈现。”

（二）体验至上与算法支撑

在人工智能产业建设过程中，追求体验至上策略，能够充分利用好人工智能技术，让用户获得更好的体验。对于以往的经营而言，不管是在何种技术和何种领域，构建创新商业模式的前提就是了解用户需求。但是迫于以往时代的限制，很多公司在解决问题时对用户的关注度不高。基于人工智能时代发展，通过技术内容的突破能够为用户提供便捷的问题解决方案，也会了解到用户的实际需求。在提出解决方案时，更注重用户体验，这便成了一大切实可行的条件。无论是医疗行业这样的体验式行业，还是机械工程这样的行业，都讲究用户体验，将体验当作创新商业模式的前提即用户至上策略。在服务用户的过程中，将用户需求作为延伸产品服务突破口。如当前的海尔集团，在大量的虚拟图像应用过程中，就已经应用了

多种交流模式。基于对用户产品需求的理解，去帮助用户解决更多的问题，这是人工智能领域的商业哲学。在算法制式模式上，它则体现出的是新商业模式的独特思想。这样独特的想法会基于创业者、营销人员、经验总结对其内容做出不断突破，应用好算法模式，将商业信息进行逐步发展，并形成新的商业数据框架。为用户提供海量数据，在后续的支付、清算环节作出铺垫，这也是阿里等公司花巨资投入新零售、新支付等其他终端的缘故。这些数据往往是金融数据和通信数据，它有关隐私，也需要及时进行获取。基于人工智能模式下的大数据支撑商业模式运行内容，也能够理解真正的体验。

（三）重视个性化消费定制

随着消费内容的不断升级，个性化消费已逐步崛起。越来越多的线上零售商结合人工智能推出定制个性化商品，如个性化服装、个性化食品、个性化照片等，人工智能、大数据技术对于满足用户需求起到了一定的作用，能够借助大数据实现对用户个性化的准确把握。在人工智能技术应用过程中做好定制服务，是后续进行人工智能建设保障的基础。在新零售产业下，更多的品牌生产商将线下门店作为自己的直销门店。这时应用好人工智能手段，在线上平台用户即可完成下单，同时也实现了用户的线下体验。这样一种线上线下的联合体验模式，能够树立企业本身的发展理念，也需要结合人工智能手段了解产品所起到的宣传作用。由人工智能、物联网科技推进，通过一站式信息补录，在个性化定制过程中，完成商业拓展，实现新商业模式构建。

（四）免费商业模式的出现

免费性商业模式是如今企业投入巨额资金，以一种免费模式进行经营的人工智能手段。它应用尖端技术与算法技术，在免费性、公益内容体现过程中，凭借此种商业模式实现企业发展改革建造。其核心就是一定的共享观念，基于共享观念的发散，将研究成果逐步展示出来。可以逐渐排除生产障碍，让技术人员从中查漏补缺，从不同角度去看待技术问题。在免费模式验证过程中缩短产品周期，了解产品发展阶段的对应状况，通过直接数据获取，了解相应的产品内容。创设实际的数据网络效应，使用户和中间使用人都能够从中获取相应的数据，最后促使它吸引更多的用户。免费商业模式总体上的运行效果较为成功，企业无须支出成本无须付出代价就可以完成技术传播，同时还能够拥有大数据集成平台。免费商业模式对于人工智能影响是多方面的，一方面开源模式有助于提高其后续的知识技术水平，另一方面，新型的技术模式有助于知识获取。通过互补性资产的成立，完成企业商业模式的创新建设。

第五节　人工智能的发展趋势

国际数据公司2020年的数据显示，全球人工智能市场规模约为156.5亿美元，与2019年相比，增长了12.3%。例如，IBM的Watson，它可以创建来自多个组件的可能组合的无限组合。此外，人工智能驱动的虚拟护士，如安琪尔和莫莉，已经在使用，能够拯救生命和节省成本。一些机器人在医疗领域提供帮助，例如侵入性系统和心脏手术。

1. 人工智能与机器学习变得越来越重要

2020年发生的新冠病毒疫情促使企业越来越多地使用人工智能，而机器的自主学习和自动化能力能够更好地帮助企业简化、发现、设计、测量和管理整个组织的工作流程，进而适应社会不断变化的情况并主动应对意外情况，这就是人工智能、机器学习模型和深度学习发挥重要作用的地方。

2. 5G 与人工智能辅助物联网更好发展

根据 Gartner 的数据，到 2022 年，80% 的企业物联网项目将以某种形式包含人工智能。人工智能可以快速收集数据，使物联网系统更加智能化。5G 依托全新的网络架构，具备高速率、低延时、高可靠性、大带宽等优势，结合人工智能等相关技术实现高算力、智能化、去中心化，为万物互联夯实了技术基础，这种技术升级与融合赋能物联网发展。

3. 网络安全中的人工智能应用

人工智能已经在家庭环境安全和企业信息系统的网络经济安全控制系统中占据了重要位置。网络数据安全开发工作人员一直在努力更新其技术，以应对不断创新发展的 DDoS 攻击、恶意软件、勒索软件等威胁。这两种主流媒体技术分析可以帮助人们识别这些威胁，包括早期的各种威胁。

基于人工智能的网络安全工具还可以从企业通信网络、交易系统、数字活动和网站以及外部公共资源收集数据，并使用人工智能算法识别模式和威胁活动，例如识别可疑 IP 地址和可能的数据泄露。

根据研究机构 IHS Markit 公司的调查，当今在家庭安全系统中人工智能的使用主要限于与家庭摄像头集成的系统以及与语音助手集成的入侵者警报系统。但是该公司分析师认为，人工智能的应用将会扩展到开发智能家居，让家庭安全系统了解住户的习惯和选择，从而提高识别入侵者的能力。

4. 增强智能的兴起

对于中国企业发展来说，增强智能的兴起应该是一个令人兴奋的趋势。通过将智能信息技术和人员的能力结合在一起，使企业管理能够有效提高员工的效率和绩效。

Gartner 预测，到 2023 年，大公司约 40% 的基础设施和运营团队将使用人工智能增强自动化来提高生产力。

5. 对话式人工智能

苹果公司使用的基于自动信息和语音的技术被称为会话式人工智能。如今，人工智能开发人员正在应用程序和网站部署这项技术，它是通过确认语音和文本、理解客户的意图、破译各种语言以及像人类一样做出响应来完成的。

如今，许多公司正在使用会话式人工智能聊天机器人来安排会议、为航空公司服务、销售产品，并提供更好的客户体验。

第六节　人工智能促进产业智能化升级

一、制造业智能化升级分析

新一代人工智能技术与制造业融合的不断深化，通过以智能化分析、决策、控制、调整为核心的生产方式，实现多品种、小批次、定制化的规模生产，将需求的个性化与生产规模

化完美匹配，使得柔性生产与大规模定制能够以技术可行、成本节约、需求适应的方式得以实现。

《2019全球人工智能发展白皮书》中发布的数据显示，现阶段新一代人工智能技术在全球制造业的渗透率尚不足2%，随着生产设备产生的大量可靠、稳定、持续更新的数据逐步被挖掘和利用，预计到2025年渗透率将超过10%，带动制造业智能化升级，市场规模突破100亿美元。

例如，美国工业设计软件巨头欧特克集成人工智能和机器学习模块，推出的产品创新软件平台Fusion360和Netfabb3D打印软件，根据设计师的需求，并结合造型、结构、材料和加工制造等生产要素的性能参数，即可通过该系统自主设计出符合要求的上千种可选方案，在提升产品研发效率的同时，将成本降低30%~50%。

日本NEC公司将计算机视觉技术运用于生产线检测系统，通过逐一检测生产线上的产品，利用机器视觉判别金属、人工树脂、塑胶等多种材质产品的各类缺陷，快速侦测出不合格品并指导生产线进行分拣，在降低人工成本的同时将出厂产品的合格率进一步提升5%~10%。

二、农业智能化升级分析

基于计算机视觉的无人机、环境传感器和土壤传感器的持续普及，逐步覆盖选种、耕种到作物监控，以及土壤管理、病虫害防治、收割等农业生产全流程，不仅为适宜栽种农作物预测及病虫害防护等提供精准指导，还能在降低农药化肥消耗与人工成本的同时，极大提升农业生产效率。

高盛2019年发布的《人工智能AI与精准农业》调研数据中显示，预计2025年新一代人工智能技术在农业领域的应用，将达到200亿美元的市场规模。

美国农业科技公司孟山就运用深度学习技术，结合其在全球转基因种子研发和生产的优势，通过分析数百万种种子的分子，推出加快简化分子相互反应过程的训练模型，初步实现对有效控制疾病或昆虫的分子类型预测，将作物保护品种从研究到商业化的进程从11年逐步缩短到2个月。

德国农业巨头巴斯夫与华盛顿州立大学等10所顶尖高校展开合作，整合几方的农业生产数据库，将知识图谱与超过15万张病虫草害图像相关联，全面构建病虫草害预防模型，精准判断并匹配有害生物种类，显示杂草品种及确认程度，现阶段软件判断的准确性已高于90%。

三、金融产业智能化升级分析

通过新一代人工智能实现金融数据建模，将大量金融机构在长期经营过程中积累的海量非结构化数据信息，包括各项交易数据、客户信息、市场前景分析等，转化为结构化信息，并对相应数据进行定量和定性分析，充分挖掘客户金融价值，持续推动金融机构服务向主动性和智慧性升级。

普华永道在《2019年全球金融科技应用指数》中说到，未来3~5年智能风控系统购买率将增加至68%。客户对精准理财诉求的愈加强烈将驱动智能投资顾问开放平台的建立，打破单一金融机构的服务边界，得到符合用户风险偏好的最优投资组合。根据全球数据公司

Statista 的估算，预计到 2025 年，智能投资顾问业务在全球范围内管理资产规模将超过 11 万亿美元。

目前，美国金融服务公司摩根大通集团通过聘请谷歌云人工智能产品总监 Apoorv Saxena，推动深度学习技术与其业务的深度融合，持续完善智能投资顾问与智能资产管理领域的产品。现已推出两款产品，一是协助律师和贷款人员快速浏览海量金融合同的解析软件 COIN，二是帮助员工找到与潜在客户关系最密切的同事的检索软件 X-Connect。

平安集团结合人脸识别、声纹识别、微笑表情等生物特征识别的人工智能技术，推出“金融壹账通”智能认证产品，将用户的投保时间缩短 30 倍，节约客户时间的同时，提高了金融产品代理人的服务能力，目前已在国内 400 多家城市银行中推广应用。

招商银行利用知识图谱和深度学习技术构建智能风控平台“天秤系统”，通过抓取交易时间、交易金额、收款方等多维度数据，实时判断用户的风险等级，及时排查交易过程中的外部欺诈与伪冒交易等风险。此外，“天秤系统”通过事后回溯建立贷后追踪机制，持续挖掘欺诈关联账户。

四、医疗产业智能化升级分析

新一代人工智能技术通过与可穿戴设备的结合，率先应用于生活化的健康管理，将用户的多项健康指标以数据形式进行量化，建立个性化健康管理方案。根据世界卫生组织 2019 年发布的《全球健康风险》报告显示，2025 年个人健康管理市场规模将达到 10 万亿美元。

美国通用电气旗下的 GE 医疗推出一个全面集成化智能医疗应用开发平台 Edison Intelligence Platform，整合不同业务部门、供应商、医疗网络和生命科学应用场景下的全球性、多样化数据，通过云端或设备边缘服务，提供可部署在医疗设备上的操作指引。围绕 Edison 平台，目前开发出多款智能医疗应用，例如放射科指挥中心方案、LOGIQ E20 双引擎超声、CT 智能订阅、影像科成像协议与序列中心管理平台、Mural 重症监护指挥中心等，在全球范围内帮助医疗机构提高诊疗和运营效率。

德国西门子医疗公司利用知识图谱展开影像医学的整理与深度学习，推出了 ALPHA 解剖引擎和 ALPHA 报告引擎，实现了基于前处理技术的快捷解剖，并初步通过多处理软件组合运行及多软件结果合成一个报告，节省了医生的时间与精力，使得医生可更多地关注于病灶、病症本身，并构建放射语库 RadLex 对病证实现书签检索，以供科研上的深度挖掘。

五、教育产业智能化升级分析

教育产业智能化升级已经开始在幼儿教育、K12、高等教育、职业教育等各类细分赛道加速落地，逐步覆盖最外围的学习管理环节、次外围的学习测评环节和最核心的教学认知思考环节。目前教育产业智能化升级主要聚焦在学生端的应用，根据美国著名的全球增长咨询公司 Frost & Sullivan 数据表明，全球智能教育产品在学生端的普及率在 2025 年将超过 50%。

澳洲教育公司 Smart Sparrow 推出同名自适应教学平台，集成了课程设计、在线学习、实时反馈、自适应学习、大数据分析、在线合作学习、智能辅导等多种学习和教学功能，一方面为学生提供个性化的教学，另一方面通过实时数据和自动分析给教师提供学生学习状况

的反馈，进而指导教师持续改进教学内容，做出更精准的教学规划。

六、安防产业智能化升级分析

安防产业智能化升级主要体现在公共安全安防、行业安防和民用安防三个方面。根据英国咨询公司 Memoori 发布的《2019 年全球安防设备市场报告》中的数据，智能视频系统占全球安防设备总产值的 25%，预计到 2025 年占比将突破 50%，市场规模突破 500 万亿美元。随着万物互联的趋势进一步显著，将使得硬件资源的概念逐步淡化，安防产业的智能化将以解决方案的服务模式提供给客户，云端化特征逐步显现，并持续对安防产业的软件平台及其配套的硬件设备进行整合，逐步呈现平台化趋势，通过对人员数据、车辆数据等安防数据进行多维度、多场景的采集和关联，最终实现融合检索、全网碰撞、关系追踪、轨迹补全、轨迹预测、犯罪自动预警等功能。

德国博世集团推出智能家居系统，通过集成安防模块、红外转发器、情景遥控器与家电全能遥控器等产品，实现了数字可视对讲、智能家居控制、安防控制、家庭娱乐与信息发布等多种功能，将家庭智能控制、信息交流与服务、小区安防等各类系统有效结合起来，构建智能化、个性化的居住环境。

海康威视基于对深度学习技术的积累与突破，陆续推出“深眸”系列智能摄像机、“神捕”系列智能交通、“超脑”系列智能 NVR、“脸谱”系列人脸分析服务器等全系列智能安防产品，依托强大的多引擎硬件平台，内嵌为视频监控场景设计优化的深度学习算法，逐步具备精准的安防大数据归纳能力，实现了在各种复杂环境下人、车、物的多重特征信息提取和事件检测。

七、交通产业智能化升级分析

在交通运输领域，围绕城市交通的基础设施建设，借助计算机视觉、深度学习和知识图谱等技术，对信号灯管控、车流诱导等问题进行建模，逐步实现城市、城际道路交通系统状态的实时感知，并通过手机导航、交通电台等途径将交通路况准确、全面地提供给车辆使用者。

美国汽车公司特斯拉通过车厢内部和外部的各种智能传感器，将所有车辆及司机的数据分类上传，通过车辆行驶位置、路径信息、驾驶员的手部操作动作等结构化数据，生成数据高度密集的地图，显示行驶路上平均交通速度的增加，对司机通过的危险位置预警。

美国多联式运输公司 C. H. Robinson 针对卡车货运的运营需求开发了用于预测货运路线的机器学习模型，模型通过整合不同路线货运出行的历史数据，并结合天气、交通等实时参数，为每一次货运交易估算出合理的货运路线，持续强化运输任务规划的合理性。

八、零售产业智能化升级分析

通过新一代人工智能技术抓取客户、货物、场景的数据信息，零售产业智能化升级主要应用在辅助工作人员优化销售、物流和供应链的管理。受惠于零售产业智能化升级所带来的个性化、即时性、精准性的消费服务，新一代人工智能技术的投入始终保持较高增速。据世界零售协会联盟数据显示，在全球零售巨头的推动下，预计到 2025 年将突破 8 亿美元。

美国零售巨头沃尔玛推出由新一代人工智能驱动的零售店，将其作为布局智能零售领域的实验室，通过使用摄像头、传感器和深度学习来辅助商店运营，一方面辅助员工了解店内产品的实时品质用于产品质量管理，另一方面根据客户选购历史数据预测大规模购物潮的时间阶段，以便做好充足的备货准备。

日本服装公司优衣库在精选店内布置基于计算机视觉和人机交互技术的 UMood 智能选衣系统，通过向客户持续展示各种产品，监测客户情绪反应，探测并识别差异化客户对颜色、风格、款式的喜好，并基于每个客户的审美偏好，推荐个性化的商品组合。

苏宁集团通过“智慧零售技术星相图”持续围绕用户构建智能零售体系，在与客户不同范围之内，通过合理运用搭载了语音识别和交互技术的苏宁小 Biu 智能音箱、集成重力感应和人脸识别技术的无人货架、巡游机器人等应用，覆盖客户群体，全面提升客户零售体验满意度。

第三篇

大学生创新创业竞赛

第十一章

大学生创新创业大赛

第一节　中国“互联网+”大学生创新创业大赛

中国“互联网+”大学生创新创业大赛于2015年首次举办。从大赛第一届到第四届累计有490万名大学生、119万个团队参赛，其中，第四届的参赛大学生和参赛团队数量是以往3届的总和，目前大赛已经成为覆盖全国所有高校、面向全体高校学生、影响极大的赛事活动之一。

由于每届大赛的主题、赛道、参赛组别有所不同，下面将以第五届中国“互联网+”大学生创新创业大赛为例，对大赛的相关信息进行介绍。

一、大赛简介

第五届中国“互联网+”大学生创新创业大赛定于2019年3月至10月举办，以“敢为人先放飞青春梦，勇立潮头建功新时代”为主题，由教育部与中央统战部、中央网络安全和信息化委员会办公室、国家发展和改革委、工业和信息化部、人力资源社会保障部、农业农村部、中国科学院、中国工程院、国家知识产权局、国务院扶贫开发领导小组办公室、共青团中央和浙江省人民政府共同主办，浙江大学和杭州市人民政府承办。截至7月30日，大赛报名参赛团队有1 088万个，共计4 559万名大学生。国际赛道网络报名1 374个团队，覆盖92个国家。

大赛旨在深入贯彻落实全国教育大会精神，加快培养创新创业人才，持续激发大学生创新热情，展示创新创业教育成果，搭建大学生创新创业项目与社会资源对接平台。

（一）大赛特色

第五届大赛将力争做到“5个更”。

（1）更全面。做强高教版块、做优职教版块、做大国际版块、探索萌芽版块，探索形成各学段有机衔接的创新创业教育链条，实现区域、学校、学生类型全覆盖。

（2）更国际。拓宽国际赛道，深化国际交流合作，深度融入全球创新创业浪潮。

（3）更中国。以大赛为载体，推出创新创业教育的中国经验、中国模式，提升我国高等教育的影响力、感召力、塑造力。

（4）更教育。促进创新创业教育与思想政治教育、专业教育、体育、美育、劳动教育紧密结合，构建德智体美劳“五育平台”，上好一堂最大的创新创业课；深入开展“青年红色筑梦之旅”活动，上好一堂最大的国情思政课。

（5）更创新。广泛开展大学生和中学生创新活动，助推科研成果转化应用，服务国家创新发展。

（二）大赛目的

第五届中国“互联网+”大学生创新创业大赛的举办目的主要体现在以下三个方面。

（1）培养创新创业生力军。大赛旨在激发学生的创造力，培养造就“大众创业、万众创新”的生力军。鼓励广大青年扎根中国大地了解国情民情，在创新创业中增长智慧才干，在艰苦奋斗中锤炼意志品质，把激昂的青春梦融入伟大的中国梦，努力成长为德才兼备的有为人才。

（2）探索素质教育新途径。把大赛作为深化创新创业教育改革的重要抓手，引导各地、各高校主动服务国家战略和区域发展，开展课程体系、教学方法、教师能力、管理制度等方面的综合改革。以大赛为牵引，带动职业教育、基础教育深化教学改革，全面推进素质教育，切实提高学生的创新精神、创业意识和创新创业能力。

（3）搭建成果转化新平台。推动赛事成果转化和产学研用紧密结合，促进“互联网+”新业态形成、服务经济高质量发展。以创新引领创业、以创业带动就业，努力形成高校毕业生更高质量创业就业的新局面。

二、参赛要求

参赛项目的具体要求如下。

（1）参赛项目要求能够将移动互联网、云计算、大数据、人工智能、物联网、下一代通信技术等新一代信息技术与经济社会各领域紧密结合，培育新产品、新服务、新业态、新模式。发挥现代通信互联网在促进产业升级以及信息化和工业化深度融合中的作用，促进制造业、农业、能源、环保等产业转型升级；发挥互联网在社会服务中的作用，创新网络化服务模式，促进互联网与教育、医疗交通、金融、消费生活等深度融合。

（2）参赛项目的主要类型如下：

①“互联网+”制造业，包括先进制造、智能硬件、工业自动化、生物医药、节能环保、新材料军工等。

②“互联网+”现代农业，包括农林牧渔等。

③“互联网+”信息技术服务，包括人工智能技术、物联网技术、网络空间安全技术、大数据、云计算、工具软件、社交网络、媒体门户、企业服务、下一代通信技术等。

④“互联网+”社会服务，包括电子商务、消费生活、金融、财经法务、房产家居、高效物流教育培训、医疗健康、交通、人力资源服务等。

⑤“互联网+”公共服务，包括教育培训、医疗健康、交通、人力资源服务等。

⑥“互联网+”文化创意服务，包括广播影视、设计服务、文化艺术、旅游休闲、艺术品交易、广告会展、动漫娱乐、体育竞技等。

（3）参赛项目须真实、健康、合法，无任何不良信息，项目立意应弘扬正能量，践行社会主义核心价值观。

（4）参赛项目不得侵犯他人知识产权，所涉及的发明创造、专利技术、资源等必须拥有清晰合法的知识产权或物权；抄袭、盗用、提供虚假材料或违反相关法律法规一经发现即刻丧失参赛相关权利并承担一切法律责任。

（5）参赛项目涉及他人知识产权的，报名时需提交完整的具有法律效力的所有人书面授权许可书、专利证书等。

（6）已完成工商登记注册的创业项目，报名时需提交营业执照等相关复印件、单位概况、法定代表人情况、股权结构等信息。参赛项目可提供当前财务数据、已获投资情况带动就业情况等相关证明材料。已获投资（或收入）1 000万元以上的参赛项目请在全国总决赛时提供相应的佐证材料。

（7）参赛项目根据各赛道（包括高教主赛道、“青年红色筑梦之旅”赛道、职教赛道、国际赛道、萌芽版块）相应的要求，只能选择一个符合要求的赛道参赛。已获往届中国“互联网+”大学生创新创业大赛全国总决赛各赛道金奖和银奖的项目，不可报名参加第五届大赛。

（8）各省、自治区、直辖市教育厅（教委），新疆生产建设兵团教育局，各有关学校负责审核参赛对象资格。

三、大赛安排

第五届中国“互联网+”大学生创新创业大赛将举办“1+6”系列活动。

“1”是主体赛事，包括高教主赛道、“青年红色筑梦之旅”赛道、职教赛道、国际赛道和萌芽版块。“6”是6项同期活动，包括“青年红色筑梦之旅”活动、“大学生创客秀”（大学生创新业成果展）、大赛优秀项目对接巡展、对话2049未来科技系列活动、浙商文化体验活动、联合国教科文组织创业教育国际会。

（一）比赛赛制

大赛将采用校级初赛、省级复赛、全国总决赛3级赛制（不含萌芽版块）。校级初赛由各院校负责组织，省级复赛由各省（区、市）负责组织，全国总决赛由各省（区、市）按照大赛组委会确定的配额择优遴选推荐项目。大赛组委会将综合考虑各省（区、市）报名团队数、参赛院校数和创新创业教育工作情况等因素分配全国总决赛的名额。

全国共产生1 200个项目入围全国总决赛（港澳台地区参赛名额单列），其中高教主赛道600个、“青年红色筑梦之旅”赛道200个、职教赛道200个、萌芽版块200个。此外，国际赛道产生60个项目进入全国总决赛。

（二）赛程安排

大赛赛程分为参赛报名、初赛复赛和全国总决赛三个阶段，各阶段的时间安排和要求如下。

（1）参赛报名（2019 年 4 月—2019 年 5 月）。参赛团队通过登录“全国大学生创业服务网”或微信公众号（名称为“中国‘互联网+’大学生创新创业大赛”或“全国大学生创业服务网”）进行报名。报名系统开放时间为 2019 年 4 月 5 日，截止时间由各省（区、市）根据复赛安排自行决定，但不得晚于 2019 年 8 月 15 日。

（2）初赛复赛（2019 年 6 月—2019 年 8 月）。各省（区、市）各院校登录“全国大学生创业服务网”中的“省级、校级管理用户登录”界面进行大赛信息管理。省级管理用户使用大赛组委会统一分配的账号进行登录，校级账号由各省级管理用户进行管理。

初赛复赛的比赛环节、评审方式等由各院校、各省（区、市）自行决定。各省（区、市）在 2019 年 8 月 31 日前完成省级复赛，遴选参加全国总决赛的候选项目（推荐项目应有名次排序，供全国总决赛参考）。

（3）全国总决赛（2019 年 10 月中下旬）。大赛专家委员会对入围全国总决赛的项目进行网上评审，择优选拔项目进行现场比赛，决出金奖、银奖、铜奖。

大赛组委会将通过“全国大学生创业服务网”为参赛团队提供项目展示、创业指导、投资对接等服务。各项目团队可以登录“全国大学生创业服务网”查看相关信息。各省（区、市）可以利用该网站提供的资源，为参赛团队做好服务。

四、参赛指南

下面将对中国“互联网+”大学生创新创业大赛的报名流程、参赛项目组别及对象、评审内容、提交资料等内容进行介绍，帮助广大学子更好地筹备大赛。

（一）报名流程

搜索进入“全国大学生创业服务网”的首页，单击网页左下角的“报名参赛”按钮，进入“用户登录”界面，在其中填写账号、密码等基本信息，单击“登录”按钮，若未注册账号则需填写手机号、身份证号、邮箱等进行注册，在打开的网页中完善个人信息，单击“立即注册”按钮提交申请。

成功登录账号后，便可申报项目参加比赛了。具体流程为：在“身份选择”页面中单击“立即创建项目”按钮，在打开的页面中完善基本信息和学历认证后，单击“提交申请”按钮；然后在打开的页面中单击“创建项目”按钮，根据页面提示完成项目的新建操作，包括项目介绍、认证信息、团队成员等，完成后单击“完成创建”按钮；进入“报名参赛”页面，在其中选择参赛赛道、组别、类别等内容后，单击“确认参赛”按钮，完成网上报名。

（二）参赛项目组别及对象

大赛分为创意组、初创组、成长组、师生共创组四种类型。具体参赛条件如下。

（1）创意组。参赛项目应具有较好的创意和较为成型的产品原型或服务模式，在 2019 年 5 月 31 日（以下时间均包含当日）前尚未完成工商登记注册。参赛申报人须为团队负责人，须为普通高等学校在校生（可为本专科生、研究生，不含在职生）。高校教师

科技成果转化的参赛项目不能参加创意组（科技成果的完成人、所有人中有参赛申报人的除外）。

（2）初创组。参赛项目工商登记注册未满3年（2016年3月1日后注册），且获机构或个人股权投资不超过1轮次。参赛申报人须为初创企业法人代表，须为普通高等学校在校生（可为本专科生、研究生，不含在职生），或毕业5年以内的毕业生（2014年之后毕业的本专科生、研究生、不含在职生）。企业法人在大赛通知发布之日后进行变更的不予认可。

（3）成长组。参赛项目工商登记注册3年以上（2016年3月1日前注册）；或工商登记注册未满3年（2016年3月1日后注册），且获机构或个人股权投资两轮次以上。参赛申报人须为企业法人代表，须为普通高等学校在校生（可为本专科生、研究生，不含在职生），或毕业5年以内的毕业生（2014年之后毕业的本专科生、研究生，不含在职生）。企业法人在大赛通知发布之日后进行变更的不予认可。

（4）师生共创组。参赛项目能有效提升大学生就业数量与就业质量。若参赛项目在2019年5月31日前尚未完成工商登记注册，参赛申报人须为团队负责人，须为普通高等学校在校生（可为本专科生、研究生，不含在职生）。若参赛项目在2019年5月31日前已完成工商登记注册，参赛申报人须为企业法人代表，须为普通高等学校在校生（可为本专科生、研究生，不含在职生），或毕业5年以内的毕业生（2014年之后毕业的本专科生、研究生，不含在职生）。企业法人在大赛通知发布之日后进行变更的不予认可。

（三）评审内容

无论是创意组还是初创组、成长组、师生共创组，其项目内容的核心都不应仅是一个点子项发明或是一个实验室的成果。参赛团队应该从项目的市场、产品、技术、团队、业绩、未来的发展这六方面进行思考，并进行自查，明确项目的短板。

另外，对于参赛项目的评审规则参赛团队也需要了解，这样才能做到有的放矢。不同的组别，其评审规则有所差别，下面总结了初创组、成长组、师生共创组项目的评审要点供参赛团队参考，如表11-1所示。

表11-1 初创组、成长组、师生共创组参赛项目的评审要点

评审要点	评审内容	所占比例
商业性	（1）在经营绩效方面，重点考察项目存续时间、营业收入、税收上缴、持续盈利能力、市场份额等情况，以及结合项目特点制订的市场营销策略带来的良性业务利润、总资产收益、净资产收益、销售收入增长、投资与产出比等情况 （2）在成长性方面，重点考察项目目标市场容量大小和可扩展性，以及该项目是否有合适的计划和可能性支持其未来5年的高速成长 （3）在商业模式方面，强调项目设计的完整性与可行性，并给出完整的商业模式描述，在机会识别与利用、竞争与合作、技术基础、产品或服务设计资金与人员需求、现行法律法规限制等方面需具有可行性 （4）在融资方面，强调融资需求及资金使用规划	40%

续表

评审要点	评审内容	所占比例
团队情况	（1）考察管理团队各成员有关的教育和工作背景、价值观念、擅长领域，以及成员的分工和业务互补情况 （2）考察公司的组织构架、人员配置和领导层成员 （3）考察创业顾问、主要投资人和持股情况 （4）考察战略合作企业及其与本项目的关系	30%
创新性	（1）突出原始创意的价值，不鼓励模仿 （2）强调利用互联网技术、方法、思维在销售、研发、生产、物流、管理等方面寻求突破和创新 （3）鼓励项目与高校科技成果转移转化相结合	20%
社会效益	（1）考察项目增加社会就业份额实际带动的就业人数 （2）考察发展战略和扩张策略的合理性 （3）考察项目未来持续带动就业的能力	10%

（四）提交资料

中国“互联网+”大学生创新创业大赛要求提交的资料有 Word 版和 PPT 版的商业计划书。其中 PPT 版的商业计划书由于参赛阶段的不同，其内容也有所差别。

在省赛或 600 进 120 的全国总决赛的网评阶段，评委一般是打开 PPT 版的商业计划书进行查看，如果对项目有疑惑才会打开 Word 版的商业计划书。所以，参赛团队所提交的 PPT 版商业计划书应做到内容全面，不遗漏信息点，但是篇幅不宜过长。商业计划书结构要清晰，方便评委可以在短时间内找到想要查看的信息。

在全国总决赛现场，PPT 版的商业计划书的主要作用是作为配合路演人演说的演示型 PPT，起到演讲大纲的作用，因此其内容不需要全部罗列在 PPT 中。

五、获奖项目

中国“互联网+”大学生创新创业大赛开办至今，已经成功举办了 5 届，每届都有许多优秀的项目，现将前 4 届大赛获得金奖的项目汇总，如表 11-2 所示。

表 11-2　历届大赛金奖项目汇总

参赛时间	获奖项目	学校
第一届	“智能视力辅具及智能可穿戴近视防控设备”项目	浙江大学
	“Unicom 无人直升机系统”项目	北京航空航天大学
第二届	“微小卫星”项目	西北工业大学
第三届	“杭州光珀智能科技有限公司”项目	浙江大学
第四届	“中云智车——未来商用无人车行业定义者”项目	北京理工大学

第二节　“创青春”全国大学生创业大赛

“创青春”全国大学生创业大赛（本章以下简称“创青春”大赛）是由中国共产主义青年团中央委员会、中华人民共和国教育部、中华人民共和国人力资源和社会保障部、中国科学技术协会、中华全国学生联合会和地方省级人民政府主办，中华人民共和国工业和信息化部、国务院国有资产监督管理委员会、中华全国工商业联合会支持的，一项具有导向性、示范性和群众性的创业竞赛活动。每两年举办一届，首届举办时间为2014年。

“创青春”大赛每届的主要比赛形式和内容基本相同，但大赛组别、大赛主题、奖项设置有所差异。下面将以2018年“创青春”大赛为例，来介绍该赛事的相关内容。

一、大赛简介

“创青春”大赛以“青春建功新时代，创业追梦新征程”为主题。其宗旨是培养创新意识、启迪创意思维、提升创造能力、造就创业人才。下面将对“创青春”大赛的主体赛事和大赛特色进行介绍。

（一）“创青春”大赛主体赛事

“创青春”大赛设立了大学生创业计划竞赛（即“挑战杯”中国大学生创业计划竞赛）、创业实践挑战赛、公益创业赛三项主体赛事。

（1）大学生创业计划竞赛面向高等学校在校学生，以商业计划书、现场答辩等作为参赛项目的主要评价内容。

（2）创业实践挑战赛面向高等学校在校学生或毕业未满3年且已投入实际创业3个月以上的高校毕业生，以经营状况、发展前景等作为参赛项目的主要评价内容。

（3）公益创业赛面向高等学校在校学生，以创办非营利性质社会组织的计划和实践等作为参赛项目的主要评价内容。

以上三项主体赛事需通过组织省级预赛或评审后进行选拔报送。全国组织委员会聘请专家评定出具备一定操作性、应用性，以及具有良好市场潜力、社会价值和发展前景的优秀项目，给予奖励。

（二）大赛特色

全国组织委员会将在大赛举办期间组织多种形式的交流活动、展示活动和其他活动，丰富大赛内容。

全国组织委员会将设立大学生创业基金，加强与有关方面特别是金融机构、风险投资机构和创业投资机构等方面的合作，并通过成立大学生创业联盟等为高校学生通过参与大赛实现创业提供支持。

除此之外，在每次大赛举办期间，全国组织委员会将联合地方政府、创业园区和风险投资机构举办项目对接和孵化活动，对大赛中涌现出的优秀项目进行优先转化。

二、参赛要求

凡在举办大赛终审决赛的当年7月1日以前正式注册的全日制非成人教育的各类高等院

校在校专科生、本科生、硕士研究生和博士研究生（均不含在职研究生）可参加全部三项主体赛事；毕业 3 年以内（时间截至举办大赛终审决赛的当年 7 月 1 日）的专科生、本科生、硕士研究生和博士研究生可代表原所在高校参加创业实践挑战赛（需提供毕业证证明，仅可代表最终学历颁发高校参赛）。

由于大赛包含 3 个主体赛事，所以参赛项目的申报条件根据赛事不同也有所差别，现将 3 个主体赛事的申报条件总结如下。

（1）大学生创业计划竞赛申报条件。参加竞赛项目分为已创业与未创业两类。分为农林、畜牧、食品及相关产业，生物医药，化工技术和环境科学，信息技术和电子商务，材料，机械能源，文化创意和服务咨询七个组别。实行分类、分组申报。

①已创业类申报条件：拥有或授权拥有产品或服务，并已在工商、民政等政府部门注册登记为企业、个体工商户、民办非企业单位等组织形式，且法定代表人或经营者为符合参赛资格的在校学生、运营时间在 3 个月以上（以预赛网络报备时间为截止日期）的项目。

②未创业类申报条件：拥有或授权拥有产品或服务，具有核心团队，具备实施创业的基本条件但尚未在工商、民政等政府部门注册登记或注册登记时间在 3 个月以下的项目。

（2）创业实践挑战赛申报条件。拥有或授权拥有产品或服务，并已在工商、民政等政府部门注册登记为企业、个体工商户、民办非企业单位等组织形式，且法定代表人或经营者符合参赛资格的规定、运营时间在 3 个月以上（以预赛网络报备时间为截止日期）的项目，可申报该赛事。申报不区分具体类别、组别。

（3）公益创业赛申报条件。拥有较强的公益特征（有效解决社会问题，项目收益主要用于进一步扩大项目的范围、规模或水平）、创业特征（通过商业运作的方式，运用前期的少量资源撬动外界更广大的资源来解决社会问题，并形成可自身维持的商业模式）、实践特征（团队须实践其公益创业计划，形成可衡量的项目成果，部分或完全实现其计划的目标成果）的项目，且参赛学生符合参赛资格的规定，可申报该赛事。申报不区分具体类别、组别。

每所高校选送参加全国大赛的项目总数不超过 6 个。其中，参加大学生创业计划竞赛的项目总数不超过 3 个，参加创业实践挑战赛的项目总数不超过两个，参加公益创业赛的项目总数不超过 1 个，每人（每个团队）限报 1 个项目；每个参赛项目只可选择参加一项主体赛事，不得兼报。

三、大赛安排

（一）赛程安排

大赛总体上分为校级赛、省级赛、国家级赛 3 个层面，以及预赛、复赛、决赛 3 个阶段来开展。其中，校级赛、省级赛的时间和具体形式由各高校各地区结合自身实际情况组织开展。4 月至 5 月，将由各省（自治区、直辖市）针对大赛下设的 3 项主体赛事组织本地预赛或评审；7 月至 8 月举办全国复赛；9 月至 10 月举办全国决赛。

如欲参赛，需首先通过各高校团委组织的校级选拔，才能进入省级赛乃至全国复赛和决赛。在大赛的举办过程中，全国组织委员会不接受以高校或个人形式申报的项目。

（二）计分要求

全国评审委员会对各省（自治区、直辖市）报送的3项主体赛事的参赛项目进行复审，分别评出90%左右的参赛项目进入决赛。3项主体赛事的奖项统一设置为金奖、银奖、铜奖，分别约占进入决赛项目总数的10%、20%和70%。

大赛以高校为单位计算参赛得分并排序。各等次奖计分方法如下。

（1）大学生创业计划竞赛，金奖项目每个计100分，银奖项目每个计70分，铜奖项目每个计30分，上报至全国组织委员会，但未通过复赛的项目每个计10分。

（2）创业实践挑战赛，金奖项目每个计120分，银奖项目每个计90分，铜奖项目每个计50分，上报至全国组织委员会，但未通过复赛的项目每个计10分。

（3）公益创业赛，金奖项目每个计100分，银奖项目每个计70分，铜奖项目每个计30分，上报至全国组织委员会，但未通过复赛的项目每个计10分。

如遇总得分相等，则以获金奖的个数决定同一名次内的排序，以此类推至铜奖。

四、参赛指南

下面将对“创青春”大赛的评审要点和参赛赛道的选择进行介绍，帮助广大参赛者更好地筹备大赛。

（一）评审要点

根据参赛项目的不同，其评审的侧重点也有所区别，下面分别介绍实践类项目、创意类项目和公益类项目的评审要点。

（1）实践类项目的评审要点主要包括项目陈述、市场分析、公司运营、财务管理、团队建设和回答问题六个方面，如表11-3所示。

表11-3 实践类项目评审要点汇总

评审内容	考核指标
项目陈述	项目的产业背景和市场竞争环境；项目所面对的目标人群；项目的独创性、领先性和实现产业化的途径等
市场分析	明确表述该产品或服务的市场容量与趋势、市场竞争状况；细分目标市场及消费者描述估计市场份额和销售额
公司运营	公司定位准确，计划科学、严密；组织机构严谨；各发展阶段目标合理；结合项目特点制订合适的市场营销策略，包括对自身产品、技术或服务的价格定位、渠道建设、推广策略等
财务管理	资金来源与运用；盈利能力分析；风险资金退出策略等
团队建设	配合默契，分工明确
回答问题	准确理解评委提出的问题，回答具有针对性；思路清晰，逻辑严密，语言简洁流畅；例证与数据科学、准确、真实；在规定时间内完成陈述和答辩

（2）创意类项目的评审要点主要包括创业思路、项目陈述、项目实操、财务管理、团队建设和回答问题六个方面，如表11-4所示。

表 11-4　创意类项目评审要点汇总

评审内容	考核指标
创业思路	具备一定的先进性，商业模式可操作、满足创业的要求
项目陈述	明确表述产品或服务及市场进入策略和市场开发策略；商业目的明确、合理；全盘战略目标项目陈述合理、明确
项目实操	项目的应用前景、风险和分析问题的准确性、方案的合理性与可操作性
财务管理	股本结构与规模、资金来源与运用、盈利能力分析等
团队建设	分工明确，配合默契，体现团队精神
回答问题	准确理解评委提出的问题，回答具有针对性；思路清晰，逻辑严密，语言简洁流畅；例证数据科学、准确、真实；在规定时间内完成陈述和答辩

（3）公益类项目的评审要点主要包括公益性、创业性和实践性三个方面，如表 11-5 所示。

表 11-5　公益类项目评审要点汇总

评审内容	考核指标
公益性	对社会问题关注深入，立项所针对的问题具体且受到较多关注
创业性	能够通过具有创新性、普适性、可推广性的商业模式，不断引入大量新资源来维持项目本身，且项目能持续发展
实践性	很好地结合了人员、资源等实际情况，设定了切实可行的项目进度及目标，有丰富的实践成果

（二）赛道选择

参赛者要想在大赛中取得好成绩，选对赛道十分重要。下面给出了不同赛道的选择方案供大家参考。

（1）如果参赛者或者参赛者身边有一些已注册或运营中的企业资源，且该类企业具有一定的发展前景、科技含量，则可以选择创业实践挑战赛赛道。

（2）如果参赛者有创业的想法，且该想法现实可行、具有一定的发展前景，如大学生科技创新训练计划（Science and Technology Innovation Training Program，STITP）项目等科研类项目，适合落地转化或者投入生产，能够解决相应的市场痛点，则可以选择大学生创业计划竞赛赛道。

（3）如果参赛者或者参赛者身边有公益项目，且该公益项目运行良好，能够有一些盈利措施并持续盈利，则可以选择公益创业赛赛道。

五、获奖项目

截至 2019 年年底，“创青春”大赛已经举办了 3 届，每一届都有许多优秀的项目，现将 2018 年“创青春”大赛金奖项目获奖名单的部分内容汇总，如表 11-6 所示。

表 11-6　2018 年“创青春”大赛部分金奖项目汇总

赛事名称	获奖项目	学校
“挑战杯”中国大学生创业计划竞赛	福建贝洋渔业科技工作室（农林、畜牧、食品及相关产业组）	福建农林大学
	“鹰眼计划”——广州斯凯沃克科技有限公司（农林、畜牧、食品及相关产业组）	华南师范大学
	南京渔管家物联网科技有限公司（农林、畜牧、食品及相关产业组）	南京农业大学
	全球糖尿病诊疗革新者（生物医药组）	华东师范大学
	脑控智能护理床（生物医药组）	华南理工大学
	“隽”——基于菌群的皮肤护理品牌（生物医药组）	南京大学
	蓝天清洁能源有限公司（化工技术和环境科学组）	常州大学
	砼创未来：废旧混凝土高效循环利用（化工技术和环境科学组）	华南理工大学
	肽易德——我们让多肽合成更容易（化工技术和环境科学组）	江西师范大学
	基于 C2F 全链路运营的品牌家居跨境出口商（信息技术和电子商务组）	杭州师范大学
	码上科技—为优质环保鲜果配送保驾护航（信息技术和电子商务组）	嘉兴学院
	南京州游网络科技有限公司（信息技术和电子商务组）	南京邮电大学
	吸力奇迹（北京）科技有限公司（材料组）	北京航空航天大学
	曜明缓冲包装材料云制造（材料组）	华南理工大学
	多功能电位水供应系统（材料组）	吉林大学
创业实践挑战赛	北京零创众成科技有限公司	北京航空航天大学
	南京达斯琪数字科技有限公司	东南大学
	广州聚匠文化传播有限公司	广东工业大学
公益创业赛	青雁未成年人关护中心	南京理工大学
	米公益：让天下没有难做的公益	清华大学
	归雁·文化遗产推广工具包	同济大学

第三节　全国大学生电子商务“创新、创意及创业”挑战赛

全国大学生电子商务“创新、创意及创业”挑战赛（简称“三创赛”）是由教育部高等学校电子商务专业教学指导委员会面向全国高校（含港澳台地区）举办的大学生竞赛项目，是中华人民共和国教育部、中华人民共和国财政部“高等学校本科教学质量与教学改革工程”重点支持项目。“三创赛”从 2000 年开始至 2018 年已经成功举办了 8 届，得到了国家的支持和越来越多企业的赞助。

一、大赛简介

“三创赛”是激发大学生兴趣与潜能，培养大学生创新意识、创意思维、创业能力和团队协同实战精神的学科性竞赛。它是由中华人民共和国教育部主管，教育部高等学校电子商务类专业教学指导委员会主办，“三创赛”竞赛组织委员会、全国决赛承办单位、分省选拔赛承办单位和参赛学校组织实施的全国性竞赛。竞赛分为校级赛、省级选拔赛和全国总决赛三级赛事。

所有参赛学校、队伍都必须在“三创赛”官方网站（全国大学生电子商务“创新、创意及创业”挑战赛）上统一进行注册，以便规范管理和提供必要的服务。参赛队伍报名时应填写参赛队伍及助赛亲友情况，参赛题目可以在报名时间截止前确定。所有参赛队伍必须由本校“三创赛”负责人在官网上对参赛队伍进行审核通过。获得正式注册的参赛队伍须在校级赛之前 10 个工作日内在官网上传参赛作品摘要。摘要内容包括项目背景意义、主要内容、成果、创新点，描述文字在 100 字以上 300 字以下，摘要可持续更新。

保证各级竞赛的一致性，参赛题目、人员组成（包括指导老师及参赛学生）等基本信息在校级赛负责人审核时间截止后，一律不予修改。

二、参赛要求

参赛要求分为参赛人员要求和参赛作品要求两个方面。

（一）参赛人员要求

参赛对象是经教育部批准设立的普通高等学校的在校大学生，参赛人员经所在学校教务处等机构审核通过后方可参赛，具备参赛资格。高校教师既可以作为学生队的指导老师，又可以作为师生混合队的队长或队员（但教师总数不能超过学生总数）参赛。

参赛人员每人每年只能参加一个题目的竞赛，参赛队伍人数最少 3 个人，最多 5 个人，其中一人为队长。参赛队伍分以下两种。

（1）学生队，要求队长和队员全部为全日制在校学生。

（2）师生混合队，要求队长必须为教师，队员中学生数量必须多于教师（例如，由两名教师三学生组成师生队）。

（二）参赛作品要求

“三创赛”题目来源可以为国内外企业、行业出题，以及学生自拟题目等。“三创赛”提倡用不拘一格的选题参赛，以培养创新意识、创意思维和创业能力。

该赛事强调，所有参赛作品必须为参赛者未公开发表的原创作品，并不得在本“三创赛”之前参加过其他公开比赛。对于继承（迭代）创新的作品，一定要有显著的内容创新，并在文案中明确说明哪些为自己的创新（评审关注的就是创新的内容），如涉及侵权，参赛队伍则要自行承担相应的责任。

三、赛事安排

“三创赛”分校级赛、省级选拔赛和全国总决赛三个级别，参赛队伍必须在前一级竞赛

中胜出才可获得下一级参赛资格，参赛选手不能跨级参赛。

（一）校级赛

“三创赛”参赛学校应在大赛报名期内组建好校内竞赛项目工作组，争取社会（企业、政府等）的支持，对本校参赛队伍和指导教师给予尽可能的指导、支持和帮助。

各高校校级赛负责人必须在团队报名截止日期之前，在官网进行学校注册。注册时必须在赛事官网提交《校级赛备案申请书》（加盖校级公章）。审核通过后，学校可以对本校参赛团队进行管理和审核，对报名信息无误的团队给予审核通过，审核工作应在校级赛参赛队伍审核阶段内完成。

参赛学校应将《校内竞赛计划书》（模板可在赛事官方网站下载）在团队注册报名截止日期之前上传至赛事官网。

（二）省级选拔赛

“三创赛”省级选拔赛承办单位应在大赛报名期内组建好省级选拔赛竞赛组织委员会，争取社会（企业、政府等）的支持，对本省参赛学校给予尽可能的指导、支持和帮助，通过鼓励政策、保障措施等激励本省学生和教师参赛。

省级选拔赛承办单位须在赛事官网上注册申请“三创赛”省赛承办资格，并填写《省级选拔赛承办申请书》（加盖省级公章）。通过审核后，赛事秘书处将在赛事官网上公示该省级选拔赛承办单位授权书。

省级选拔赛竞赛组织委员会必须将《省级选拔赛计划书》（模板可在赛事官方网站下载）在竞赛开始的至少 15 天前通过赛事官网上报“三创赛”竞赛组织委员会秘书处备案、备查，如不按照此规定执行，“三创赛”竞赛组织委员会不承认该省的选拔赛有效。

进入省级选拔赛的参赛团队数以该省各高校的校级比赛中获得综合三等奖以上的团队数为基数，选拔进入省级选拔赛；每个学校参加“三创赛”省级选拔赛的参赛队伍不得超过 15 个。

（三）全国总决赛

“三创赛”全国总决赛承办单位应在赛事报名期内在“三创赛”竞赛组织委员会的指导下组建好全国总决赛竞赛组织委员会，争取社会（企业、政府等）的支持，通过鼓励政策、保障措施等激励全国各地的学生和教师参赛。

全国总决赛竞赛组织委员会应在总决赛开始的至少 45 天前将全国总决赛计划书（组织机构评审专家组、竞赛方式、日期和地点等）上报“三创赛”竞赛组织委员会秘书处审查通过、备案、备查。

参加全国总决赛的参赛团队数以各省级选拔赛现场赛团队数和校级赛获得综合三等奖以上的团队数为基数；每个学校参加“三创赛”全国总决赛的参赛队伍不得超过 5 个。

四、参赛指南

下面将对“三创赛”的评分细则进行介绍，帮助广大参赛者更好地筹备大赛。“三创赛”的评分细则如表 11-7 所示。

表 11-7

评分项目	评分说明	分值/分
产品或服务	对产品或服务的描述清晰，特色鲜明，有较显著的竞争优势或市场优势	15
实用性与创新能力	面向现实应用问题，具有解决问题的实用价值，体现出创新能力，对目标企业有吸引力	15
市场分析	对产品或服务的市场容量、市场定位与竞争力等进行合理地分析，方法恰当、内容具体，对目标企业具有较强的说服力	15
营销策略	对营销策略、营销成本、产品或服务定价、营销渠道及其拓展、促销方式等进行深入分析，具有吸引力、可行性和一定的创新性	15
方案实现	通过功能设置、技术实现等，设计并实施具体解决方案，需求分析到位，解决方案设计合理	20
总体评价	背景及现状介绍清晰；团队结构合理，成员工作努力；商业目的明确、合理；企业市场定位准确；创意、创新、创业理念出色；对专家提问理解正确，回答流畅，内容准确可信	20

第四节　参赛建议

一、激发创意，勇于尝试

很多学生看到参赛要求和规模，就望而却步。但仔细分析赛事分组可以发现，大赛将各个阶段的项目分组分得非常细致，目的就是为了鼓励大学生从产生创意想法的萌芽阶段就参加比赛。从创意组、初创组、成长组到就业创业组，这样的分类模式也是项目成长迭代的过程。从另一角度来看，好的项目从一个好的创意开始，有时行动比思考更重要。大赛鼓励学生积极思考、勇于尝试，不害怕失败。

大学生们要看到自己的天然优势：不受束缚的创意，大胆的想象，肯钻研的热情等。这些都是宝贵的创新创业的特质。不要害怕失败，不要害怕展示自己和团队，把每次比赛都当作是一次磨炼项目、锻造团队的机会，勇于尝试，不负青春！

二、提升认知，不断历练

大学生在创新创业方面的劣势是缺乏专业的知识、专业的辅助工具、专业的分析和解决问题的方法，这些都需要不断积累经验，需要专业的指导和培训。

很多在比赛中获胜的作品并不是第一次参赛，很多项目都经过屡败屡战最终才取得了让人羡慕的成绩，也有不少项目开展了很多年，才取得了一点点成果。一方面，一个成功的项目需要市场的实践来验证；另一方面，一个项目需要走完从创意到落地的完整过程，才算经住了考验，而这些都需要时间。

大赛是很好的平台，帮助参赛人员和众多选手互相学习、提升认知，最重要的是通过比赛得到历练、验证并及时弥补项目的不足之处。多次参加比赛，会积累参赛的经验，同时在

这些参赛过程中，也可以得到老师和专家的指导、培训，不断提升自我认知，不断完善项目。好的项目需要经过不断地打磨、纠错、修正，才能逐渐成长，而这些都需要创业者身体力行地经受所有的考验，才能摸索出来。

因此，参赛项目在第一次比赛后还有机会不断成长，即使没有取得理想的比赛成绩，也可以不断打磨项目和团队，等时机成熟后可选择再次参赛，以赛促建，以赛促长。

三、开阔视野，捕获商机

比赛的目的是让参赛者走进来，也走出去。走进大赛的活动中，根据标准化的赛制让自己站到一定的高度。走出去，将自己的项目展示给更多的人，这样可以“放大”创意的价值。更重要的是，被认知的过程也是认知自己的过程，找到差距也是寻找资源的开始。大赛为参赛者提供了直接的资源对接渠道，无论是指导还是项目落地，都能让创业者得到帮助，大大缩短了项目从资金注入到人员短缺环节的寻找周期，无形中为创业者开启了一扇商机之门。一个成熟的项目可以拿到种子轮融资，甚至A轮，B轮，还有创业扶持、孵化器入驻优惠等一系列措施的支持。对于大学生来说，这是一个非常好的项目落地的机会，能实现真正意义上的创业。

四、锻炼综合素质，为就业创业做准备

如果完全投入地参加比赛，将会在比赛中学到很多东西，提升综合素质，尤其是能够增强自己发现问题、分析问题、解决问题的能力。或许你大学里学到的理论知识将来在工作中用处不多，但是自身解决问题的方法和能力却是工作中必不可少的。在考研与面试中，亦是如此，你和别的大学生相比，大家都有本科毕业证、学位证、英语四六级证书等，但是如果你有参加就业创业等国家级比赛的经验，获得了国家级的奖励证书，那么这些都将会为你的求职面试、考研面试添上非常亮眼的加分项，而且能够体现出你和别人的不同，以及你的核心竞争力，更有利于你脱颖而出。

第五节　大赛案例分析

学生们应该积极参与各类别的赛事，在不同类别团体的比赛中进行历练。比赛对手的水平也许会参差不齐，但是规模大的比赛项目，其参赛选手水平相对要高一些。而学习和了解大赛获奖作品的特点，会对自己选择项目及了解比赛趋势有帮助。同时，了解大赛中参赛选手的作品，既可以学习他人的优点，也可以认识他人的不足，引以为戒，进行自我提高和完善。

获奖作品亮点解读无论是“创青春”大赛还是“互联网+”大赛，都和现代科技发展的脉搏息息相关。

一、科技创新项目领跑

将新科技中的移动互联网、云计算、大数据、人工智能、物联网、区块链等技术与经济社会的各领域紧密结合，利用这些新科技促进制造业、农业、能源、环保等产业转型升级，发挥互联网在社会服务中的作用，创新网络化服务模式，促进互联网与教育、医疗、交通金

融、消费生活等行业的深度融合，这既是国家的发展需求，也是时代的需要。

（一）人工智能项目

人工智能类的参赛作品，涉足领域非常广泛，包括制造业、信息技术、医疗、交通运输旅游、采矿、餐饮等。

1. 北京邮电大学的项目——人工智能影视制作

项目内容：从视觉影像的2D到3D实时转换，实现技术突破。

市场形势：市场上的2D影视转3D影视成本居高不下，人工智能的介入使其提效1000多倍。

商业模式：利用人工智能技术，实现了技术转换平台化，优化了3D产业链的重要一环——开放云服务平台，3D直播实现了全频道3D化。

这个项目从技术突破，到人工智能的介入让产品平台化，影响了整个3D产业的布局。这不仅仅是技术本身成熟发展的走向，更是产品的创始人员对整个生态链的思考和探索。

2. 海外高校的项目——人工智能数学学习平台

项目内容：利用人工智能技术将数学的学习方式智能化，例如，在运算过程中，可以触屏解题，显示解题步骤和解题逻辑。

竞争对手：市场上的类似产品只给出解题答案，对于学生学习能力的痛点，并不能有效地解决；在提高产品创新性方面，团队经过缜密统计，分析付费用户的心理特点，将产品的内容从全学龄段覆盖集中到升学段。

商业模式：经过不断地摸索，优化产品的商业模式，将商业模式从面向客户端扩展到面向企业端。例如，将产品推广给国外学校的教授，利用他们的影响力推广教材，教授时将其当作教材试用可以增加学生对该产品的使用次数，使教材更有成为指定教材的可能。

这个项目除了利用人工智能技术的亮点以外，在产品用户痛点的寻找和分析上下足了功夫，在对用户需求不断探索的过程中，逐步调整自己的产品走向，不断优化自己的商业模式。

（二）科技环保项目

在大赛中，海外高校的亮眼项目有不少是关于环保的，如减少环境污染、从垃圾废物中寻找对人类可用的材料等。大部分项目来自高校的课题，从课题研究转化成市场应用，项目的成果也令人惊喜。

1. 食物垃圾转换成高价材料

这个项目是关于将餐馆食物垃圾变成生物降解塑料的技术，该技术可用于玩具制造、软包装制作、3D打印线材和医疗等领域。在科研探索的过程中，项目的范围随着科研进展不断地发生着变化。

项目背景：早期的科研成果是将餐馆的食物垃圾转化为沼气，进而团队逐步了解了将废弃食品转化为其他材料的微生物学技术。随着科研的深入，他们研发出其他可以从食物垃圾中制造的产品。

项目内容：在研究了不同类型的生物橡胶和生物化学品后，团队发现生物降解塑料有巨大的市场潜力。生物降解塑料与其他形式的生物塑料相比具有许多优点，它具备热塑性，这意味着它可以很容易地被模塑和重塑成不同的产品。与许多其他形式的生物塑料不同的是，它在回收的过程中不会产生二次污染，也就是说它不会破坏回收过程。

竞争对手：除了产品特性的竞争优势以外，将食物垃圾转换成生物降解塑料这一方法比使用合成生物学的传统生产方法成本更低、更环保，材料被降解的时间更短。

商业模式：早期创业的资金来自创业大赛的参赛奖金，后期团队通过建立实验室，向相关工厂大规模销售原材料。可以发现，科研探索的结果在不断引导着创业者的决策，使创业者找到更有市场潜力、更有竞争力、成本更低、更环保的产品类型和定位。

2. 渔业废料生成纳米新材料

这个项目将鱼虾的废料外壳作为原材料，经过提炼，生成新的纳米材料。在未知研发结果的情况下，针对海洋的渔业废料展开科研，寻找可用物质。

项目背景：研发经历了4年的时间，找到了新生材料——纳米材料。

项目内容：这种纳米材料强度超过钢铁，重量比塑料轻，同时又安全环保、无毒无害。

竞争对手：在全球，目前没有竞争对手。该技术已申请多项专利，可应用于塑料、高分子材料、3D打印材料、能源储存和转换等。

商业模式：一方面是积累专利成果，另一方面是开发新材料，结合用户需求创造价值。

这个项目的特点是从科研的角度定位了环保、废物利用的方向。在未知研发结果的情况下，进行研究、探索渔业废物中的可用资源，并且，这一科研成果所具备的同行业的竞争力使其市场价值变得非常可观。

3. 废水处理变废为宝

项目内容：在废水的固体中提取了氮和碳，本来这些固体的废物是要被废弃的，现在提取出来变成了有用的工业原料。

项目挑战：说服别人为这样的长远规划进行投资需要花费很大力气。

竞争对手：目前竞争对手的提取物结果对环境的影响并不大，或者说成本很高。因此，产生有经济价值的产品，可以让环保的可持续性大大增强。

商业模式：一种是建立实验性项目后再推广，另一种是把技术许可给政府，进行后续推广。这个项目的缘起是科学家在新西兰发现了废弃物污染问题，而后进行了深入的科学研究。最初市场定位在新西兰，但市场比较小，后来转到市场比较大的中国，重新进行市场运营和市场规划。可见市场的定位不同也会影响产品的推进和商业模式的定位。

（三）科技能源项目

能源是人类生存和发展持续关注的话题，而高性能、低成本也是能源类产品不断追求的目标。因此，这类项目的科研从来没有停止过，而这类项目的“产学研”结合一直有着传统的优势。

1. 轻量级柔性电池储能

项目背景：多伦多大学的学生利用所学专业，将学生课题的科研成果转化成了产品，并推向市场。

项目内容：柔性电池可以折叠弯曲，可以应用在医疗手环中。客户群体是可穿戴制品的制造商。

商业模式：与合作伙伴有紧密的联系，不仅仅是提供一个产品，而是依托工程设计公司拥有的众多下游客户，作为上游供应商，为下游客户提供全方位的服务。另外，也和这些公司紧密联结，完成产品设计试用的过程，以提供真正满足客户需求的产品。

竞争对手：可穿戴设备的电池一般有两个问题，一是如果发生磕磕碰碰可能会出现意外情况，另一个是比较笨重。新型的柔性电池有极高的储能效率和储能容量，柔性的特点是即便弯折上万次，性能也变化不大。目前，该产品在世界上的同类产品不超过5种。

这个项目的特点在于，海外投资者比较保守慎重，通常需要看到实质性的进展才肯投资。经过在中国市场的扩展，团队寻找到更多的投资机会，使项目获得更大的发展空间。

2. 新型车载固体化学储氢系统

项目背景：日本丰田公司发布了氢燃料汽车，之后我国也开始大力推进类似项目。但是如何提升续航里程是该项目运行中的一大瓶颈。刚好某高校大学生的研究课题——“固体氢的储存”可以解决这个问题，他们就将课题研究方向和产业方向相结合，展开了进一步研究。

项目内容：面对氢燃料汽车，主要需要解决固体氢燃料的存储问题。让固体氢的转化率提高，同时要保证存储燃料的装置不会变形受损。

市场形势：市场上传统储氢装置密度低，容易受损变形。利用固体氢储存系统，可以让固体氢的转化率提高，同时让储氢装置更耐用。

商业模式：主要面向氢燃料汽车公司，提供高性能的固体储氢系统。

这个项目的特点在于性能测试需要的周期较长，一般要5年以上，因此从投资角度和推广角度来说都面临着比较大的挑战。

3. 超高性能电池

项目背景：高校针对硅碳负极产品进行了一系列的试验和研究，以期找到适合的应用领域。

项目内容：为电池厂家提供电子材料，硅碳负极产品是电池的主要原材料。

竞争对手：与通用的电动汽车相比，续航里程有大幅度提升，可以推动电动汽车的普及。

商业模式：面对的客户是整装电池厂厂商。先完成国内的试点，再从中国市场逐步推广到国际市场。

这个项目充分展现了高校的活力，并把高校的科研成果进行转化。而学生从科研人员转化为创业者，需要进行商业思维的训练和深度的思考。在高校进行科研转化的过程中，需要市场、劳动力、资金和政府的支持。当研发从实验室走出来，走进产业化的时候，梳理好高校、市场与厂家的几方关系变得越来越重要。最好事先就划分好责权，以便能方向清晰地持续前进。

二、项目孵化成熟度高

从比赛的赛制中我们不难发现，进入赛事的项目是按照项目发展的成熟度来划分的，从创意计划阶段，到实施初创阶段，根据公司注册的年限可以了解创业项目的成熟度。这样的赛制划分，让同类型的企业或者项目站在同一起跑线上进行衡量和比拼，对于评委来说，也更容易按照一致的标准评选出同类型作品中的佼佼者。

从近年进入决赛的作品中也不难发现，最终获奖的项目几乎都是运营了多年且孵化成功的项目。其中不少作品是多次参加同一赛事，虽然早期一直没有获奖，但是经过不断地打磨

孵化、迭代修正，最后获得成功的。

面对高规格的赛事，参赛者不能仅仅把它当成一项比赛，这个过程不亚于一场融资的初选、中选，以及最后路演终选的过程。

从评委的角度来看，项目孵化得越成熟，可以看到的市场效果越明显，对产品的市场化信心越充足，被选为优秀作品的可能性也越高。

从投资者的角度来看，由于投资者的投资方向不同，每个赛事分组都有投资者青睐的类别，因此从最终获得投资的比例来说，参赛的项目都有不少收获。

在“互联网+”大赛的赛事官网上，专门开辟了“投融资”板块，以帮助创业项目直接对接投资者，也便于双方查阅项目信息和投融资状态及阶段，让项目比赛中的所有优秀作品都能在平台上得到良好的展示。据统计，平均每年比赛会约有上千个项目成功获得投资。

三、营销人才需求度高

随着国家对高科技发展的大力支持，对互联网创新的大力主张，脱颖而出的项目带着越来越多的高科技的“基因”。特别是结合高校学生、融合“产学研”多领域的项目，更是具有浓厚的科研特色。创业团队多由大学生组成，他们大多是科研队伍中的佼佼者，在科学研究中的探究和学术钻研使他们在从课题研发到市场落地的过程中占有明显的技术优势。当完成了产品研发，需要进入市场化阶段的时候，就需要团队的人员具备市场营销方面的能力，这是很多初创团队建立之初很少考虑的因素。

单从大赛的获奖项目来看，95%以上的项目在未来需求上提出了对市场营销人员的需求并期待类似的人才加入团队。其中一些项目已经开始进行市场推广，并且在发展得相对成熟的项目中承担运营、营销角色的人员，多数是从研发团队转型到市场运营的大学生，并不是专业的市场人员。

可以理解的是，初创企业特别是以技术为核心优势的初创企业，在发展初期，市场营销推广并不是企业亟待解决的问题，因此团队成员的核心关注点多属于技术的攻关。但从企业长远规划来看，市场分析、用户痛点的定位、市场策略的制订等因素会直接影响早期研发的方向，甚至可以左右产品的一些关键功能的设计，也就是说，以用户需求为导向的产品设计是目前互联网时代的思维模式。团队人才整体的规划布局，自然应该全盘考虑到设计、生产、运营、维护等方面，这是在互联网时代更符合市场需求和用户需求的做法。

商业计划书

第一节 商业计划书概述

一、什么是商业计划书

商业计划书（Business Plan，BP）是公司、企业或项目单位为了达到招商融资和其他发展目标，在前期对项目科学地调研、分析，并在有目的地搜集与整理有关资料的基础上，根据一定的格式和内容的具体要求而编辑整理出来的一个向投资者全面展示公司和项目目前状况、未来发展潜力的书面材料。在创业大赛中，商业计划书是参赛的重要文档，也是对创业者、参赛者的商业运作情况的深入了解和检验手段之一。

撰写商业计划书，建议从一些参考模板入手。如果是参加赛事，一般相对正规的赛事都会对参赛者提交的文档有统一的规定，大到内容类别，小到字体、字号都会有要求，参赛者可以在规范中提高自己的认识。如果不是赛事，对于商业行为，也有可参考的文本，可以先海量参考案例，再研究自己的文案。另外，通过学习经典的商业计划书案例，参考既有的思路，对照自己的产品，学习经典的优势之处，完善自己的思考，最后再着手规划自己的商业计划书。看模板、学案例、写计划这三个步骤是撰写商业计划书的必经之路。

二、商业计划书的撰写要求

撰写商业计划书是一项非常复杂的工作，必须按照科学的逻辑顺序对许多可变因素进行系统地思考和分析，并得出相应结论。因此，要撰写一份内容真实、有效并对日后的生产经营活动有帮助的商业计划书，应遵循以下基本要求。

1. 信息的准确性和可靠性

如果想要撰写一份较为全面、完善的商业计划书，一项很重要的工作就是进行调研，并对所有的信息进行综合分析，以确定这些信息是否可以用来充实商业计划书。因此，撰写商

业计划书的首要要求就是信息要准确和可靠。在信息如此发达的时代，创业者可以通过许多渠道来搜集信息，真实可靠的信息不仅可以保证商业计划书的实用性，还可以让投资者更加信服。

2. 内容的全面性和条理性

商业计划书要尽可能全面地涵盖各个方面。如果创业者的项目很多，商业计划书就要对每个项目进行分析和比较，从而得出最优方案。一般来说，商业计划书有较为固定的格式，创业者可以按这些格式来撰写商业计划书，以便让潜在的投资者在看计划书时找到他想要重点关注的内容。除此之外，将存在的每一个问题及所需要的东西全面、有条理地展示出来，这也是撰写计划书的要求之一。

3. 叙述的简洁性和通俗性

商业计划书的全面性与简洁性之间并不冲突。简洁性是指商业计划书的叙述语言应当平实，最好是开门见山，让投资者明白创业者想要做什么，不使用过于艳丽的图片和过于夸张的语言文字。通俗性是指商业计划书中应尽量避免使用复杂的专业术语，尽量做到语句通俗流畅。

4. 计划的可实施性

在商业计划书中，要明确有哪些资源是可以利用的，并分析计划的定位。不管是在商业计划书撰写之前还是之后，创业者都应该通过市场调查等方法进行查漏补缺。通过这种经常性的调查，创业者可以对商业计划书中的不足部分进行调整，大大增加其可实施性。

第二节 商业计划书内容

商业计划书的内容往往会直接影响创业者能否找到合作伙伴、获得资金及其他政策的支持。因此，一份完整的商业计划书一般应包括封面、计划摘要、企业概况、产品服务介绍、行业分析、市场预测与分析、营销策略、经营管理计划、团队介绍、财务规划、风险与风险管理等内容。

一、封面

封面的设计要给人美感。一个好的封面会使阅读者产生最初的好感，形成良好的第一印象。商业计划书的封面应包括项目名称、团队名称、联系方式等内容，如果企业已经设计好了 Logo（企业标志图案），也可以在封面中展示出来。

二、计划摘要

计划摘要是商业计划书的主体部分，也是投资者首先要看的内容，它是整个商业计划书的精华和灵魂。因此，创业者在撰写计划摘要时要反复推敲，并涵盖整个计划的要点，以便在短时间内给投资者留下深刻印象。

1. 概述项目的亮点

采用最具吸引力的话语来解释为什么该项目是一个商机。通常可以直接、简洁地描述解决某个重大问题的方案或产品。

2. 介绍产品或服务

首先清晰地描述消费者当前面临的或未来将会面临的某个重大问题，然后说明该项目将怎样解决这个问题。最好采用通俗易懂的语言来具体描述企业的产品或服务，尽量不要使用复杂的专业术语。

3. 介绍行业前景

用科学、客观的语言来简要描述市场规模、增长趋势及美好前景。要有调查依据，必要时也可对调查的局限性作出说明。避免使用空洞、宽泛的语句。

4. 分析竞争对手

主要描述该项目的竞争优势和核心竞争力，当面对竞争对手时，创业团队预先设计了什么样的解决方案，每一种解决方案有什么优势与劣势等。此外，对如何保持该项目的核心竞争力也应该进行简短的描述。

5. 介绍团队

用简洁的语言展示创业者和核心管理团队的背景及成就。注意，不要用标准的套话，如“李萧，有 8 年的新媒体运营管理经验”。比较理想的描述为“李萧，曾在互联网公司从事 8 年数据存储方面的研究工作”。

6. 财务分析

一般使用表格（如现金流量表、资产负债表、利润表），将未来 1~3 年的核心财务指标展现出来。

7. 融资说明

陈述该项目期望的融资金额、主要用途及使用计划等。例如，融资 100 万元，出让 10% 的股权，用于新设备的购买。

三、企业概况

企业概况是对创业团队拟成立企业的总体情况的说明，明确阐述创业背景和企业发展的立足点及企业理念、经营思路和企业的战略目标等。

四、产品或服务介绍

在进行投资项目评估时，投资者非常关心产品或服务是否具有新颖性、先进性、独特性以及其他明显竞争优势，以及该产品或服务能否或能多大程度地解决现实生活中的哪些问题。因此，产品或服务介绍是商业计划书中不可或缺的内容。通常，产品或服务介绍应包括以下内容：

①产品的概念、性能及特性。

②产品的研究和开发过程。

③使用企业的产品或服务的人群。

④产品或服务的市场竞争力。

⑤新产品的生产成本和售价。

⑥产品或服务的市场前景预测。

⑦产品的品牌和专利。

在产品或服务介绍部分，创业者要对产品或服务做详细的说明，说明要准确，也要通俗易懂，使非专业的投资者也能看懂。一般来说，产品介绍应附上产品原型、图片或其他介绍等内容。

五、行业分析

一般来说，创业者在撰写商业计划书时，应该把行业分析写在市场分析前面。在行业分析中，创业者应该正确评估所选行业的基本特点、竞争状况和未来的发展趋势等内容。行业分析可以从以下四个方面展开。

①简要说明企业所涉及的行业。企业如果涉及多个行业，应该分别进行说明。

②说明该行业的现状。这一部分尽可能多用数字、图表等方式来展示所要传达的信息，如行业增长率、销售百分比等。

③说明该行业的发展趋势和前景。在预测行业的发展趋势时，创业者不仅要考虑微观的行业环境变化，还要考虑整个行业乃至整个社会的发展状况，并在此基础上对行业前景做简短的说明和预测。

④说明进入该行业的障碍及克服的方法。

六、市场预测与分析

行业分析关注的是企业所涉及的行业领域，而市场预测与分析则是将产业细分，并瞄准企业所涉及的细分市场。市场预测与分析应包括以下四个方面的内容。

1. 市场细分和目标市场的选择

市场细分和目标市场的选择是在商业计划书中的行业分析的基础上，找到企业具体的目标市场。它可以是一个细分市场，也可以是两个或者多个细分市场。在撰写商业计划书时，要对每个细分市场都进行详细分析和说明。

2. 购买者行为分析

购买者行为分析是专门针对目标市场的消费者所进行的分析。只有对目标市场的消费者进行深入了解后，企业提供的产品或服务才能满足他们的实际需求。在商业计划书中，这部分内容通常采用调查问卷的形式对购买者行为进行分析。

3. 竞争对手分析

对市场的竞争情况进行分析，也就是确定竞争对手，分析竞争对手所采用的销售策略及其所售产品或服务的优势等。对竞争对手进行详细分析，有助于了解竞争对手所处的位置，使企业能更好地把握市场机会。

4. 销售额和市场份额预测

市场预测与分析的最后部分是销售额和市场份额预测。有的商业计划书中将这一部分内容放在财务规划中进行分析。对销售额和市场份额进行预测时，可采用以下三种方法。

①联系行业协会，查找行业相关的销售数据

②寻找一个竞争企业，参考竞争企业的销售数据。

③通过网络、报纸、杂志渠道搜集行业内企业的相关文章，并从中找到可用数据。

七、营销策略

营销策略是商业计划书中最具挑战性且非常重要的部分，消费者特点、产品特征、企业自身状况及市场环境等各方面的因素都会影响企业的营销策略。商业计划书中的营销策略应当包括总体营销策略、定价策略、渠道与销售策略、促销策略等。

1. 总体营销策略

简单介绍企业为销售其产品或服务所采用的总体方法。

2. 定价策略

定价策略是营销策略中一个非常关键的组成部分。企业定价的目的是促进销售、获取利润，这就要求企业既要考虑成本，又要考虑消费者对价格的接受能力。定价策略的类型有折扣定价、心理定价、差别定价、地区定价、组合定价及新产品定价六种。

3. 渠道与销售策略

渠道与销售策略主要说明企业的产品或服务如何从生产者处到达消费者手中，具体分为两种策略：通过中间商和发展自己的销售网络。

4. 促销策略

促销策略即企业打算采用什么方法来促销产品或服务，一般来说，促销方式有 4 种：广告、人员推销、公共关系以及营业推广。在实际经营中，以上 4 种促销方式都是结合使用的，因此，促销策略又称为促销组合策略。

八、经营管理计划

经营管理计划旨在使投资者了解产品或服务的生产经营状况。因此，创业者应尽量使经营管理计划的细节更加详细、可靠。经营管理计划一般包括生产工艺和服务流程、设备的购置、人员的配备、新产品投产的计划、产品或服务质量的控制与管理等内容。

一般来讲，经营管理计划应阐述清楚以下六个问题。

（1）企业生产制作所需的厂房设备和设备的引进与安装问题。

（2）新产品的设计和研制、新工艺攻克和投产前的技术准备。

（3）物料需求计划及其保证措施。

（4）质量控制方法。

（5）产品单位成本计划、全部产品成本计划和产品成本降低计划等。

（6）生产计划所需的各类人员的数量、劳动生产率提高水平、工资总额和平均工资水平、奖励制度和奖金等。

九、团队介绍

在商业计划书中，创业者还应该对团队成员进行简要介绍，对其中的管理人员要详细介绍，如介绍管理人员所具有的能力、主要职责及过去的详细经历与背景。

此外，创业者还应对企业目前的组织结构进行简要介绍，具体包括企业的组织结构、各部门的功能和责任、各部门的负责人及主要成员等。

十、财务规划

财务规划可以使投资者据此来判断企业未来经营的财务状况，进而判断其投资能否获得理想的回报。财务规划的重点是编制资产负债表、利润表及现金流量表。

资产负债表。资产负债表反映企业在一定时间段的财务状况。投资者可查看资产负债表来得到所需数据值，以此来衡量可能的投资回报率。

利润表。利润表反映的是企业的盈利状况，即反映企业在一段时期内的经营成果。

现金流量表。现金流量表是反映企业在一定会计期间内，现金和现金等价物流入和流出的报表。现金流量表能够反映企业在一定期间内经营活动、投资活动和筹资活动所产生的现金流入与现金流出情况，能够为企业提供在特定期间内现金收入和支出的信息，以及为企业提供该期间内有关投资活动和理财活动的信息。

十一、风险与风险管理

在商业计划书中，创业者要如实向投资者分析企业可能面临的各种风险，同时还应阐明企业为降低或防范风险所采取的各种措施。投资风险被描述得越详细，交代得越清楚，就越容易引起投资者的兴趣。

企业面临的风险主要有战略风险、市场风险、管理风险、竞争风险、核心竞争力缺乏风险以及法律风险等。这些风险中哪些是可以控制的，哪些是不可控制的，哪些是需要极力避免的，哪些是致命的或不可管理的？这些问题都应该在商业计划书中作出详细说明。预估企业风险后，企业可以从以下角度来阐述风险管理的方式。

①企业还有什么样的附加机会？

②在最好和最坏的情形下，未来 3 年计划表现如何？

③在现有资本基础上如何进行扩展？

第三节　商业计划书撰写技巧

商业计划书是在对行业、市场进行充分调研的基础上撰写完成的。在编写商业计划书时，除了注意措辞准确、条理清晰，还应了解相关的撰写技巧和步骤。

一、商业计划书的撰写技巧

为了提高商业计划书的可读性和吸引力，创业者掌握一些商业计划书的撰写技巧是非常有必要的。

1. 关注产品

在商业计划书中，创业者要详细描述所有与企业的产品或服务有关的细节，包括产品正处于研发的哪个阶段，产品的独特性体现在哪里，产品的生产成本和售价是多少，等等。这样才能将投资者带入企业的产品或服务中，让投资者感受到企业产品或服务的优势和与众不同。

2. 条理清晰

清晰的布局结构可以使投资者快速找到他们的兴趣要点，提升其阅读兴趣。另外，不同的阅读对象对创业项目的关注点会有所不同，因此，撰写商业计划书时不能套用固定模板，而应该根据不同的阅读对象进行调整，突出重点。

3. 借助外力完善商业计划书

商业计划书草稿完成并获团队全体成员一致通过后，可以聘请专业的咨询师进行完善。因为专业的咨询师有与投资者和银行沟通交流的丰富经验，他们对商业计划书的撰写具有非常充足的经验，所以创业团队可以借助专业咨询师来完善自己的商业计划书。

4. 尽量使用第三人称

相对于频繁使用“我”“我们”，使用第三人称“他”“他们”会有更好的效果，这样会给投资者留下更专业和更客观的印象。

5. 注意格式和细节

在编写商业计划书时，不要使用过于花哨的字体，如艺术字、斜体字等，避免给人留下不够严肃正式的印象。另外，在商业计划书的细节处理上要多花一些心思，例如，在商业计划书的封面和每页的页眉或页脚都加上设计精美的企业 Logo。

6. 使用 PPT 展示

绝大多数投资者更喜欢 PPT 格式的商业计划书，因为 PPT 中的图文展示更直观，表现更丰富，便于创业者清楚讲述创业项目。另外，PPT 格式的商业计划书更适合在展示或路演时使用；而 Word 或 PDF 格式的商业计划书则适合后续的进一步展示，在内容上也更翔实。无论是哪种格式的商业计划书，将所有内容融会贯通、熟记于心都是必不可少的。

7. 阅读优秀的商业计划书

阅读他人优秀的商业计划书可以在一定程度上帮助创业者提高自己的写作能力。因此，创业者在编写商业计划书之前，可以多阅读其他优秀的商业计划书，从中找到灵感，并得到一定的启发。

二、商业计划书的撰写步骤

商业计划书的撰写可以分为以下六个步骤。

1. 经验学习

创业者大多都没有撰写商业计划书的经验，此时可以先通过网络搜集一些较为成功的商业计划书范文、模板及相关资料，研究这些资料所包含的内容和写作手法后，吸收其中的精华，理清自己的撰写思路。

2. 创业构思

一个优秀的创业构思对创业企业的成败起着至关重要的作用。如果创业者只是单纯地跟着别人的步伐来创业，那么很可能会以失败告终。因此，创业者在进行创业构思时，要冷静分析、谨慎决策，考虑多方面的问题，如项目的切入点是什么、如何寻找合适的创业模式、怎样找到投资者、怎样预见可能遇到的各种问题等。

3. 市场调研

市场调研就是市场需求调查，即通过运用科学的方法，有目的、有计划地搜集、整理、分析有关的信息，并提出调研报告，以便帮助管理者了解营销环境，发现问题和机会。市场调研的主要内容包括市场环境调查、市场需求调查、市场供给调查、市场营销调查和市场竞

争调查五个方面。

（1）市场环境调查。市场环境调查主要包括政治法律环境、社会文化环境、经济环境和自然地理环境等环境的调查。具体的调查内容可以是国家的方针、政策和法律法规，经济结构，市场的购买力水平，风俗习惯，气候等各种影响市场营销的因素。例如，最好不要在三线和四线城市开展与高端消费品有关的创业活动，因为这些城市消费者的购买力还不够高。

（2）市场需求调查。如果要生产或销售某个产品，应该对该产品进行市场需求调查。市场需求调查的主要目的是预估某个产品的市场规模的大小及产品潜在的需求量。创业者在对市场需求进行调查时，应重点关注以下问题。

①产品的需求量有多大？

②消费者的月/年收入是多少？

③让消费者产生购买行为的动机是什么？消费者喜欢以哪种方式进行购买？

④消费者能够接受的产品价格大概在什么范围？

⑤消费者在购买产品时是通过何种方式进行决策的？

⑥消费者对产品有什么其他的要求？

⑦产品最不令人满意的地方在哪里？

⑧消费者知道产品的途径是什么？

⑨同类型的产品，消费者更喜欢哪个品牌？为什么？

（3）市场供给调查。市场供给调查主要包括产品生产能力调查、产品实体调查等。创业者在对市场供给情况进行调查时，应重点关注以下问题。

①产品的生产周期有多长？

②产品的产量有多大？

③产品的特色功能是什么？

④是否满足了市场的需求？

⑤产品的规格是否符合消费者的使用习惯？

⑥产品进货的渠道有哪些？

除上述问题外，创业者还应对供应商的一些基本情况进行调查，如办公地址、负责人等，确保供应商的信誉没有问题，方便日后的长期合作。

（4）市场营销调查。市场营销调查主要是对目前市场上经营的某种产品或服务的促销手段、营销策略和销售方式等进行调查。创业者在对市场营销情况进行调查时，应关注以下问题。

①销售的渠道有哪些？

②销售的区域主要分布在哪些地方？

③该产品的主要宣传方式是什么？

④该产品有什么价格策略？

⑤该产品有什么促销手段？

对以上问题进行调查并分析，比较各个营销策略的优缺点，从而决定采取什么样的营销手段来销售产品或服务。

（5）市场竞争调查。市场竞争调查是通过一切可获得的信息来查明竞争对手的策略，包括竞争对手的规模、数量、营销策略、分布与构成等，以此来帮助创业者制订合理的营销战略，使其快速占领一定的市场份额，这样才能在激烈的市场竞争中占据有利位置。

4. 起草商业计划书

搜集到足够多的信息后，创业者就可以开始起草商业计划书了。由于商业计划书中包含的内容较多，创业者在制订计划时要明确各个部分的作用，做到有的放矢。同时，在撰写商业计划书的过程中，创业者还可以咨询律师或顾问的意见，确保计划书中的文字和内容没有歧义，不会被他人误解。

5. 修饰

商业计划书的封面要简洁有新意，并且封面的纸质要坚硬耐磨，尽量使用彩色纸张，但颜色不要过于夸张。装订要精致，要按照资料的先后顺序进行排列，并提供目录和页码，最后还要附上商业计划书中相关材料的复印件。

6. 检查

撰写商业计划书的最后一步便是对商业计划书的文本和内容进行检查，以保证商业计划书的准确和美观。

①对文本进行检查。主要是查看文字描述、语言措辞、数据运算等是否准确；表格图形、资料引用、格式、数据处理等是否存在不合理之处，一旦发现问题则立即更正。

②对内容进行检查。主要是从投资者的角度进行审视，对商业计划书所反映的内容的完整性、科学性和合理性等方面进行检查。

路　演

第一节　路演概述

合理有效的商业计划书推介，可以使创业者少走弯路，节省时间和精力。进行商业计划书推介最好的方式就是路演，路演可以将创业者的想法推介出去，增强投资者的信心，使商业计划书有“用武之地”。

一、路演的含义

路演是指在公共场所进行演说、演示产品、推介理念，以及向他人推广自己的企业、团队、产品和想法的一种方式。路演可以让投资者真正读懂企业的项目，从而做出更为准确的判断。

二、大学生常见的两种路演模式

路演是信息的传递过程，是在公共场所进行演说、演示产品、推介理念，并向他人推广自己的公司、团体、产品、想法的一种方式。路演的核心环节就是演讲环节和问答环节。这两个环节一般有严格的时间规定，有的是5+5分钟、7+3分钟，也有的是1分钟介绍，后面几分钟提问的形式。总之，创业者需要在非常有限的时间内阐述清楚自己的创意和产品并回答一些来自评委或投资者的问题。目前，大学生常见的路演模式有两类，可根据创业者项目的成熟度、需要和目标来匹配相应模式的路演。

1. 比赛路演

比赛路演，顾名思义，路演以比赛的形式进行。比赛型路演，特别是高校的路演，核心的目的是通过比赛的形式促进参赛者对创新创业的认识和行动，从而鼓励更多的人积极创新、勇于创新，拥有创业的自信心。

通常情况下，比赛路演会对参赛者的各个方面进行比较详细的规定。除了现场路演的比赛规则以外，对于参赛提交的文案也有更详细的指导。例如，提交文案的模板、字号、内容基本要求、页数等。这样的要求，旨在对参赛者基本的认知进行统一，也会使参赛者在创新创业类比赛的起步水平保持一定的水准，其指导性、学习性更强一些。特别是到了省市级、行业级别的赛事，为了起到宣传示范作用，会有媒体网络的介入，那么对路演的可观看性要求会更高。在展示方面对选手的现场表现、评分环节的设计都会有更多的要求，着眼点也会有所不同。当然，很多赛事也会结合融资环节，诱发更长远的商业行为，但比赛路演相比商业路演而言，更重要的笔墨是在展示宣传和推广上面。

2. 商业路演

商业路演，即用于商业行为的路演，其主要目的是促成投资者与创业者的对接。目前市面上主要有两类商业路演。

（1）开放式。开放式商业路演，对于观众而言是开放的。组织者欢迎各种有兴趣观看的人参与。对于路演的人来说，面对的观众人群比较复杂，参加路演的门槛比较低，可以尝试多次路演。

（2）封闭式。封闭式商业路演，由于观众不是随意开放的。观众都是定向邀请的，他们大多是投资界的专业人士或对路演项目有投资意向的人士。参加路演的创业者，也是有组织地被筛选出来的，并会按照既定的规则进行展演、交流等。相对于开放式路演而言，这种类型对项目和观演人员的要求会更高一些，投融资的目的性更强一些。

第二节　路演的准备

一、内容准备

（一）关注投资者视角

在内容准备上要多关注投资者或评委的视角，了解投资者或评委的视角关注点并力求能满足观众的诉求。投资者的关注点如下。

①项目的可行性。

②发起人与团队对项目的掌控力。

③商业模式是否清晰。

④项目目前执行进度。

⑤可能存在的风险。

⑥项目在市场上的发展空间。

⑦项目可衍生的成长空间。

（二）符合投资阶段和考核角度

投资者的投资目标精准，有自己关注的领域和阶段，对不同的阶段有不同的考核角度。因此，创业企业在不同的发展阶段应接洽不同阶段的投资者，对路演的内容也要进行相应的准备，这样自然能与投资者顺利对接。

①天使投资看“人”，主要看团队核心成员的个人能力。企业初创期，对核心领导人员的领导力、管理能力、方向把控、产品走向、市场洞察等依赖性更强，唯有核心成员的能力是可以衡量的主要不变因素。

②A 轮看项目潜力。当项目启动 1-2 年，商业模式打磨基本成形，在尝试运作模式有所成效的时候，主要看项目是否还有发展的潜力，投资者会通过项目发展潜力评估退出的可能性。

③B 轮看数据。当项目运作并开始有市场收益的时候，会积累大量的数据，特别是获客情况、市场反馈、转化效果、利润情况等，这些都是可以有力地说明产品的优势和市场前景的。

④C 轮看规模。当项目开始盈利，并且开始进入产品发展期，开始进入成熟期，站稳赛道，开始布局生态的时候，是否有潜在的规模能力是这个阶段投资者的主要关注点。

（三）遵循 3C 原则

路演对展示的时间进行严格规定。在有限的时间内力求遵循 3C 原则，能达到让听众易于理解、易于吸收的目的。3C 指的是清晰（Clear）、简洁（Concise）、能激发兴趣（Compelling）。

①清晰（Clear）：每个话题的开头直接讲明核心要点。

②简洁（Concise）：用一句话总结核心含义，不要进行冗长的解释。

③激发兴趣（Compelling）：从用户的角度提供使用场景，引用第三方数据增加可信度，精准分析竞争对手的优劣势，传达自身的清晰定位、务实的估值等

（四）路演加分项

①展示业绩，用数据说话。

②已经有一次融资（天使融资即可）。

③有 1~3 年的历史数据。

④曾在其他赛事中获奖。

⑤团队差异化互补，且其他股东成员有较高的成就或较强的专业能力。

⑥有较高的技术壁垒，不可复制性强。

⑦有较高的战略格局。

（五）路演失分项

①路演主讲人为非核心人员。

②内容假大空，战略太多，执行数据过少。

③顶撞评委。

④项目商业模式不清晰。

⑤主讲人气场不足。

⑥对评委所提的问题，回答得不明确或不令人满意。

⑦纯 APP 项目、网络平台项目。

二、提问准备

路演展示后一般是提问环节。投资者或评委的提问主要集中在以下几个方面。投资者的

问题关注点应该是对展示时表达不清楚的问题做进一步探寻，或者是深一层次的追问和明确。

（一）公司运营

①公司的愿景是什么？

②公司名字的由来？

③公司的管理架构和团队分工如何？

④作为大学生，如何确保能兼顾学业和公司经营？

⑤你们目前发展受到最大的制约是什么？

⑥你们做大企业的优势是什么？

⑦你们未来3~5年的规划是什么？

（二）产品或服务

①你的产品的独特优势是什么？

②你的技术是否已经商用化了？

③你的产品成本如何控制？

④你产品的最大卖点是什么？

⑤你的主要竞争对手是谁？

（三）市场推广

①你们进入的市场规模如何？是怎么得来的？

②你们获客的手段有哪些？

③你们的运营方式有哪些？转化率如何？

④你们对市场未来乐观预期的依据是什么？

⑤渠道方和你们合作的理由是什么？

⑥对销售渠道是否有扩展规划？

（四）财务情况

①你们的运营成本如何？

②你们何时开始有收入？

③你们何时实现收支平衡？

④你们如何让投资退出？

⑤你们是否需要融资？融资将如何使用？

⑥你们准备进行何种类别的融资？（股权、债权、天使、风险投资公司、战略投资者）

⑦你们是否做好引进投资的准备？（发展阶段、技术、业务、管理、人才、心理……）

⑧你们的股权架构如何？

（五）风险评估

①公司发展面临最大的风险是什么？

②你们是否在风险防范上有措施？

③你们是如何规避核心人才流失的？

④你们是如何确保创业团队稳定的？

⑤你们是如何应对其他公司的模仿的？

⑥公司的壁垒是什么？

三、路演 PPT 准备

一份图文并茂、文字精练的 PPT，可以为创业者提示思路，让投资者抓住项目重点。因此简洁、清晰、有力是制作路演 PPT 时必须遵循的原则。下面将从路演 PPT 的篇幅、制作和内容上来介绍其制作方法。

（一）篇幅

路演 PPT 的篇幅控制在 15 页内为宜。创业者应根据路演台本上标注的重点，把想要强调的关键词内容，如产品或服务、市场状况、竞争情况、商业模式、团队介绍、融资需求等醒目地展示给投资者。

（二）制作

从制作的角度来说，制作路演 PPT 应注意以下几点。

（1）PPT 的版式设计、色彩风格要统一。色彩使用切忌超过 4 种，字体运用不超过 3 种（但不适用于创业者所要展示的项目跟艺术相关时）。

（2）能用图就尽量不用文字，切忌使用过多的文字。路演更注重的是演讲，如果 PPT 上内容太多，会占据投资者大部分的注意力，影响演讲效果。

（3）在话题承接的地方，可以使用过渡页或问句引入下一个话题，以吸引投资者的注意。图 13-1 所示即为路演 PPT 过渡页的制作效果。

图 13-1　路演 PPT 过渡页的制作效果

（三）内容

下面是制作路演 PPT 时应包含的要素，仅供参考，创业者可以根据具体的情况进行灵活的调整。

（1）项目名称页，主要包含企业 Logo 和项目名称。创业者可以用一句话把项目介绍清楚，用最大的亮点吸引投资者关注。

（2）痛点（需求）与时机页，展示创业者发现了什么样的需求，目标用户有哪些痛点，为什么现在是进入市场的最好时机等内容。创业者在讲述该页时应尽量营造真实的应用场景，引起投资者的共鸣。例如，创业者可以提问："出门坐公交车没有零钱怎么办?"

（3）解决方案页，向投资者讲述目前针对该痛点的解决方案是什么，有哪些弊病，是不是还有更好的方案等内容。

（4）市场规模页，向投资者讲述他们最关心的市场问题。如果是人尽皆知的市场，创业者可以不讲或者只简单介绍一下，否则需要详细解释。此外，创业者也可以拿某些已成功的案例来类比自己的项目。

（5）产品或服务展示页，进行产品或服务展示，突出其核心竞争力，把产品或服务的特色转化为投资人的利益。

（6）竞争优势页，详细说明自己的竞争优势，尽量用表格、图片来直观展示自己的竞争策略，或相对于竞争对手的优势。

（7）商业模式页，参考商业模式布局，梳理业务逻辑与消费者、合作伙伴之间的关系，说清楚具体的盈利模式。

（8）团队页，主要说明这是一个志同道合、互信互补、凝聚力超强的团队。同时，要突出团队核心成员的亮点，如名校高才生、名企高管、连续创业者、拥有独占资源等，介绍团队成员是如何帮助项目更好发展的。

（9）融资计划页，主要说明企业将以什么方式分配股权，出让多少股权，融资数量多少等内容。如果路演 PPT 非融资型，此页可以忽略。

（10）结束页，最后强调一次项目的亮点，如项目愿景，或者再次展示企业的联系方式等。

第三节　路演的技巧

现在项目路演的机会越来越多，部分创业者可能参加了多次路演，但效果都不太理想，原因之一就是他们没有掌握路演的技巧。下面具体介绍路演的技巧。

（一）路演的内容

路演的内容就是要向投资者传达的内容，也是路演是否成功的一个重要因素。路演的内容一定要符合路演所讲的主题，并具备良好的逻辑性，创业者在介绍时一定要抓住要点。如果时间充裕，创业者在路演前可以多排练，以保证对内容充分熟悉。

（二）语音、语速、语调

语音就是要发对音，语调就是要有感情，强调语音和语调的主要原因是创业者需要声情并茂地将项目信息传达给投资者，让投资者更易接受和理解。

在语速问题上，创业者需要考虑两方面的因素。首先，要使投资者能够清楚地了解创业者传达的信息要点；其次，创业者要保持良好的节奏感，应在指定时间内不急不缓地完成一场完整的路演。

因此，创业者应注意以下两点内容。

（1）语速要做到该快的时候快，该慢的时候慢。

（2）精准评估路演时间。假设创业者要做一场 8 分钟的路演，那么就一定要根据时间准备内容，然后根据要点调整语速，从而使整场路演完成得更为完美。

（三）个人状态

在向投资者推介自己的创业项目时，创业者要表现出充满激情、积极向上的个人状态，要展现出对自己项目的信心和意愿，以及自己为项目付出巨大努力的准备。

（四）肢体语言

肢体语言就是利用身体部位来传达思想，如手势、面部表情等。使用肢体语言的目的除了沟通外，最重要的是与投资者进行互动，让投资者感受到创业者对他们的关注度。

（五）路演答辩技巧

路演的第一条注意事项就是严格控制时间。如发言时间为 30 分钟，最后得剩余 5 分钟用来回答问题，那么创业者就必须在 25 分钟之内结束演讲，不能超时。

另外，创业者应尽可能多了解演讲场地的情况，避免因不熟悉场地而出现紧张忘词、材料和演示工具准备不足、时间把握不好等问题。

（六）体现个人素质

投资者需要创业者有聆听的能力。如果创业者在推介自己的项目时只顾表现自己而不顾投资者的感受，那么就很难让自己的项目得到投资者的青睐。与此同时，创业者需要诚实地回答投资者的问题，不要过分夸大，要让投资者觉得创业者是可以信任的。

（七）运用数据支持

创业者应运用数据明确地告诉投资者企业的目标人群、项目实施计划和产品的竞争优势，同时还要给投资者提供一份详细准确的财务预测。虽然数据略显枯燥，但是创业者应该牢记，只有数据才是最直观、最有说服力的。

（1）[illegible]

（2）情境评估后的时间，假设创业者要做一场3分钟的路演，那么就一定要把握时间在3分钟内，然后根据这方面来展开，从而使整个路演完成得更为完美。

（三）个人状态

在向投资者推介自己的创业项目时，创业者要表现出充满激情、积极向上的个人状态，要向投资人展现自己的信心和毅力，以及自己投入项目团队的[illegible]

（四）肢体语言

肢体语言就是利用身体部位来传达思想，如手势、眼神交流等。能够使演讲内容的目标得到加分外，最重要的是与投资者进行互动，且投资者要受到创业者对项目的重视度。

（五）路演答辩技巧

路演时第一条需要遵守的就是严格遵守时间，如果路演时间为30分钟，一般保留5分钟用来回答问题，那么创业者就必须在25分钟之内结束路演，不能拖延。

另外，创业者在路演之前要了解清楚路演的情况，避免出现紧张慌乱的现象出现，以及准备不足、时间把控不好等问题。

（六）体现个人素质

投资者会通过创业者的谈吐来判断其能力，如果创业者在推介自己项目时只想表现自己而忽略投资者的感受，那么就很难让自己的项目引起投资者的兴趣。另一方面，创业者需要做好对投资者的尊重，不能过分自大，要让投资者觉得创业者是可以信任的。

（七）运用数据支持

创业者在运用数据说明时最好有在该行业的门槛数据，同时还能够计算产品的竞争优势，同时还要有较好的表达能力，在行业领域的财务预测、经营数据等分析，但是在上台时要牢记，只有数据才是最直观、最有说服力的。

第四篇

科技创业实施落地

企业创设流程

第一节　建设创业团队

一、创业团队的意义

对于进行创业活动的大学生而言，创业的过程也就是将自己的身份变为创业者的过程。只有做一个合格的创业者，才有可能取得创业的成功。而在创业的历史中，我们也发现，往往许多成功的创业者并非单打独斗，而是都围绕着一个创业团队，新创企业的基石就是一个优秀的团队，一个既有统一意志又能分工合作，并且具有强大凝聚力和战斗力的团队。

创业团队是指在创业初期（包括企业成立前和成立初期）由一群理念相同、才能互补、责任共担、有共同目标的人所组成的特殊群体。马克・扎克伯格曾经说过："对于一位想要闯出属于自己的一片天地的创业者来说，组建一支优秀的团队是非常重要的事情，这也是我个人一直在做的事情。"打造一支优秀的团队，对于创业者来说是至关重要的工作之一。

二、创业团队的特征

创业团队不同于普通的大学生团队，其具有明显的特征。一个完整的创业团队需要具备以下几个特征。

（一）有共同的价值观

共同的价值观是创业团队成立和存在的基石，对创业团队具有导向、凝聚、约束和激励的作用。如果团队成员有共同的价值观，那么在创业初期，团队成员就会团结一致，齐心协力向创业目标迈进。

（二）有共同的愿景

相较于多数传统成熟的行业按部就班地工作，创业团队需要在不断探索中对组织结构和创业产品不断进行优化，这就意味着每个人都需要有很强的自我驱动力才能推进团队集体的进步，而这种自我驱动力来源于共同的愿景。团队成员需要紧密合作，既各司其职，又互相帮助。只有团队获得成功，才能使每个人都获得最大利益。当创业者拥有共同的愿景时，更容易建立起这种心理契约和创业氛围，从而组成一支高效协作的优秀团队。

（三）有能干的团队成员

团队成员是创业团队成功的关键因素，只有适合创业、能力较强的成员加入创业团队，并使成员充分发挥各自的才能，创业企业才能持续良好的经营。

（四）有明确的定位

创业团队的定位有两层含义，一是创业团队的定位。该层次的定位应回答这样一些问题：团队在企业中处于什么位置？由谁选择团队的成员？团队最终应对谁负责？二是创业者的定位。包含创业者在团队中所处的位置、所承担的任务及相应的职责和权力等。即应回答以下问题：创业者在团队中扮演什么角色？负责制订计划还是具体实施？大家共同出资后，如何管理？是一致推举某个人参与管理，还是共同参与管理，或是聘请第三方（职业经理人）管理？创业实体的组织形式是采取合伙制还是公司制？

只有拥有明确的定位，创业团队才能够有条不紊地发挥应有的能力。

（五）有合理的计划

凡事预则立，计划是创业团队的行动指南，周详的计划是创业团队成功的前提。目标最终的实现，需要一系列具体的行动方案，因此可以把计划理解成实现目标的具体工作程序。制订创业计划时，要充分考虑创业企业外部环境、企业自身优劣势等因素。计划不仅要服务于创业团队的短期目标，还要有利于创业企业长期战略目标的实现。另外，计划一定要具有可行性和可预见性，否则对目标的实现没有任何帮助。计划要从众多的方案中选择最优方案，从而使得创业团队的资源得到最合理、最有效的利用。合理详尽的计划也能为创业企业今后的管理控制活动提供一定的依据，使创业团队的发展方向与目标要求尽量保持一致，从而保证创业目标的顺利达成。

三、创业团队的优势

与个体创业相比，组建创业团队具有无可比拟的优势，创业团队的作用主要包括如下方面。

（一）优势互补

个人的能力是有限的，一个人无法兼顾所有事情。只有找到可以取长补短、彼此协助的伙伴，才能够更顺利地达成目标。通过优势互补建立起来的创业团队，能发挥每个人的特点，将个人能力运用到极致，最终达到 1+1>2 的效果。

（二）风险共担

创业团队是一个整体，具有一荣俱荣、一损俱损的特点。团队成员共同对企业运营过程中可能出现的问题负责，当资金不足时，团队成员可以平均分担；当技术出现问题时，可以共同协商解决。每个人分工合作又互相关怀、帮助，使企业维持正常运转。这种共同努力、

奋斗的精神，减轻了个人创业的压力，分散了创业的风险。

（三）辅助决策

所谓“一人计短，两人计长”，创业者自身的认识和判断总是有缺陷的，需要具有判断能力和识别能力的合作伙伴来提出建议，而这些建议对决策具有参考价值，能帮助创业者做出正确的决定。

（四）增强竞争力

个人的力量往往比不上团队，企业发展到最后，比拼的不再是创业者个人的能力，而是创业企业的人才储备、合作伙伴和资源。创业团队中拥有越多的人才，越能够构建一个团结向上、乐观进取的氛围，使企业在激烈的竞争中始终处于有利的地位。

第二节　科技型创业团队的组建原则和误区

一、组建创业团队的原则

组建科技型创业团队，首先要考虑到团队成员的基本知识和能力的要求，其次是按照创业过程中所需要成员承担的职能来定位，特别是考虑到科技型创业团队的对于科技创新能力的要求。一般来说，我们需要注意以下几个原则。

（一）人数合理原则

创业初期往往资金与资源有限，不足以支撑起一个庞大的专业团队，创业团队应该保持“麻雀虽小，五脏俱全”的模式，在人员构成可以保证企业高效运作的前提下尽量精简。创业团队的人数不宜过多，且分工需要明确，才能最大比例地分享成果，保证工作速度快，效率高。

（二）能力互补原则

组建创业团队的目的在于弥补创业目标与自身能力之间的差距。只有当团队成员相互间在知识、技能、经验等方面实现互补时，才有可能通过相互协作发挥出协同效应，因此，团队成员之间要做到诚实守信、志同道合、取长补短、分工协作、权责明确。所以针对科技型创业团队而言，需要有科技创新型人才，管理型人才，销售型人才等，这样才能弥补创业目标与自身能力之间的差距。

（三）目标明确原则

目标是任何事业成功的基础，创业团队务必要确定统一、合理、明确的目标，不仅可以帮助团队成员看清创业的方向，而且会激励创业团队齐心协力，取得成功。

（四）持续学习原则

创业环境复杂，市场瞬息万变，科学技术不断更新，在这种外部环境之下，科技型创业团队成员尤其需要具备持续学习的能力，否则会面临被淘汰的局面。

（五）动态开放原则

创业是一个充满了不确定性的过程，团队中有成员可能由于能力、观念等方面的原因离开，同时也会有新成员加入。在组建创业团队时，创业者应注意保持团队的动态性和开放性，使真正适合的成员留在创业团队中。

二、组建创业团队应避免的误区

一支优秀的创业团队能够提高创业活动的成功率，但创业团队本身也会出现各种问题，可能反而会阻碍创业活动的进行，创业者在组建创业团队时需要有意识地避免一些常见误区。

（一）排斥竞争

有些创业者认为竞争是负面的，团队内部不能有竞争。这种观点是错误的。在团队内部引入竞争机制，不仅可以在团队内部形成“学”“赶”“超”的积极氛围，推动每个成员不断自我提高，保持团队的活力，而且可以通过竞争筛选、发现更能适应某项工作的人才，保留最好的，剔除最弱的，从而实现团队结构的最优配置，激发出团队的最大潜能。

（二）兄弟主义

不少创业团队在组建过程中，过于追求团队的人情味，认为“团队之内皆兄弟”，而严明的团队纪律是有碍团结的。这就导致了管理制度的不完善，或出现虽有制度但执行不力的情况。实际上，严明的纪律不仅可以维护团队的整体利益，在保护团队成员利益方面也有积极的意义。

（三）宣扬牺牲

很多创业者认为，培育团队精神就是要求团队的每个成员都要牺牲小我换取大我，放弃个性，否则就违背了团队精神，是个人主义在作祟。其实，团队精神的实质不是要团队成员牺牲自我，而是要充分利用和发挥团队每个成员的个体优势去做好这项工作。只有不断地鼓励和刺激团队成员充分展现自我，最大限度地发挥个体潜能，才能使团队成员迸发出更大的能量。

（四）依赖思想

每个人都有惰性，在单独一个人的时候或许还能克制自己，但是在团队中就容易滋生依赖思想，在工作中滥竽充数，影响工作效率。而且这种浑水摸鱼的思想具有传染性，很容易扩散开，导致成员互相推诿。

（五）成员同质化

很多创业者会以同一个标准来寻找团队成员，导致团队成员在性格、处事方式等方面相同或相近，这样的成员看待问题的切入点和角度相似，往往无法发挥团队成员的互补作用，出现了问题也没有人能够发现并弥补。

第三节　创业团队的组建渠道和步骤

一、创业团队组建渠道

在组建创业团队之初，对大学生而言，最困难的是组建渠道，人才从哪里来？以下提出几个方向，创业者们可以打开思路，不拘一格，组建理想的创业团队。

(一) 校园渠道

对于大学生而言，社会关系与人脉资源相对比较简单，同学是很重要的伙伴渠道。除了同学，校友甚至老师都可以成为项目的合伙人。很多优秀创业团队的人才渠道都是同学、校友、老师等。

(二) 兴趣社团渠道

在社会团体、俱乐部、相关公益组织中都能找到志同道合的人，并且大家的背景相对比较多元，能够满足“能力互补”的团队组建原则。

(三) 专业技术圈

如果你的创业方向是从科学技术为导向的，而团队中又缺少满足要求的专业技术人才，那可以多参与一些专业技术圈的交流活动，一方面了解现在的技术进展，另一方面可以与相应的技术圈保持良好沟通，以积累人才资源。

(四) 投资者

对于大学生创业者来说，投资者是打开人脉的重要渠道。通常，投资者在投资创业项目时，会专注于某一个或某几个领域，对这一领域的人员情况也相对比较熟悉。如果能够取得投资者的信任，从他手中获得联合创始人的资源，也是个不错的选择。

二、创业团队的组建步骤

创业团队的组建是一个复杂的过程，在不同的现实条件、不同的创业模式下，组建创业团队的步骤并不相同，但是概括来讲，组建创业团队的程序应该包括以下几个步骤。

(一) 识别创业机会

识别创业机会是组建创业团队的起点。如果在创业机会的市场层面拥有优势，就需要更多的市场开拓方面的人才；如果在创业机会的产品层面拥有更多的优势，就需要更多的技术人才。

(二) 明确创业目标

创业目标是创业者希望通过创业活动达成的预期结果，只有拥有了一个明确的、鼓舞人心的创业目标，使各成员对未来拥有共同的愿景，创业团队才会向着共同目标努力奋斗。创业团队的总目标确定之后，为了推动团队最终实现目标，必须再将总目标加以分解，设定成若干可行的、阶段性的子目标。

(三) 制订创业计划

在将总目标分解成为一个个阶段性子目标之后，创业团队的组建就要开始研究如何实现这些目标——制定周密的创业计划。创业计划是向创业目标迈进的蓝图，是对创业活动构想的全面说明，一份周密的创业计划需要确定在创业不同阶段中应完成的任务，并通过逐步实现阶段性目标最终实现创业总目标。

(四) 充实团队成员

充实团队成员是组建创业团队的核心步骤，在寻找团队成员时，首先需要确保志同道合、目标一致，共同的目标和经营理念可以将团队成员凝聚在一起。同时，还要考察团队成员的性格、技能、知识能力，选择有互补性特点的成员，这样有助于加强团队成员间的合作。此时创业者一定要注意控制团队规模，团队规模对团队运作有非常重要的影响，规模过小无法发挥团队的功能和优势，规模过大则会导致团队交流出现障碍甚至团队分化，影响团队的工作效率。

在科技型创业团队中，技术型人才是最关键的资源之一。所以要采取多种方式吸引技术持有者加入创业团队。技术型人才可以以工业产权等方式作为出资方式。因为技术的发明者是最熟悉该技术的人，将其雇佣成为创业项目的员工，可以节省培训费用，还体现了创业团队能力互补的原则。

（五）团队职权划分

根据创业计划的需要，具体确定每个成员所要担负的职责以及相应的权限，团队成员间职权的划分必须明确，既要避免重叠和交叉，又要避免遗漏。并且，由于创业过程中面临的环境较为复杂，会不断涌现新问题，团队成员可能会不断更换，因此做职权划分时也需要随时调整。

（六）构建管理制度体系

创业团队制度体系体现了创业团队对成员的控制和激励，可以分为约束制度和激励制度两类。约束制度主要包括纪律条例、组织条例、财务条例、保密条例等，其作用是约束团队成员的行为，保证团队的秩序稳定；激励制度主要包括利益分配方案、奖惩制度、考核标准、激励措施等，其作用是充分调动团队成员的积极性，最大限度发挥团队成员的作用。

（七）团队整合

强大的创业团队并非一开始就能建立起来，很多时候创业团队是在企业创立一段时间之后才逐步形成的。随着团队的运作，创业团队在人员安排、制度设计职权划分等方面的不合理之处会逐渐暴露出来，这时就需要对创业团队进行整合。

第四节　选择合适的企业形式

根据我国现行法律、法规的规定，企业要参与市场经济活动，首先必须取得合格的市场主体资格。而取得主体资格的唯一途径就是通过工商登记注册，设立企业。

不同的创业方式，不同的商业模式，不同的创业资源配置，使创业活动适用不同的组织形式。只有对创业企业的组织形式有了深入的了解后，大学生创业者才能做出正确的选择，找到适合自己的企业组织形式使创业活动事半功倍。

一、企业的组织形式

企业的组织形式是指企业存在的形态和类型，企业采用何种组织形式，对企业的经营发展具有重大的影响。现代企业主要包括公司与非公司企业两种。

（一）公司

公司是依照《中华人民共和国公司法》（简称《公司法》）在中国境内设立的企业法

人，是适应市场经济社会化大生产的需要而形成的一种企业组织形式，即公司是一类特殊的企业。公司又包括有限责任公司和股份有限公司两种类型。

（1）有限责任公司。又称为有限公司，指由符合法律规定的股东出资组建，股东以其出资额为限对公司承担责任，公司以其全部资产对公司的债务承担责任的企业法人。而在有限公司中有一个特例，即一人有限责任公司。一人有限责任公司简称“一人公司”“独资公司”，是指只有一个自然人股东或者一个法人股东的有限责任公司，一人有限责任公司的股东不能证明公司财产独立于股东自己的财产的，应当对公司债务承担连带责任。

（2）股份有限公司。又称为股份公司，其注册资本由等额股份构成，股东通过发行股票筹集资本。我国《公司法》规定，股份有限公司是指其全部资本分为等额股份，股东以其所持股份为限对公司承担责任，公司以其全部资产对公司的债务承担责任的公司。

（二）非公司企业

非公司的企业形式包括个体工商户、个人独资企业、合伙企业。这些非公司企业都不具备法人资格，不能独立享有民事权利和承担民事义务

（1）个体工商户：是指在法律允许的范围内，依法经核准登记，从事工商业经营的自然人或家庭。个体工商户业主只需一个人或一个家庭，人数上没有过多限制，注册资本也无数量限制，开办手续比较简单。这类组织只需要业主有相应的经营资金和经营场所，到工商部门办理登记手续即可开业。

（2）个人独资企业：简称独资企业，是指由一个自然人投资、全部资产为投资人所有的营利性经济组织。独资企业是一种很古老的企业组织形式，至今仍被广泛运用，其典型特征是个人出资、个人经营、个人自负盈亏和自担风险。

（3）合伙企业：是指由两个或两个以上的自然人通过订立合伙协议、共同出资经营、共负盈亏、共担风险的企业组织形式。合伙企业又分为普通合伙企业和有限合伙企业。在普通合伙企业中，所有合伙人承担同等无限连带责任；有限合伙企业由普通合伙人和有限合伙人组成，普通合伙人对合伙企业债务承担无限连带责任，有限合伙人以其认缴的出资额为限对合伙企业债务承担责任。

通常大学生创业时会选择的组织形式是个体工商户、个人独资企业、合伙企业和有限责任公司。因不同企业组织形式各有各的特点，如表 14-1 所示，在创业初期，应该根据实际情况进行对比分析。

表 14-1　不同企业组织形式特点

	个体工商户	个人独资企业	合伙企业	有限责任公司
有无法人资格	无	无	无	有
业主（股东）数量	一个人或家庭	一个人	两人及以上	1~50 人
债务责任	无限	无限	无限	有限
创立成本	低	低	中	高

续表

	个体工商户	个人独资企业	合伙企业	有限责任公司
集资能力	弱	弱	中	强
风险	集中	集中	中等	中等
税务	个人	个人	个人	企业、个人

二、新创企业组织形式的优劣势

除特殊的个体工商户外，有限责任公司、一人有限责任公司、股份有限公司、个人独资企业和合伙企业 5 种企业组织形式都是大学生创业者常采用的企业组织形式，它们各有优劣，大学生创业者应该了解其具体优势与劣势。

（1）有限责任公司：有限责任公司股东只对企业承担有限责任，不用担心搭上个人的其他资产，风险较小；公司的所有权与经营权分离，更能适应市场竞争；多元化的产权结构有利于科学决策。但是有限责任公司设立程序比较复杂，同时因为不能公开发行股票，筹集资金的规模和途径受限。

（2）一人有限责任公司：一人有限责任公司设立比较便捷，运营和管理成本较低。但是公司的筹资能力受限，财务审计条件也较为严格。

（3）股份有限公司：股份有限公司股东只对企业承担有限责任，风险较小；公司产权可以以股票的形式充分流动；可以公开发行股票，筹资能力强。但是股份有限公司的创立程序复杂，法规要求严格，企业需要定期报告自身财务状况，公司的相关事物无法严格保密。

（4）个人独资企业：个人独资企业设立、转让和解散等行为的手续简便且费用低；企业经营灵活性强，可迅速对市场变化做出反应；在技术和经费方面易于保密。但是创业者需要承担无限责任，且不易从外部获得信用资金，融资困难。同时企业的成功非常依赖创业者的个人能力。

（5）合伙企业：合伙企业设立较为简单和容易；企业经营具有高度的灵活性；信用度较高，企业资金来源较广。但是合伙企业财产的分割和转让很困难；在合伙人有分歧时企业的决策困难；合伙人的个人因素也会在很大程度上影响企业的经营。

三、如何选择企业的组织形式

每种企业的组织形式都有其自身的特点，大学生创业者在选择企业组织形式时，需要综合考虑拟创业的行业、自身风险承担能力、税务、未来融资需要及经营期限等方面因素，要多咨询、多比较、多考虑，根据自己的实际情况选择一个最适合创办企业的组织形式。企业组织形式各有利弊，但总体来说，选择合适的企业组织形式要考虑以下因素：

（一）拟创业的行业

选择企业组织形式首先应当考虑的因素就是行业可以采用哪些形式，因为对于一些特殊

的行业，我国法律规定只能采取特定的形式，如律师事务所不能采用公司制形式，而银行、保险等金融行业则必须采用公司制形式。对于法律有强制性规定的行业，大学生创业者只能按照法律的要求执行，若法律没有强制性要求，则大学生创业者可以自行决定。

（二）创业者的风险承担能力

企业组织形式与大学生创业者日后承担的风险息息相关。公司制企业股东仅以出资额为限承担有限责任，而普通合伙制企业投资人、个人独资企业投资人都要承担无限责任。可以说，选择后两种企业组织形式，大学生创业者要承担更大的风险。

（三）税务的优惠政策

不同的企业组织形式所缴纳的税是不同的，个人独资企业和合伙企业的生产经营所得计征个人所得税，公司制企业既要缴纳企业所得税，又要在向股东分配利润时为股东代扣代缴个人所得税。因此，从税负筹划的角度看，选择个人独资企业和合伙企业税负更低。但是，对于一些特殊企业，如高新技术企业和小微企业，在可以享受税收优惠政策的情况下，公司制企业或许税负更低。

（四）未来融资的需求

如果大学生创业者资金充足，拟投资的事业资金需求也不大，则采用合伙制和有限责任公司制均可；如果日后发展业务所需资金规模非常大，则建议采取股份有限公司组织形式。

（五）经营期限

个人独资企业和合伙企业的运营与大学生创业者的人身依附性非常强，根据我国企业经营现状，以上两种企业的经营期限均不长。而公司制企业除出现法定解散事由或约定解散事由外，理论上是可能永远存续的。因此，如果大学生创业者希望企业长久发展，则建议采取公司制企业形式。

第五节　企业设立的流程

一、发起人发起并签订设立协议

发起人协议，也称为设立协议、投资协议或股东协议书，目的是明确发起人在公司设立中的权利与义务。其主要内容包括：公司经营的宗旨、项目、范围和生产规模、注册资金、投资总额以及各方出资额、出资方式、公司的组织机构和经营管理、盈余的分配和风险分担的原则等。

二、订立公司章程

章程内容应当包括：

（1）公司名称和住所；

（2）公司经营范围；

（3）公司注册资本；

(4) 股东的姓名和住所;

(5) 股东的出资方式、出资额和出资时间;

(6) 公司的机构及其产生办法、职权、议事规则;

(7) 公司的法定代表人;

(8) 股东会议认为需要规定的其他事项。

公司章程是公司设立的基本文件,只有严格按照法律要求订立公司章程,并报经主管机关批准后,章程才能生效,也才能继续进行公司设立的其他程序。

三、申请名称预先核准

企业名称是企业形象的首要元素。建议结合企业经营范围设计准备3~5个名称。一般由“行政区划+字号+行业+公司类型组成”,字号要准备3~5个名字,避免重复,提高核名的成功率;然后申请名称预先核准,采用公司名称的预先核准制,可以使公司的名称在申请设立登记之前就具有合法性、确定性,从而有利于公司设立登记程序的顺利进行。

进行预先核准申报:工商局去领取一张“企业(字号)名称预先核准申请表”,填写拟定的公司名称,由工商局上工商局内部网检索是否有重名,如果没有重名,就用此公司名称。通常名称的保留期为6个月,企业可以在保留期限内完成其他设立程序。

有限责任公司申请名称预先核准,应由全体股东指定的代表或共同委托的代理人向公司登记机关提出申请,提交下列文件:

(1) 全体股东签署的公司名称预先核准申请书;

(2) 股东的法人资格证明或身份证明;

(3) 公司登记机关要求提交的其他文件。

公司登记机关决定核准的,会发《企业名称预先核准通知书》。

四、办理公司设立前置审批

这一程序并非所有有限责任公司的设立都要经过的程序。一般公司只直接注册登记就可,仅对于法律行政法规规定必须报经批准的,应办理批准手续。须审批的有两类;一是法律法规规定必须经审批的,如证券公司;二是公司营业项目必须报经审批的公司,如烟草买卖方面的公司。另外,国企改造过程中改组为有限责任公司的也必须经过审批。

五、申请验资出具验资报告

现在注册公司实行的是认缴申报制,那么可以把验资这个环节延后,这也大大降低了创业的门槛,为大学生创业提供了便捷条件。

六、申请设立登记

为了获得行政主管部门对其法律人格的认可,公司设立程序中一个必不可少的步骤,即是向公司登记机关申请设立登记。申请人为全体股东指定的代表或共同委托的代理人。成立公司需要批准的,应在批准后90日内申请登记。申请时应向公司登记机关提交以下文件:

（1）公司董事长签署的设立登记申请书；

（2）全体股东指定代表人或共同委托代理人的证明；

（3）公司章程；

（4）股东的法人资格证明或自然人身份证明；

（5）载明公司董事、监事、经理的姓名、住所的文件以及有关委派、选举、聘用的文件。

（6）公司法定代表人任职文件和身份证明；

（7）企业名称预先核准通知书；

（8）公司住所证明；

（9）公司必须报经批准的，还应提交有关的批准文件。

自 2015 年 10 月 1 日起，创业者只需要在工商部门领取营业执照即可，原来的工商营业执照、税务登记证、组织机构代码证三证合一，节省了审批申办程序。

七、登记发照

登记机关对申请登记时提供的材料进行审查后，认为符合条件的，将予以登记并发给企业法人营业执照，有限责任公司即告成立。只有获得了公司登记机关颁发的营业执照，公司设立的程序才宣告结束。公司可凭企业法人营业执照刻制印章、开立银行账户、申请纳税登记、并以公司名义对外从事经营活动。有限责任公司成立后，应当向股东发放出资证明书，并制备股东名册。出资证明书应载明：公司名称；公司成立日期；公司注册资本；股东姓名或名称、交纳的出资额和出资日期；出资证明书的编号和核发日期，并加盖公章。股东名册应记载：股东姓名或名称及住所；股东的出资额；出资证明书编号。股东可以依股东名册主张行使股东权利。

创业融资

融资，是企业根据自身的生产经营状况、资金拥有的状况以及未来经营发展的需要，通过一定的渠道筹集资金，以保证企业正常生产与经营管理活动有效进行的行为。大学生创业者要想凭借自己的技术或者创意来创业，就必须解决好融资问题。

第一节　大学生创业资金筹集的难点

一、创业项目缺乏新意与吸引力

创业项目决定创业成败，好的创业项目能在市场竞争中占据主动地位，而没有新意的创业项目则缺乏吸引力。这些问题主要表现在以下几个方面：

1. 大学生创业项目科技含量不高

缺乏创意，容易被同类竞争淘汰，并且投资回报率较低。

2. 创业项目缺乏真正的商业前景

很多大学生对自己项目的市场预测过于乐观，没有进行细致的市场调查，使得创业项目缺乏实际可行性。

3. 创业项目的投资回报周期过长

很多创业大学生的项目存在“理想成分多、前期投入大、资金回流时间长”等问题，而投资人更倾向“短、平、快”的项目，从而造成投资人的投资意向明显下降。

二、创业政策体系缺乏支撑和系统性

当前，各级政府机构部门和高校对大学生创业倾力关注，尤其是在创业专项基金、创业孵化基地、创业贷款政策等方面给大学生提供了很多支持和帮助。但许多鼓励大学生创业的政策，随意性较大，缺乏支持和法律保障，同时持续性不够，主要表现在以下两个方面。

1. 创业政策缺乏专门机构的统一管理

政府帮扶大学生创业的优惠政策散布于各个部门，如教育部、人力资源和社会保障部、共青团中央等多个部门都出台了扶持大学生创业的相关政策，但是没有专门机构对这些政策进行监管，政策效力明显减弱。

2. 创业政策缺乏科学合理性

从现有相关部门出台的创业政策来看，多为指导性的思想和方针，缺少简单可行的具体实施细则。

三、创业融资缺乏渠道和操作性

目前，大学生创业资金来源主要依靠内部资金支持和外部资金支持。内部资金支持主要以父母、亲朋好友的资助和个人积蓄为主；外部资金支持则以银行小额信贷、创业扶持基金、风险投资基金等为主。内部资金支持金额少，方式较为简单；外部资金支持金额较大，但受限条件较多，主要表现在以下几个方面。

1. 银行贷款门槛高

由于大学生的初创企业项目通常规模小、还款能力弱，导致许多学生的硬件条件达不到银行申请贷款规定的要求。

2. 创业基金申请条件高

现在很多创业基金对学生创业项目的科技创新技术、场所面积、团队人数、行业要求等都有一定要求。

3. 风险投资少

在西方发达国家，大学生创业资金的重要来源主要依靠风险投资。风险投资引入中国的时间较短，社会风险投资市场也不够成熟，现有的比较成型的天使投资公司仍然较少，创业投资资金也就更少，难以满足众多大学生创业者的资金需求。

第二节　大学生创业资金筹集的对策

创业资金不足，再好的创业项目都可能受到限制，因此大学生创业道路上首先要解决的就是创业资金问题。根据上面的原因分析，解决大学生创业资金筹集困难的问题，必须从以下几个方面着手。

一、自筹资金

对于大学生创业者来说，由于其处在起步阶段，贷款额度和能力都有限，因此相当一部分资金需要依赖自有资本。自筹资金是大多数创业者的首选方式，如向亲戚、朋友、同事、同学等借钱作为创业启动资金。这是一种最简便可行的方式。当然创业者也应该注意不管创业成功与否，都要及时归还所借款项。

二、银行贷款

国家信息中心的一项调查表明，80%以上的创业者由于不知道怎么样贷款，或者根本就不敢向银行贷款，而与“大好商机”错过。从目前的情况来看，银行贷款有以下五种形式。

1. 担保贷款

担保贷款指以担保人的信用为担保而发放的贷款。随着国内中小企业信用担保体系的建立和完善，目前各地均出现了专业的信用担保机构。如果创业者持有合格的抵押品，就可以通过担保公司向银行申请担保贷款。

2. 质押贷款

质押贷款是指以借款人或第三人的动产或权利作为质物发放的贷款。比如可以将未到期的存款单、国债等作为抵押物，从而从银行获取贷款。

3. 抵押贷款

抵押贷款是指按照《担保法》规定的抵押方式，以借款人或者第三人的财产作为抵押物发放的贷款。抵押物的范围是符合法律规定的有价值和使用价值的固定资产，比如房屋和其他地上建筑物、交通运输工具、机器设备等可以流通、转让的物资或财产。

4. 贴现贷款

贴现贷款是指借款人在急需资金时，以未到期的票据向银行申请贴现而融通资金的贷款方式。贴现贷款和质押贷款的区别是：贴现是由银行购买借款人的未到期票据，而质押则是产生了财产占有权的转移。

5. 信用贷款

信用贷款是指以借款人的信誉发放的贷款，借款人不需要提供担保。相对抵押贷款而言，信用贷款更加便捷和人性化，没有抵押，手续便捷。对于大学生来说，要养成良好的信用习惯，保证良好的信用记录，否则无法凭借信用成功获得贷款。

三、政策扶持

为了缓解大学生的就业难题，支持大学生创业，我国各级政府和相关机构出台了许多优惠政策，涉及融资、开业、税收、创业培训、创业指导等各方面。“大众创业、万众创新”已经成为我国发展的国策。企业中若拥有科技含量高的产业或优势产业，可以申请政府扶持基金。若创立的是科技型中小企业，可以申请地方政府的创新基金。

四、天使融资

天使融资是权益资本投资的一种形式，它是自由投资者或非正式风险投资机构对原创项目构思或小型初创企业进行的一次性前期投资。那些给处于困难中的创业者带来投资和帮助的投资人又被称为“天使投资人”。他们往往独具慧眼、思维前瞻，这些投资人在公司产品和业务成型之前就把资金投入进来。他们通常是创业企业家的朋友、亲戚或商业伙伴，由于他们对该企业家的能力和创意深信不疑，因而愿意在业务远未开展起来之前就向该家企业投入大笔资金。

作为大学生创业团队，可以使用以下方法找到自己的“天使”，解决企业资金投入问题：

（1）直接去找自己心目中的“天使”。

（2）参加天使投资人的聚会并提交自己的创业计划书或做一些有关项目的展示。

（3）利用中介机构去联系天使投资人。

五、私募股权融资

私募股权投资是指通过私募形式对非上市企业进行的权益性投资，在交易实施过程中附带考虑了将来的推出机制，即可以通过上市、并购或者管理层回购的方式，出售所持的股份从而获利的投资形式。

第三节　大学生如何建立科创板

一、什么是科创板

科创板是独立于现有主板市场的新设板块，并在该板块内进行注册制试点。主要服务于符合国家战略、突破关键核心技术、市场认可度高的科技创新企业。重点支持新一代信息技术、高端装备、新材料、新能源、节能环保以及生物医药等高新技术产业。设立科创板是落实创新驱动和科技强国战略、推动高质量发展、完善资本市场基础制度、激发市场活力和保护投资者合法权益的重要安排。在这样的市场定位下，科创板要顺利落地生根、茁壮成长，很关键的一点是要打好“创新牌”。

从市场功能看，科创板应实现资本市场和科技创新更加深度的融合。科技创新具有投入大、周期长、风险高等特点，间接融资、短期融资在这方面常常会感觉力有不逮，科技创新离不开长期资本的引领和催化。资本市场对促进科技和资本的融合、加速创新资本的形成和有效循环，具有至关重要的作用。这些年，中国资本市场在加大支持科技创新的力度上，已经做了很多探索和努力，但囿于种种原因，二者的对接还留下了不少“缝隙”。很多发展势头良好的创新企业远赴境外上市，说明这方面仍有很大提升空间。设立科创板，为有效化解这个问题提供了更大可能。补齐资本市场服务科技创新的短板，是科创板从一开始就要肩负的重要使命。

众所周知，股票市场是分为几个不同板块的。首先是主板市场，在主板市场上市的企业多为大型成熟企业，具有较大的资本规模以及稳定的盈利能力，所以主板市场定位为给大型蓝筹企业提供融资服务。其次是中小板市场，中小板市场主要是针对中小型稳定发展，但还未达到主板上市要求的企业。再次就是创业板市场，创业板市场的主要目标是扶持高成长性的中小企业。

根据企业的成长性质来分，主板市场和中小板市场是相对成熟企业的市场，所以被并称为一板市场。创业板市场是针对成长期的企业的市场，被称为二板市场。一板、二板市场均属于场内市场。有了一板、二板，下面自然是三板、四板。三板、四板市场主要是股份转让的挂牌行为，而不是真正意义的上市。以上被称为多层次的资本市场，满足不同层级投融资主体的多样化需求。

科创板定位于符合国家战略、具有核心技术、行业领先、有良好发展前景和市场认可度的企业。

创立科创板，目的是推进科技型创新型企业的发展，使其得到更多的资本支持，增强资本市场对实体经济的包容性。

二、科创板上市发行的要点

1. 投资者门槛

个人投资者参与科创板股票交易，需要有 2 年的交易经验，并且至少有 50 万元证券资产。设置投资门槛，并不是为了把投资人拦在科创板大门之外，实际上是对风险承受能力不强的投资人的保护。

2. 涨跌幅设置

我国股市尚未建立健全的价值投资理念，若对股价不设置涨跌幅，则市场风险较大，甚至可能引发系统风险，所以为了防止过度投机炒作，在一板、二板市场上，对股票交易涨跌幅的限制一般是 10%，但使股价完全由市场的供求关系决定，不设置涨跌幅限制是更好的制度安排，因而科创板对交易制度做了重大突破，涨跌幅限制扩大到 20%，提高市场流动性。对于首次公开发行上市的股票，上市后前 5 个交易日不设涨跌幅限制。

3. 强化信息披露

发行人披露盈利预测的，若非不可抗力，实际利润未达到盈利预测的 80%的，则法定代表人、财务负责人应在股东大会及证监会指定报刊上公开解释并道歉。若实际利润未达到盈利预测的 50%的，证监会在 3 年内不受理该公司公开发行证券的申请。所以，发行人信息披露必须要符合要求。

4. 注册制

我们知道，证券发行可以采用核准制或者注册制，两者的本质差别就是由谁来判断发行证券的品质。所谓核准制，发行人申请上市前，需要提交材料由证监会审核，证监会对发行人材料的真实性、投资价值做出判断，不符合条件的禁止上市。而注册制下，证监会只负责审查发行人提交的资料是否符合信息披露义务，不管公司质量如何，不禁止证券发行，由投资人自行去做价值判断。注册制使发行效率大大提升，信息更加透明，减少了人为干预。这就需要投资者更加专业，对被投资公司要做深入分析研究，进行价值发现。把对公司的判断交给市场来完成，符合市场规律。

简化一下科创板的注册流程，大致是这样的：

（1）上交所进行审议，对发行人进行问询。

（2）上交所出具审核意见后，将申请文件报送证监会走注册程序。

（3）证监会主要关注审核内容有无遗漏，披露信息等是否符合规定。

5. 允许尚未盈利企业上市

我们知道，在主板、中小板上市对企业都会有盈利性要求。但以持续盈利为唯一指标，可能会让资本市场错过一些有潜力的企业，如今在科创板，对于亏损企业，也有上市的机会。我们通常通过几个维度来看一家企业好不好，科创板不以持续盈利为唯一指标，而以市值为基础，采用多样化标准。

发行人申请在上海证券交易所科创板上市，市值及财务指标应当至少符合下列标准中的一项：

（1）预计市值不低于人民币 10 亿元，最近两年净利润均为正且累计净利润不低于人民币 5 000 万元，或者预计市值不低于人民币 10 亿元，最近一年净利润为正且营业收入不低于人民币 1 亿元。

（2）预计市值不低于人民币 15 亿元，最近一年营业收入不低于人民币 2 亿元，且最近三年累计研发投入占最近三年累计营业收入的比例不低于 15%。

（3）预计市值不低于人民币 20 亿元，最近一年营业收入不低于人民币 3 亿元，且最近三年经营活动产生的现金流量净额累计不低于人民币 1 亿元。

（4）预计市值不低于人民币 30 亿元，且最近一年营业收入不低于人民币 3 亿元。

（5）预计市值不低于人民币 40 亿元，主要业务或产品需经国家有关部门批准，市场空间大，目前已取得阶段性成果。

医药行业企业需至少有一项核心产品获准开展二期临床试验，其他符合科创板定位的企业需具备明显的技术优势并满足相应条件。本条所称净利润以扣除非经常性损益前后的孰低者为准，所称净利润、营业收入、经营活动产生的现金流量净额均指经审计的数值。

6. 允许同股不同权架构企业上市

在主板上市必须同股同权，而科创板可以同股不同权，这里的不同权是指表决权差异，发行人可以发行有特别表决权的股份，对于每一特别表决权股份拥有的表决权数量，大于每一普通股拥有的表决权数量，但不得超过每份普通股份表决权数量的 10 倍。这就被称为同股不同权，这种结构主要是保护公司创始人能维护控制权，从而推动公司发展。

7. 优化股份减持制度

缩短科创板上市公司的核心技术人员股份锁定期，由 3 年调整为 1 年，期满后每年可以减持 25%的首发前股份。

8. 最严退市要求

上市公司股票被实施退市风险警示的，在公司股票简称中冠以“ * ST” 字样，以区别于其他股票。ST 是 specialtreatment 的缩写，表示特殊处理。公司触及退市标准的，则直接退市，对于在科创板上市的企业，出现如下交易情形的，要终止其上市：

（1）连续 120 个交易日累计股票成交量低于 200 万股。

（2）连续 20 个交易日股票收盘价低于股票面值。

（3）连续 20 个交易日股票市值低于 3 亿元。

（4）连续 20 个交易日股东数量均低于 400 人。

总之，科创板的设立，是实施创新驱动发展战略，是深化资本市场改革的重要举措。

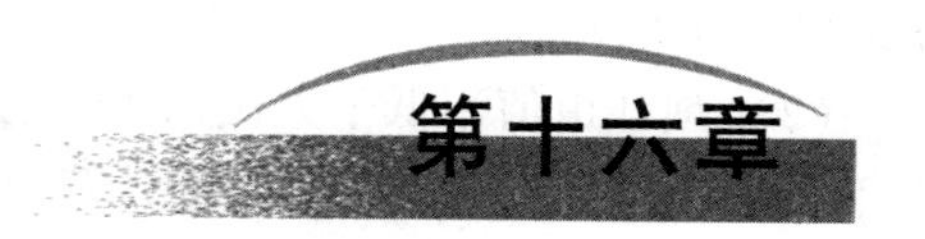

科技企业孵化器管理

第一节　科技企业孵化器概述

一、科技企业孵化器的内涵和特征

孵化器，是一种新型的社会经济组织，20 世纪 50 年代发源于美国。它通过提供研发、生产、经营的场地、通讯、网络与办公等方面的共享设施，系统的培训和咨询，政策、融资、法律和市场推广等方面的支持，降低创业企业的创业风险和创业成本，提高企业的成活率和成功率。

科技企业孵化器是以促进科技成果转化、培养高新技术企业和企业家为宗旨的科技业服务机构，是一个以制度性框架和中介性体系为根本特征的智能服务产业，是一种新型的社会经济组织，是培育高新企业的摇篮，承担着培养科技创业企业和加速科技成果转化的重任。

科技企业孵化器为创业者提供良好的创业环境和条件，帮助创业者把发明和成果尽快形成商品进入市场；为创业企业提供公共设施和服务，帮助新兴的小企业迅速长大形成规模；通过提供研发、生产、经营的场地，通讯、网络与办公等方面的共享设施，系统的培训和咨询，政策、融资、法律和市场推广等方面的综合服务支持，降低创业企业的创业风险和创业成本，提高企业的成活率和成功率。

科技企业孵化器的五大特征包括有：共享空间、共享服务、孵化企业、孵化管理人员、协助落实企业的优惠政策。

1. 共享空间

孵化企业的物理空间共享，包括基础办公空间、会议空间、基础设施、公共设施（公共实验室、中式车间、大型通用仪器、通用测试平台等）等。

2. 共享服务

提供新办企业咨询服务，协助企业办理工商注册、税务登记等。提供孵化服务，包含数

据处理、法律协助、咨询与培训、要素资源服务、信息化服务等

3. 孵化企业

提供管理咨询服务包括一般性商务代理服务和制定战略、管理制度、人力资源管理制度、市场分析、专业知识培训等。

协助企业组织技术鉴定，成果报奖、新闻发布、市场推广。

协助企业疏通资金渠道，提供创业资金、担保资金、风险投资等资金支持，为创业企业提供融资平台。

引进银行、风险投资公司、律师事务所、会计师事务所等配套服务和中介咨询服务机构，为企业提供各项综合服务。

4. 孵化管理人员

为企业提供政策、管理、金融、税务、法律、市场、财务等讲座、培训，应企业要求举办专项培训，培养、培训企业管理人员。

组织企业间的联谊活动，交流企业发展经验，开展业务合作。

协助企业组织人才招聘活动，为企业办理科技人才调动、接转组织关系、提供代管户口、档案、技术职称资格评定等服务。

5. 协助落实孵化企业的优惠政策

指导企业申报各级各类项目计划，争取资金支持。

协助孵化企业申报“高新技术企业”“高新技术产品”等，协助企业落实相关政策；

协助落实孵化企业财政扶持政策和各类创业优惠政策。

协助企业办理出国交流、访问、进修等手续，组织企业人员参加国内外各种考察和培训。跟踪毕业企业，继续为其提供相应服务。

二、科技企业孵化器的功能和作用

（一）科技企业孵化器的功能

1. 培育科技企业

美国国家企业孵化器协会（NAIA）认为，企业孵化是一个商业企业发展的动态过程，孵化器孵化年轻企业，在他们非常脆弱的启动时期帮助其生存并成长，孵化器为企业提供管理帮助，将企业引向融资之道，为危机企业暴露风险并提供技术支持服务。

所以，我们认为科技企业孵化器是培育和扶持高新技术中小企业的服务机构，孵化器通过为新创办的科技型中小企业提供物理空间和基础设施，并且提供一系列的服务支持，降低创业者的创业风险和创业成本，提高创业成功率，促进科技成果转化，帮助和支持科技型中小企业成长和发展，培养成功的企业和企业家。

2. 培育科技企业家

科技企业孵化器是科技人才、科技成果的聚集平台。在孵化器建设中，同时也注重人文环境建设，促进创业文化的形成；在功能上成为研发人员、创业人员、企业家、风险投资者的信息交流场所。科技企业孵化器本身要注重创业管理人才队伍建设，同时在企业管理、市场开拓、投融资、财税和法律等方面形成培训和咨询能力，加快进入科技企业孵化器的科研人才、创业者和为适应发展需要的、富有创业精神的科技企业家成长，其中包括一大批高新技术企业和企业家。科技企业孵化器是区域经济的活力之源，是科技型中小企业的摇篮，以为区域经济培养具有成长性的高新技术企业和富有创新创业精神的企业家为目的。

3. 吸纳科技人才

科技企业孵化器和科技园区作为创新、创业的战略高地，大力发展高科技创业企业，推动高科技产业群的形成。而高科技产业群的形成也带来了科技人才的集聚。

科技企业孵化器作为科技成果转化的有效载体和科技人才创业的战略基地，充分发挥政府科技投入的杠杆作用，通过创业中心数量的扩张和素质的提升，创建更多的社会资本流向创业企业的机制，在更大更广阔的空间上为科技成果转化和科技人才创业创造良好的环境和条件。

（二）科技企业孵化器的作用

1. 加速科技成果转化

根据《中华人民共和国促进科技成果转化法》的定义，科技成果转化是指为提高生产力水平而对科学研究和技术开发所产生的具有实用价值的科技成果所进行的后续试验、开发、应用、推广直至形成新产品、新工艺、新材料，发展新产业的活动。

科技成果转化是科技和经济结合的重要渠道，是促进企业技术进步和经济社会发展的强大动力。孵化器通过聚集科技成果、聚集科技人才、聚集转化资金和聚集转化政策，为科技成果转化为科技产业营造了平台。入驻孵化器的科技初创企业无不是以科技成果转化而实现创业的。孵化器内科技创业企业的高成功率也标志着孵化器转化科技成果的高成功率，从而加速了科技成果的转化。

2. 促进高新技术产业发展

以企业孵化为己任的孵化器，不仅是科技企业成长壮大的温床，也是高新技术产业发展的源泉。特别是专业化孵化器使相关同行技术企业高度集中于一个地方，有一定实力的专业化孵化器还建有科学实验、检测、加工等共享技术设施，产业相关技术企业的集聚和技术溢出效应，形成信息的集中、人才的集中、技术的集中与互动、中介机构的汇聚、共同市场的形成、创业资金的融会与周转，使得孵化器成为技术创新的集聚地。这些特点都有力地促进了高新技术产业的发展。

不少高科技成果通过进入孵化器进行转化，形成产品，建立企业，为社会提供新型商品和服务。

3. 培养科技创新人才

由于扶持科技创业，各种资源纷纷汇聚于孵化器，技术、人才、资金、政策、服务等资源在孵化器这个平台上充分整合，企业与企业、企业与大学和研究院、企业与创业投资机构、企业与中介服务机构开展多方面的交流与合作，实现资金、技术、人才等要素资源的互动与集成，满足了科技创新小企业成长的需要，对自主创新起到积极的推动作用。最重要的是使科技人才在这个环境中能够在获得资金、政策、信息的支持的同时，也能使自己的科技成果迅速转化，接受市场的检验。同时，通过市场的检验和反馈来进一步促进科技成果的完善和更新，企业与大学和研究院的紧密合作关系也能使科技人员能及时便捷地获得各种技术培训。科技人员通过科技企业孵化器里的信息网络平台也能迅速掌握国内外的相关技术发展动态和第一手资料，从而在科技企业孵化器这样的环境里快速成长为具有开拓创新精神的实战型科技人才。

三、国内大学孵化器概述

1. 清华大学（启迪之星）

"孵化器+基金"的模式，依托于启迪控股，每年滚动出资、持续投资初创企业的孵化和天使投资基金，孵化流程分为三个阶段：第一阶段3个月，提供免费场地，对接资源，获得10万到50万人民币的种子投资；第二阶段，如果团队质量不错，引入启迪天使基金，再投50万到100万人民币；第三阶段是对接其他天使基金。退出机制：A轮开始退一点，B轮盈利，C轮完全退出，象征性地留下点股份。

2. 上海交通大学（慧谷创业中心）

成立于1999年5月，是由上海交通大学、上海市科学技术委员会和徐汇区人民政府联合组建的社会公益性国家级科技企业孵化器，立足于为高科技企业技术创新创业提供全程服务，促进科技成果转化，培育高科技企业和企业家。为在孵企业提供一定的研发资金和政府、大学背景的多支创新基金投资，通过上海交通大学的丰富资源，帮助企业获得外部融资。

3. 复旦大学（复旦国家大学科技园）

创建于2000年，由复旦大学、上海杨浦科技投资发展有限公司、上海陆家嘴金融贸易区开发股份有限公司、上海上科科技投资有限公司、上海市科技创业中心、上海新杨浦置业有限公司六家股东投资组建，注册资本1亿元人民币。重点关注电子信息类中小企业，为孵化企业提供办公场地和融资服务平台。

4. 同济大学（创业谷）

创业谷依托同济大学学科优势、教学资源以及学科专业优势，从项目的"前瞻性、市场性、学科交叉性"等三个方面全面评估项目资质。为入驻项目提供包括实验室、活动场地、设备等硬件支持以及工商、税务、法律、地方政策咨询等软件支持。根据项目的成熟度与可行性，为初期项目提供政府支持咨询、资金小型投入、陪伴式导师；为中期项目提供培训课程以及外包服务。

四、科技企业孵化服务内容

1. 硬件基础服务

提供硬件创业场地，包括小型办公室，公共会议室，生产、技术研发场地和水电暖管理、保安、清洁、娱乐等服务。

2. 软性基础服务

创业孵化器为入驻企业协助办理工商注册、项目立项、税务登记等事宜；聘请创业导师，提供创业辅导、管理咨询、企业诊断等服务，这类服务一般市场上都有成熟的第三方机构在服务，所以孵化器要做的就是筛选出性价比高、响应速度快的机构给到客户就可以了。

另外，有些企业孵化器还将通过讲座、沙龙、研讨和项目路演等多种形式，开展企业管理、项目申报、资金融通、文化建设、人力资源管理等培训，提升入驻企业的创业能力，帮助企业引进、培训各类专业人才。

3. 软性增值服务

（1）产品咨询。包括产品形态、目前功能、用户数、用户反馈、下一版功能、产品团队情况等。产品咨询的目的是为孵化器协助创客团队一起，做出用户真正需要的产品和服务。

（2）技术创新服务。包括计划项目申报服务；科技成果鉴定和知识产权申报服务；技术支撑服务。

（3）投资融资服务。包括技术与资金对接服务；投资服务；担保服务。

第二节　入驻孵化器的条件和程序

一、大学生创业需要入驻创业孵化器的主要原因

1. 高性价比的办公环境

一个企业在刚起步阶段，如果把大量资金用于办公环境上，势必会影响把资金放在科技研发、设备和服务上。而入驻孵化器，只需用低于市场价的办公室出租价格甚至无须花费便可享受到优质的办公环境，可将有限金钱投资到关键部分，促进企业良性发展。

2. 项目支持与风险规避

创业初期可能会遇到各种困难与阻碍，而大学生一般缺乏更深层的社会认知和风险准备，需要独立面对生存风险。入驻孵化器可以为创业者提供一个与内部成功者进行经验分享与交流的平台，及时预测和规避可能出现的风险。孵化器还可以为创业者提供更多的技术、法务和财务支持，并提供最新政策信息，辅助项目申报。

3. 资源共享

创业是一场战役，特别是对于大学生来说，冒着很大的风险，必须要最大程度整合自己的社会资源，用有限资源创造无限可能。而创业孵化器为创业者提供了一个平台，为所有入驻的创业者提供人脉资源、推广资源、投资资源等方面的资源共享。这对刚涉足创业的人来说无疑是最好的选择。企业孵化器努力创造条件，使同时被孵化的创业者很方便地进行交流，分享经验和信息，互相鼓励，甚至结成业务合作伙伴。

二、入驻科技孵化器的条件、程序

1. 条件

符合国家科学技术部《科技企业孵化器（高新技术创业服务中心）认定和管理办法规定》第三章第十条国家高新技术创业服务中心的孵化企业应当具备以下条件：

（1）企业注册地及办公场所必须在创业中心的孵化场地内；

（2）属新注册企业或申请进入创业中心前企业成立时间不到 2 年；

（3）企业在创业中心孵化的时间一般不超过 3 年；

（4）企业注册资金一般不得超过 200 万元；

（5）属迁入企业的，上年营业收入一般不得超过 200 万元；

（6）企业租用创业中心孵化场地面积应低于 1 000 平方米；

（7）企业从事研究、开发、生产的项目或产品应属于科学技术部等部门颁布的《中国高新技术产品目录》范围；

（8）企业的负责人是熟悉本企业产品研究、开发的科技人员。

另外，在孵企业还应具备如下条件：

（1）已经取得法人资格，产权明晰，自主经营、自负盈亏、运行状况良好的企业。

（2）具有开发优势和自我发展潜能的科技人员。

（3）从事高科技产品的开发、研究和生产的科技型企业。

（4）开发能力强，并以自主开发为主，技术水平较高的企业。

（5）项目来源清晰，无专利冲突，拥有项目的合法产权，并且手续完整，项目有转化生产的可能，并有商品化后好的市场前景和高附加值的企业。

（6）企业负责人有科技开发和管理才能，熟悉本行业的发展状况，讲究团队合作。

（7）项目工艺先进，安全性好，对环境不造成污染，符合中国境内本行业的有关规定。

（8）从事科技部、财政部、国家税务部局共同编制的《中国高新技术产品目录》所列产品的研究、开发、生产和经营。

（9）接受孵化器的管理。

2. 流程

入驻科技孵化器的流程如图 16-1 所示。

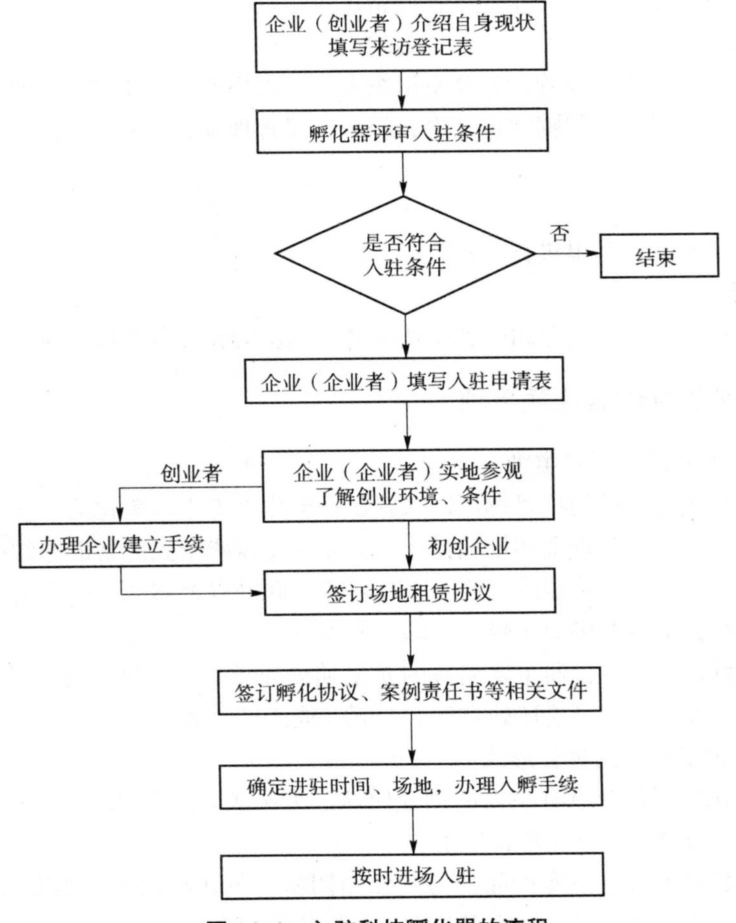

图 16-1　入驻科技孵化器的流程

三、入驻大学创业孵化器

我国各大学都有大学生创业孵化器，准备入驻大学生创业孵化器，一般要经过如下流程：

1. 提交申请

（1）入驻申请；

（2）项目创业计划书；

（3）团队负责人或企业法人代表身份证明材料；

（4）团队成员或企业股东信息及身份证明材料；

（5）企业注册资本结构及相关出资证明材料；

（6）已注册企业营业执照等复印件；

（7）团队和企业拥有的相关资质证书及专利证书复印件；

（8）团队和企业获得的各类表彰、荣誉情况及证明资料；

（9）项目对环境的影响情况及拟采取的环保措施；

（10）孵化器管理办公室认为必须提交的其他有关材料。

2. 资格审查

孵化器管理办公室对团队和企业申报资格进行审查。

3. 组织评审

资格审查通过后，孵化器管理办公室组织专家对提出的入驻申请组织评审。评审分为计划书评审与答辩两个环节，根据评审结果，经孵化器管理办公室研究后确定入驻团队和企业名单。

4. 入围公示

对拟入驻团队和企业名单进行公示。

5. 签约入驻

公示无异议后，在校生创业团队和企业入驻合同由孵化器管理办公室签约。

四、入驻创业孵化器注意事项

1. 创业孵化器专注的项目类型

首先，并不是所有领域的项目都可以入驻创业孵化器来进行孵化的。比如，重装备和制药这种传统行业，需要大量资金和场地投入，创业孵化器能给到的帮助非常少，就不符合创业孵化器入驻条件。创业孵化器的兴起，也是随着互联网以及移动互联网的兴起而发展起来的，所以在项目孵化上主要偏向于轻资产的创业项目。

其次，很多科技企业孵化器主要面对的是早期创业项目，团队大多只有 2～3 人，且大多都是创始人。他们的产品可能还处在创意、开发或测试阶段。

2. 创业孵化器不接受的项目形式

（1）创业孵化器不接受只有一人的创业团队。如果项目创始人厉害到合作伙伴都不需要，那么他也就不需要入驻创业孵化器了。

（2）创业孵化器不接受没有产品能力的创始团队，创业项目入驻孵化器是有时间限制的，快速试错迭代是必须而紧急的过程，所以寻找产品和技术方面的人才在入驻创业孵化器

之前就应该完成。

（3）创业孵化器不接受超过孵化阶段的项目，创业孵化器能够提供的帮助是有时间窗的。如果过了这个时间窗，创业孵化器能起到的作用就会降低，创业者应向投资机构寻求下一轮融资或者合作，这就不是创业孵化器来解决的问题。

以上三点是创业孵化器通常考虑的方面，具体到每家创业孵化器，还要结合自身引进这个项目之后，能给到多少服务，具体以什么方式落实每项服务，作为是否接受的标准，尤其是以基金为主导的创业孵化器类型公司更应该考虑这一点。

3. 孵化基金的投资

创业孵化器一般投资的都是那些仍然处在产品创意或者开发阶段的项目团队，有些创业项目还没有很明确的商业模式。所以，为了保险起见，一般在创业孵化器入驻条件上都会约定为一年半左右的时间。

在孵化基金方面，国内创业孵化器的投资金额一般在 50 万人民币左右。这笔资金一般能促使创业团队把产品做出来。待项目孵化完成之后，如果项目质量比较好，后续将由一些天使投资人进行投资。

好的项目入驻孵化器后可以享受孵化基金的投资，其投资过程可分为基础期、验证期和交付期三个阶段进行，各阶段的时间均为 6 个月，加起来的时间就是我们说的一年半。

（1）基础期。

主要看的是团队本身的完整和平衡性。产品方向是否正确，团队是否有产品能力。

创业孵化器希望入驻团队尽快开发出可进行测试的原型。无论是网站、APP、游戏，还是硬件，都可以。在这 6 个月当中，会有比较多针对 Web（网站）开发、Mobile（手机）开发、敏捷实践、用户体验的分享。

（2）验证期。

在基础期获得产品原型之后，验证期要做的，主要是更多地接触天使用户，以获得用户反馈进行产品试错。测试真实用户的反馈，验证商业模式的可行性。

（3）交付期。

在交付期，产品已经完成，基础的产品和商业模式已建立。交付期要做的，主要是产品推广，进一步获取大量用户。此外，有的创业团队还会涉及如何进行项目路演、BP 撰写、融资估值、后续的投资对接等事项。

4. 在孵化器内待多久

一个成功的项目孵化期一般为一年半时间。如果中途取得了成功，那么这个周期将缩短，那么什么叫成功呢？产品上线、获取天使用户、团队完整、拿到后续创业融资都可称为孵化成功，孵化成功的项目一般就得搬离企业孵化器了。

如果创业项目失败，那么项目随时都有可能从企业孵化器退出。失败的原因可能有：产品研发不成功、团队组建不合理、资金短缺或其他原因。

5. 孵化器会在时间到期后驱逐项目吗

如果发展相对顺利的话，一年半的时间足够进行少数几次的试错和迭代，找到真正的用户痛点和产品应该发力的方向，团队招聘和磨合也基本完成。融到后续资金后，会续租或者找到独立的办公室。

如果发展不顺利，经过一年半时间，除了资金上可能出现的短缺之外，团队的整体士气也可能会消耗殆尽。创业团队也会自己做出退出孵化器的决定。

6. 进入孵化器后保持一个良好的心态

（1）保护好团队。

创业早期，企业团队一定是最重要的因素。项目创始人一定要分清各自的责、权、利。并照顾好之后加入的开发、设计、运营和推广的员工。

（2）打磨好产品。

打磨好产品的关键，是不断与潜在用户保持沟通。即使是在产品需求确认或开发过程中，也要保持与用户的沟通。沟通确定产品核心功能、及时调整方向、修改产品漏洞，打磨出一款好的产品，一款用户需要的产品。

（3）专注于客户。

早期产品，不管有没有清晰的商业模式，用户都是上帝。第一批天使用户，无外乎开发团队、亲戚朋友、孵化器成员和风险投资机构。天使用户能够帮助进行产品测试，提出反馈。另外，天使用户也是产品的第一个免费推广渠道。一些重要客户的使用，还能助推产品的有效推广。

大学生创业工作政策体系

第一节　大学生创业政策支持

当前大学生创业工作政策体系分为以下两种：顶层设计为大学生创业铺路，多项政策法规支持大学生创业。

一、顶层设计为大学生创业铺路

为鼓励和支持大学生自主创业，从中央到地方，各级党政领导高度重视大学生创业工作，各级相关部门积极出台一系列优惠和扶持大学生创业的政策，涉及融资、税收、教育、宣传等诸多方面，为大学生实践创新搭建了广阔的舞台。

2013 年 11 月 18 日，中共中央总书记习近平在《致二〇一三年全球创业周中国站活动组委会的贺信》中强调："青年是国家和民族的希望，创业是推动经济社会发展、改善民生的重要途径，广大青年要将自己的人生追求与国家发展繁荣紧密结合起来，积极创业，展现才华。全社会都要重视并支持青年创新创业，为青年创业搭建有利的平台。"由此可见我国对青年创业的高度重视。

二、多项政策法规支持大学生创业

近年来，我国相继出台了一些关于大学生创业的相关政策，以支持大学生创业，具体政策如下。

（一）税收优惠

持人社部门核发《就业创业证》（注明"毕业年度内自主创业税收政策"）的高校毕业生在毕业年度内（指毕业所在自然年，即 1 月 1 日至 12 月 31 日）创办个体工商户、个人独资企业的，3 年内按每户每年 8 000 元为限额依次扣减其当年实际应缴纳的营业税、城市维护建设税、教育费附加和个人所得税。对高校毕业生创办的小型微利企业，按国家规定享受相关税收支持政策。

（二）创业担保贷款和贴息

对符合条件的高校毕业生自主创业的，可在创业地按规定申请创业担保贷款，贷款额度为10万元。鼓励金融机构参照贷款基础利率，结合风险分担情况，合理确定贷款利率水平，对个人发放的创业担保贷款，在贷款利率基础上上浮3个百分点以内的，由财政给予贴息。

（三）免收有关行政事业性费用

毕业2年以内的普通高校毕业生从事个体经营（除国家限制的行业外）的，自其在工商部门首次注册登记之日起3年内，免收管理类、登记类和证照类等有关行政事业性费用。

（四）享受培训补贴

对大学生创办的小微企业新招用毕业年度高校毕业生，签订1年以上劳动合同并交纳社会保险费的，给予1年社会保险补贴。对大学生在毕业学年（即从毕业前一年7月1日起的12个月）内参加创业培训的，根据其获得创业培训合格证书或就业、创业情况，按规定给予培训补贴。

（五）免费创业服务

有创业意愿的高校毕业生，可免费获得公共就业和人才服务机构提供的创业指导服务，包括政策咨询、信息服务、项目开发、风险评估、开业指导、融资服务、跟踪扶持等“一条龙”创业服务。各地在充分发挥各类创业孵化基地作用的基础上，因地制宜建设一批大学生创业孵化基地，并给予相关政策扶持。对基地内大学生创业企业要提供培训和指导服务，落实扶持政策，努力提高创业成功率，延长企业存活期。

（六）取消高校毕业生落户限制

高校毕业生可在创业地办理落户手续（直辖市按有关规定执行）。

（七）创新人才培养

创业大学生可享受各地各高校实施的系列“卓越计划”、科教结合协同育人行动计划等，同时享受跨学科专业开设的交叉课程、创新创业教育实验班等，以及探索建立的跨院系、跨学科、跨专业交叉培养创新创业人才的新机制。

（八）开设创新创业教育课程

自主创业大学生可享受各高校挖掘和充实的各类专业课程和创新创业教育资源，以及面向全体学生开发开设的研究方法、学科前沿、创业基础、就业创业指导等方面的必修课和选修课；同时享受各地区、各高校推出的资源共享的慕课、视频公开课等在线开放课程以及在线开放课程学习认证和学分认定制度。

（九）强化创新创业实践

自主创业大学生可共享学校面向全体学生开放的大学科技园、创业园、创业孵化基地、教育部工程研究中心、各类实验室、教学仪器设备等科技创新资源和实验教学平台。参加全国大学生创新创业大赛、全国高职院校技能大赛，和各类科技创新、创意设计、创业计划等专题竞

赛，以及高校学生成立的创新创业协会、创业俱乐部等社团，提升创新创业实践能力。

（十）改革教学制度

自主创业大学生，可享受各高校建立的自主创业大学生创新创业学分累计与转换制度；还可享受将大学生开展创新实验、发表论文、获得专利和自主创业等情况折算为学分，将大学生参与课题研究、项目实验等活动认定为课堂学习的新探索。同时享受为有意愿有潜质的大学生制定的创新创业能力培养计划，以及创新创业档案和成绩单等系列客观记录并量化评价大学生开展创新创业活动情况的教学实践活动。优先支持参与创业的大学生转入相关专业学习。

（十一）完善学籍管理规定

有自主创业意愿的大学生，可享受高校实施的弹性学制，放宽学生修业年限，允许调整学业进程、保留学籍休学创新创业。

（十二）大学生创业指导服务

自主创业大学生可享受各地各高校对自主创业学生实行的持续帮扶、全程指导、一站式服务。以及地方、高校两级信息服务平台，为大学生实时提供的国家政策、市场动向等信息和创业项目对接、知识产权交易等服务。可享受各地在充分发挥各类创业孵化基地作用的基础上，因地制宜建设的大学生创业孵化基地和相关培训、指导服务等扶持政策。

第二节 北京高校毕业生求职创业补贴（2021 年）

一、申请对象

北京地区高校毕业生求职创业补贴的发放对象范围为北京地区各普通高等学校、各研究生培养单位（以下简称各高校）的毕业年度内（即取得毕业证书年度的 1 月 1 日至 12 月 31 日）有求职或创业意愿的高校毕业生。

二、申请条件

（1）所在家庭享受城乡居民最低生活保障待遇的。

（2）所在家庭为国家认定的建档立卡贫困家庭的（北京户籍高校毕业生所在家庭为低收入农户的）。

（3）所在贫困家庭中父母一方持有《中华人民共和国残疾人证》的。

（4）本人持有《中华人民共和国残疾人证》的。

（5）本人在毕业学年内（即取得毕业证书上一年度的 7 月 1 日至取得毕业证书之日）获得国家助学贷款的。

（6）本人持有《特困人员救助供养证》的。

凡符合以上任一条件的高校毕业生，即可申请一次性求职创业补贴；同时符合一项条件以上的，不重复发放补贴。如曾申领过北京地区高校毕业生求职创业补贴（含原求职补贴）

的高校毕业生，进入下一阶段学习并再次毕业的，不再发放补贴。

三、申请流程

（一）申报

求职创业补贴申报工作坚持自愿申请、公开公正的原则。申请求职创业补贴的高校毕业生（以下简称申请人）通过所在高校进行统一申报，申报包括收集材料、填报信息、公示、初审、复审等必要环节。

市人力社保局对申报材料进行审核。

（二）发放

市人力社保局向市财政局提交用款申请及审核通过的补贴发放人员信息（含纸质和电子版人员信息明细表），市财政局依据政策规定安排资金并办理资金支付，将补贴资金直接发放到申请人的个人账户上。

申请人应提供以本人姓名在中国工商银行所属网点开立的账户（卡号），并确保截至补贴发放之日账户有效。

如因申请人信息采集有误而导致补贴资金不能按时拨付到位的，由高校负责核准信息后报市人力社保局。市人力社保局将核实后的信息报送市财政局。市财政局依据资金支付流程进行二次发放。

确因客观原因导致无法实现财政直接支付的，由市人力社保局会同市财政局研究解决。

补贴成功发放后，市人力社保局将资金拨付情况向申报高校反馈。

四、补贴标准

北京地区高校毕业生求职创业补贴标准为 1 000 元/人。

（以上资料节选自：http://www.iap.cas.cn/gb/yjsjy/tzgg/202008/t20200831_5680579.html）

第三节　上海大学生创业扶持政策及贷款优惠政策

一、大学生注册公司零首付政策

根据相关政策规定，自 2012 年 2 月 10 日起，上海毕业两年内的高校毕业生带上身份证和大学毕业证，就可以到上海市各区县工商部门申请注册登记，以“零首付”的方式创办一家属于自己的公司。“零首付”是指：工商部门取消了所有的收费，包括营业执照的成本费。在市场准入的时候，登记公司需要注册资本，大学生创办公司初期可以没有注册资本，在创业两年的过程中逐步到位注册资本即可。

二、大学生自主创业税收政策

《国家税务总局关于支持和促进就业有关税收政策的通知》（财税〔2010〕84 号）规定，对持《就业失业登记证》（注明“自主创业税收政策”或附着《高校毕业生自主创业

证》）人员从事个体经营（除建筑业、娱乐业以及销售不动产、转让土地使用权、广告业、房屋中介、桑拿、按摩、网吧、氧吧外）的，在3年内按每户每年8 000元为限额依次扣减其当年实际应缴纳的营业税、城市维护建设税、教育费附加和个人所得税。

三、上海大学生创业三年行动计划

上海将小额担保贷款扶持范围扩大到创业后三年以内的创业组织，担保金额最高为100万元，其中10万元以下的贷款项目可免予个人担保，并根据创业组织在贷款期间吸纳本市劳动力的情况，给予贷款贴息的扶持。各区县也将通过财政出资设立专项资金，或整合现有各类扶持创业资金，用于小额贷款担保、贷款贴息等给予融资支持。

四、上海大学生创业财税补贴

上海大学生创业18个月的初创期内，符合条件的给予有关房租补贴、社会保险费补贴、贷款担保及贴息的扶持。对从事农业创业的高校毕业生，可根据吸纳就业情况，给予专项创业补贴。高校毕业生从事个体经营的，自工商登记之日起3年内可免交登记类、管理类和证照类的各项行政事业性收费。本市高校的非上海生源毕业生在沪创业并吸纳本市劳动者就业的，在申请户籍时予以政策倾斜，有关服务部门免于收取人事代理等服务费用。

五、上海大学生创业天使基金

大学生科技创业基金成立于2005年，在10余所高校设有分基金。上海大学生创业只要有意向，就可以向该基金提出申请，根据大学生各自的不同情况可以获得5万~30万元不等的基金资助。这个基金还有一大优点，就是公司如果成长了，把钱还上即可；万一亏损了，基金也不会向你收回投资。

六、上海大学生创业免费培训

为鼓励大学生创业，上海市设立了专门针对应届大学毕业生的创业教育培训中心，培训中心的开支由政府提供，免费为大学生提供项目风险评估和指导，帮助大学生更好地把握市场机会。

七、上海大学生创业房租补贴

《关于扶持建立非正规就业劳动组织创业园区若干意见的通知》（沪劳保就发〔2005〕6号）中对开业园区房屋补贴做出规定。创业者不仅能以较低租金进驻开业园区，还可以根据所吸纳本市失业、协保、农村富余劳动力的情况享受年度人均房租最高不超过2 000元，补贴期限最长不超过3年的开业园区房租补贴。《关于进一步鼓励扶持自谋职业和资助创业的若干意见》（沪劳保就发〔2007〕11号）规定，自主创业者租赁符合条件的固定经营场所开展创业活动，可享受每年最高不超过2 000元，补贴期限最长不超过3年的自主创业房屋补贴。

八、上海大学生创业小额贷款融资

《上海市人民政府进一步作好本市促进创业带动就业工作的若干意见》（沪府发〔2009〕

1号）、小额贷款担保政策的扶持范围扩大到创业后三年以内的创业组织，担保金额提高到100万元。其中，10万元以下的项目可免个人担保。自主创业的大学生，向银行申请开业贷款担保额度最高可为7万元，并享受贷款贴息。《科技型中小型技术企业、创新基金初期小企业，大学生创业项目（试点）工作指引》规定：科技型中小企业技术创新基金在初创期小企业创新项目内设立大学生创业项目给予引导和支持，创新基金以无偿资助式支持立项项目，资助额度为每个项目20万~40万元。

（以上资料节选自：http://www.creditsailing.com/HuiMinZhengCe/715564.html）

第四节　深圳大学生创业扶持政策

为贯彻落实《关于促进人才优先发展的若干措施》中有关鼓励大学生创新创业的要求，2016年12月1日，深圳市人力资源保障局联合市财政委发布实施《关于扩大自主创业扶持补贴对象范围及提高补贴标准的通知》，进一步加大对高校毕业生等人才参与创新创业的扶持力度。

该通知将深圳市普通高校、职业学校、技工院校全日制在校学生休学创办初创企业的人员纳入自主创业人员范畴，享受该市现行的各项自主创业扶持补贴；同时，也提高了自主创业人员中的大学生群体享受创业场租补贴和优秀项目资助的标准。

上述大学生群体包括三类：

（1）本市普通高校、职业学校、技工院校中毕业学年内的在校学生。

（2）具有本市户籍、毕业5年内的普通高校、职业学校、技工院校毕业生和毕业5年内的留学回国人员。

（3）休学创办初创企业的本市普通高校、职业学校、技工院校全日制在校学生。

自主创业人员中的大学生群体在经市直部门及各区政府（新区管委会）认定或备案的创业带动就业孵化基地、科技企业孵化载体、留学生创业园等载体内创办初创企业，第一年、第二年、第三年可享受的月租金补贴标准从1 200元、1 000元、700元分别提高到1 560元、1 300元、910元。在上述认定载体以及市、区政府部门主办的孵化载体外租用经营场地创办初创企业，可享受的月租金最高补贴标准从500元提高到650元。另外，上述大学生群体参加市人力资源保障部门组织的全市性创业大赛并获奖的优秀创业项目，在本市完成商事登记的，最高资助标准从20万元提高至50万元。

（以上资料节选自：https://www.sohu.com/a/120390501_115401）

第五节　关于开展2021年度大学生创业扶持项目申报工作的通知（湖北省）

省人力资源和社会保障厅、省教育厅、团省委关于开展2021年度大学生创业扶持项目申报工作的通知 鄂人社函（2020）245号。

各市、州、县人力资源和社会保障局、教育局、团委，各高等院校：

为深入实施“大众创业、万众创新”，推动湖北疫后重振，鼓励和扶持更多大学生在鄂创新创业，2021年，省人力资源和社会保障厅、省教育厅、团省委继续实施湖北省大学生

创业扶持项目。现就项目申报工作通知如下：

一、申报对象

（1）湖北省普通高等学校在校生（含保留学籍休学创业的）。

（2）省内外普通高等学校5年内毕业（2016年1月1日之后毕业）的研究生和本科、专科（高职）学生。

（3）毕业5年内（2016年1月1日之后毕业）的港澳台、外籍和留学回国高校毕业生。

上述对象在湖北省内自主创办企业、个体经营或从事农业合作社，并依法登记注册，取得工商营业执照。同一扶持对象和项目不得重复获得本扶持资金。

二、申报条件

（1）申报人必须是项目法定代表人。

（2）2020年5月31日前（含2020年5月31日）进行工商注册登记，2020年9月1日（含2020年9月1日）后，公司法定代表人、企业名称未进行变更的。

（3）吸纳3人（含3人）以上就业，签订劳动合同，发放三个月及以上的工资。

（4）有固定的营业场所和较为健全的财务规章制度，无不良信用和违法记录。

（5）项目符合国家产业政策、技术要求，市场前景良好，具有带动就业能力。

三、申报材料

（一）网上申报需要上传的资料

申报者登录 http://hbdcxm.hb12333.com/html/display/80281.html，下载学习《网上申报操作指南》，认真填写信息并上传以下电子扫描件。

1. 学历电子认证表

（1）国内高校毕业生提供《教育部学历证书电子注册备案表》（“中国高等教育学生信息网 http://www.chsi.com.cn/”注册下载）。

（2）湖北省普通高等学校在校生提供《教育部学籍在线验证报告》（“中国高等教育学生信息网 http://www.chsi.com.cn/”注册下载）。

（3）港澳台、外籍和留学回国高校毕业生，提供《国（境）外学历学位认证书》（“教育部留学服务中心国（境）外学历学位认证结果查询系统 http://renzheng.cscse.edu.cn/Login.aspx”申请认证）。

2. 项目商业计划书

（可登录 http://hbdcxm.hb12333.com/html/display/80261.html 下载模板）。

（二）现场审查需要查验的资料

现场审查由审查人员到项目所在地进行审查。

（1）与2名员工（法定代表人除外）签订的劳动合同。

（2）2020年1月至2020年12月，为上述2名员工发放的任意3个月工资记录（除农业合作社外，其他类型项目不允许现金发放形式）。

（3）其他涉及国家相关行业准入资质证明。

四、申报评审程序

1. 项目申报（1月1日至3月10日）

项目申请人登录 http://hbdcxm.hb12333.com，按照身份类别，选定申报通道，点击“我要申报”，进入“湖北政务服务网”，依次进行在线申请、法人注册和项目申报。或者直接登录“湖北政务服务网”http://zwfw.hubei.gov.cn，搜索“湖北省大学生创业扶持项目”，依次进行在线申请、法人注册和项目申报。

2. 项目审查（1月1日至4月12日）

项目审查与项目申报同时进行。各高校就业创业工作主管部门会同申报项目工商注册地人社部门，对在校大学生创业项目进行实地考察和网上审查，提交上级人社部门网上审核。各县市（区）团委会同申报项目工商注册地人社部门，对高校毕业生创业项目进行实地考察和项目网上审查，提交上级团委网上审核。

项目审查也可采取微信端审查方式，现场审查完毕即可提交。网上审查选择微信审查或电脑审查其中一种方式进行操作，上传的照片信息必须清晰可见。

3月22日前各高校就业创业工作主管部门、各县市（区）团委必须完成网上审查并提交。4月5日前各县市（区）人社部门必须完成网上审查并提交。4月7日前各市州团委必须完成网上审查并提交。4月12日前各市州人社部门必须完成网上审查并提交。港澳台、外籍和留学回国高校毕业生创业项目申报人的学历审查工作由省级统一组织进行。

3. 报表提交

各高校就业创业工作主管部门、各县市（区）团委在所有项目网上审查提交后，登录“申报平台”下载打印《2021年度大学生创业扶持项目审核表》。各高校就业创业工作主管部门会同项目工商注册地人社部门签字盖章后，报省教育厅。各县市（区）团委会同当地人社部门签字盖章后，报团省委。

各市州人社部门在所有项目网上审查提交后，登录“申报平台”下载打印《2021年度大学生创业扶持项目审核意见汇总表》，单位分管领导签字盖章后报省人社厅。

4月12日前各高校就业创业工作主管部门、各县市（区）团委必须完成项目审核表提交工作，4月27日前各市州人社部门必须完成项目汇总表提交工作。

4. 项目核查

团省委和省教育厅分别收集汇总各地报送的《2021年度大学生创业扶持项目审核表》。团省委对各地团委网上提交的大学生创业项目进行汇总审核，省教育厅对各地高校网上提交的大学生创业项目进行汇总审核。省人社厅、省教育厅、团省委联合对申报大学生创业扶持项目进行资格审核。

5. 专家评审

由高等院校、专业行业协会、风险投资机构和企业等相关专家组成评审团，对申报项目进行评定，确定扶持金额。对拟扶持资金在10万元以上（含10万元）的项目进行专家复审。对拟扶持资金在前十名的项目，需通过在湖北电视台举办的大学生创业大赛确定扶持金

额；不参与创业大赛的项目，扶持资金只给予5万元资助。

6. 资金拨付

省人社厅、省教育厅、团省委根据评审团意见，确定大学生创业项目拟扶持名单，通过申报平台、三部门网站和新闻媒体等多渠道向社会公示，接受监督，公示期为7天。对公示无异议的创业项目，按规定拨付扶持资金。

五、扶持方式

1. 资金扶持

为每个通过评审的项目提供2万至20万元的资金扶持。对获得5万元以上资金扶持的企业，优先在中国青年创新创业板挂牌。

2. 导师辅导

为重点项目配备一名创业导师，实行“一对一”创业指导。

3. 跟踪服务

为大学生创业项目提供创业培训、创业孵化、项目融资和政策咨询交流等服务。

六、有关要求

（1）各地人社、教育、团委及各高校，要高度重视，压实责任，密切合作。要多途径、多形式地广泛宣传，引导创业大学生积极申报，确保符合条件、有申报意愿的大学生能按时进行网上申报。各级、各部门要严格时间节点，及时进行网上提交。各级经办人员要强化责任意识，熟知《网上申报操作指南》，主动指导大学生申报者完成项目申报。

（2）申请资助的大学生要严格按照通知要求完成网上申报，逾期将不再受理。创业者要诚实守信，填报和上传的资料必须完整，申报信息必须真实。有提供虚假资料、重复获取本扶持资金等骗取资金行为的，一经查实，取消申报资格，列入失信者名单，并按有关规定予以公示，今后不再受理项目申报。对违反国家联合惩戒备忘录清单或经市场监督管理部门确认的严重失信主体及当事人，不予受理项目申报。对违规领取的扶持资金予以追回，并追究相关人员责任。

（3）各高校、各县市（区）团委和人社部门为项目审查第一责任人。各地要切实做好项目审查和实地考察工作，认真审查把关，严格落实“谁认定、谁负责”的原则，确保创业项目和申报资料真实可靠。各级审查人员要认真学习《项目审查操作手册》（登录审查账号进行查看），要严格操作规范程序，现场审查拍照上传，提交内容完整清晰。省级将对各地提交的项目进行抽查核定。项目审查工作采取痕迹管理，对审核把关不严、工作不力的地方和单位，予以通报。对负有责任的工作人员和责任人，按照有关规定依纪给予组织处理或处分。

（4）项目资金将从2021年省级就业补助资金中预拨至各地财政，全省项目评审公示结束后，各地人社部门应根据省人社厅、省教育厅、团省委2021年度大学生创业扶持项目确定的名单，积极协调属地财政部门将项目资金按时足额拨付至大学生创业项目专户。

各地在拨付资金之前要对项目的存续状态进行核实，对项目注销、破产和不再经营的，不再给予资金，并做好记录备查。

（以上资料源自：https://gs.hubu.edu.cn/info/1019/6589.htm）

第六节　2020 年武汉市大学生创业项目资助申报

一、申报对象

（1）武汉地区普通高等学校全日制在校生（含保留学籍休学创业大学生）。

（2）毕业 5 年以内（2015 年 1 月 1 日之后毕业）普通高等学校全日制毕业生。

（3）毕业 5 年以内（2015 年 1 月 1 日之后毕业）港澳台、外籍和留学回国高校毕业生。

上述对象在武汉市内自主创办企业、个体经营或从事农业合作社，并依法登记注册，取得工商营业执照。同一资助对象和项目不得重复获得本资助资金。

二、申报条件

（1）申报人必须是项目法定代表人，与银行开户许可证上的法定代表人必须一致，企业属于合伙经营的，申报人（个人持股）所占企业股份比例不得低于 30%。

（2）2019 年 12 月 31 日前进行工商注册登记，2020 年 1 月 1 日后，公司法定代表人、企业名称未进行变更的。

（3）吸纳 3 人（含 3 人）以上就业，签订劳动合同，发放三个月及以上工资。

（4）有固定的营业场所和较为健全的财务规章制度，无不良信用和违法记录。

（5）项目符合国家产业政策、技术要求，市场前景良好，具有带动就业的能力。

三、申报材料

按照要求进行网上申报，认真填写信息并上传以下电子扫描件。

（1）在校生提供《教育部学籍在线认证报告》。

（2）国内高校毕业生提供《教育部学历证书电子注册备案表》。

（3）港澳台、外籍和留学回国高校毕业生，提供《国（境）外学历学位认证书》。

（4）银行开户回执单。

（5）至少 2 名员工（法定代表人除外）签订的劳动合同。

（6）上述 2 名员工 2019 年 4 月至 2020 年 3 月间任意三个月的工资发放流水记录（申报项目对公银行账户、法定代表人个人银行账户发放记录或电子对账单、法定代表人支付宝、微信、财付通支付工资记录）。

（7）项目商业计划书。

（8）涉及国家相关行业准入资质证明。

四、申报评审程序

（一）项目申报（5 月 6 日至 6 月 30 日）

项目申请人登录中国武汉人力资源服务产业园官网（网址：https://www.whrsip.com/）进入“武汉市大学生创业项目资助申报平台”（以下简称“申报平台”）进行网上注册和

项目申报。

（二）项目审查（5月6日至7月31日）

各高校就业创业工作主管部门择优推荐在校大学生创业项目；各申报项目工商注册地的区人社部门，对辖区内在校生及高校毕业生创业项目进行实地考察和网上审查。审查通过的，提交市人社局网上核查。今年项目审查新增微信端审查方式，微信审查可实现现场审查完毕即可提交。网上审查可采取微信审查或电脑审查，选择其中一种方式进行操作。

（三）报表提交

各区（开发区）人社部门在所有项目网上审查提交后，登录“申报平台”下载打印《2020年大学生创业项目资助申报审核汇总表》，单位分管领导签字盖章并扫描后，通过申报平台提交市人社局。7月31日前各区（开发区）人社部门必须完成网上审查并提交项目审核汇总表。

（四）项目核查

市人社局对各区网上提交的大学生创业项目进行核查。

（五）专家评审

由高等院校、专业行业协会、风险投资机构和企业等相关专家组成评审团，通过“申报平台”进行项目评定，确定资助金额。对拟资助资金在10万元以上（含10万元）的项目，需通过武汉市大学生创业大赛确定扶持金额；不服从创业大赛安排的项目，扶持资金只给予5万元资助。

（六）资金拨付

市人社局根据专家评审意见，将拟资助大学生创业项目名称、法定代表人（经营者）和资助金额等，通过市人社局官网、中国武汉人力资源服务产业园官网向社会公示，接受监督，公示期为7天。对公示无异议的创业项目，按规定拨付资助资金。

五、具体扶持方式

（1）资金扶持：为每个通过评审的项目提供3万至30万元的资金资助。

（2）导师辅导：为重点项目配备一名创业导师，实行“一对一”创业指导。

（3）跟踪服务：为大学生创业项目提供创业培训、创业孵化、项目融资和政策咨询交流等服务。

（以上资料源自：http://www.usiusn.com/portal/article/index/id/370/cid/32.html）

第七节　武汉市大学生一次性创业补贴指南

一、申报对象及条件

全日制普通高等院校毕业生在毕业学年（自毕业前一年的7月1日至毕业当年的6月30日）起5年以内在我市初次创办小型微型企业或从事个体经营，符合下列条件的，可享受一次性创业补贴8 000元。

（1）在我市领取《营业执照》正常经营6个月及以上，并且申请补贴时处于正常营业状态。

（2）提出申请时间和登记注册时间均应在申请人毕业学年起5年以内。

二、申报材料

（1）《武汉市一次性创业补贴申请表》（A4规格、1式2份，可在武汉市人社局门户网站下载，可提供电子扫描件，或通过邮寄快递提交原件）。

（2）申请人《就业创业证》加盖经营实体印章的复印件1份，拟留件（可提供电子扫描件，或通过邮寄快递提交。如可通过系统查验的不需要申请人提供）。

（3）申请人的《毕业证书》或《学生证》加盖经营实体印章的复印件1份，拟留件（可提供电子扫描件，或通过邮寄快递提交。如可通过系统查验的不需要申请人提供）。

（4）加载法人和其他组织统一社会信用代码的《营业执照》加盖经营实体印章的复印件1份，拟留件（可提供电子扫描件，或通过邮寄快递提交。如可通过系统查验的不需要申请人提供）。

（5）申请人在银行开设的银行存折（卡）复印件1份，拟留件（可提供电子扫描件，或通过邮寄快递提交）。

三、办理流程

申请人向《营业执照》登记注册地所在区人力资源（社会保障）部门申报；区人力资源（社会保障）部门5个工作日完成审核（需现场勘验）后公示7天，公示无异议的送区财政部门拨付补贴资金。

四、具体扶持方式

可享受一次性创业补贴8 000元。

（以上资料节选自：https://www.yjbys.com/banshizhinan/jiuyebutie/54121.html）

第八节　湖北省科技厅关于组织申报2020年度大学生科技创业专项计划的通知

各市、州、直管市、神农架林区科技局，东湖国家自主创新示范区科创局，各有关单位：

根据《2020年全省科技工作要点》和《2020年度科技计划组织工作方案》安排，现将2020年度湖北省大学生科技创业专项申报工作有关事项通知如下：

一、申报对象

2018年1月1日至2020年6月30日期间在湖北省省级以上科技企业孵化器、校园科技

创业孵化器及众创空间内注册的、具有独立法人资格的初创科技企业。

二、支持领域

支持互联网、生物医药、智能制造、信息服务以及文化科技融合领域（动漫影视、光影体验、数字出版、新媒体信息等）内的创新创业项目。包括：

（1）具有一定创新性、技术含量较高、市场前景较好的科技创新产品项目；

（2）具有完整的创业计划和具有创新商业运营模式的现代服务业及文化创意领域的创业项目；

（3）其他相关创新性项目。

三、申报条件

（1）企业工商注册成立时间需在2018年1月1日至2020年6月30日；

（2）申报企业原则上注册地址应在省级以上科技企业孵化器、（专业化）众创空间内，并与孵化机构签有孵化协议；

（3）企业法人代表应为2015年以后（含2015年）取得国家承认学历的高校毕业生，含国内普通高校和经教育部学历认证的国（境）外高校学士、硕士、博士研究生毕业生；

（4）具有与项目开发、运营相适应的人才队伍，不得低于3人；

（5）企业有固定的办公场地和健全的管理制度，运行正常，无不良信用和违法记录；

（6）企业具有一定的创新能力和高成长潜力，重点支持从事高新技术产品研发、制造、服务等且拥有知识产权的项目；

（7）在往年大学生科技创业专项中已立项支持的企业不得再次申报。

四、申报程序及要求

（1）申报企业按照要求填写《大学生科技创业专项计划项目申报书》，并提交给所在孵化机构审核。孵化机构负责对企业申报材料进行真实性和完整性审核，确认无误后由孵化机构主要负责人在纸质版上签字，并加盖公章。

（2）申报企业登录“湖北省科技计划项目管理公共服务平台”（http://jhsb.hbstd.gov.cn），注册并填写申报信息，按照孵化机构所在地选择所属区域，并将有孵化机构签字盖章的申报书纸质版扫描上传（申报书纸质版扫描件必须为PDF格式，大小控制在15M以内，专家评审以上传的电子申报书为准）。

（3）各市、州、直管市、神农架林区科技局和东湖国家自主创新示范区科创局负责对本辖区内的申报项目进行线上审核及推荐，无孵化机构盖章的申报项目不予通过。

（4）各地科技管理部门完成线上审核推荐后，于7月30日前将电子版报送至联系邮箱，并将审核通过的项目申报材料纸质版一份统一汇总，正式行文报送至省科技厅成果与区域处。

五、有关要求

（1）各申报主体要保证申报材料的真实可靠，如发现申报人提供虚假项目资料的行为，一经查实，将列入失信者名单，不再受理该申报主体的项目申报。对已拨付的扶持资金予以追回，并依法追究推荐、审核及申报相关人员责任。

（2）各地科技管理部门及科技企业孵化器、众创空间等创业孵化机构要高度重视，加强宣传，精心组织，选拔推荐一批优秀科技创业项目。各推荐审核部门要加强审查，严格把关，确保申报资料真实有效。对审核把关不严、工作不力的地方和单位，将在后期予以通报。

六、联系方式

联系人：湖北省科技厅成区处黄老师 027-8713××××、8713××××

邮　箱：tongclgzy@ 163.com

技术咨询电话：027-8726×××、8726××××、8722××××

（以上资料源自：http://www.ufhui.com/index.php? m = home&c = View&a = index&aid = 26801）

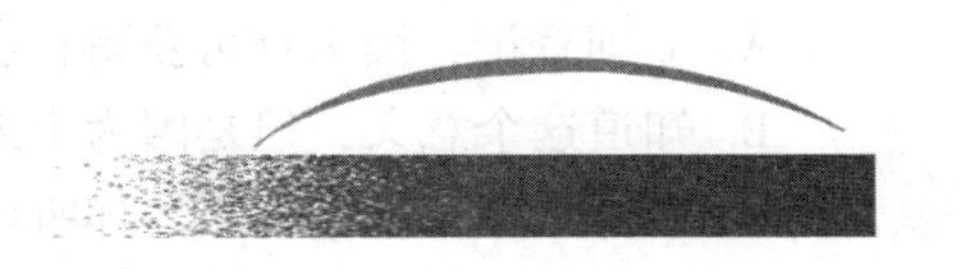

附　录

附录一　创新创业能力测试

本附录收集了部分与创新创业有关的能力趣味测试题，供创业者在学习过程中对自我的创新创业能力进行评测，仅供参考。

一、创新思维能力测试

一个勇于尝试新事物、积极进取的人，能为自己，也为别人带来快乐。回答以下的测验，即可知道自己是不是一个勇于尝试新事物，积极进取的人了。

1. 在周末的晚上，你不用做家务，因此你会：

A. 招来几个朋友，租用几盒录影带（1 分）

B. 独自在家看电视（3 分）

C. 独自到林荫路散步，或到商店购买些物品（2 分）

2. 上次你改变发型是在什么时候？

A. 五年前（3 分）

B. 你从未连续两天梳同样的发型（1 分）

C. 六个月前（2 分）

3. 在餐馆进食时，你会：

A. 常要同样的不辣的菜，也尝试其他不喜欢的菜（3 分）

B. 如果有一人说好吃，就愿意试试新菜（2 分）

C. 常要不同的菜（1 分）

4. 你和家人刚旅行回来，旅途中经常下雨，朋友问你旅行的情况，你会：

A. 说那虽不是理想旅行，但还算不错（2 分）

B. 抱怨天气，抱怨和家人旅行的不快（3 分）

C. 描述可怕的旅途的同时，你也提到景色的美丽（1 分）

5. 你的学校为学生提供义务工作的机会，你会：

A. 立即登记，因为这可获得社会经验和认识新人的机会（1 分）

B. 知道这个意义，但是因为个人活动多，去不了（2 分）

C. 根本不考虑登记，因为你听说这样的工作太多（3 分）

6. 你和约会者吃完午餐，对方问你做什么，你会：

A. 说“随便”（3 分）

B. 说“如果你喜欢，我们看电影吧”（2 分）

C. 提议到新开的俱乐部去，你听说那里很好（1 分）

7. 在舞会上，给你介绍一位聪明的小伙子，你会：

A. 谨慎和他交谈，话题一直限于天气、电影（2 分）

B. 将你的生平故事告诉他（3 分）

C. 将你上周听到的笑话讲给他听，然后问他是否想跳舞（1 分）

8. 给你提供一个机会，作为交换学生到国外学习一个学期，由于时间紧迫，你：

A. 要求一周的时间考虑（2 分）

B. 立即准备行装（1 分）

C. 根本不考虑，因为你已订了学习计划（3 分）

9. 你的朋友将她写的关于自由的文章给你看，你不同意她的观点，你会：

A. 假装同意，因为担心说真话会伤害你们的感情（3 分）

B. 将你的感觉告诉她（1 分）

C. 改变话题闲谈，避开问题（2 分）

10. 你到鞋店打算买双简朴实用的鞋，结果你会：

A. 买一双鞋，正好是你想买的（3 分）

B. 买了一双红色的牛仔靴，既不简朴，也不实用（1 分）

C. 买了一双很流行的鞋，你只能明年穿（2 分）

二、创新人格测试

以下 20 个陈述，没有什么对或错，只是查看你的态度，请找出符合自己的情况，并用下列符号回答：

A. 很同意；B. 同意；C. 不确定；D. 不同意；E. 很不同意

（1）我很注意学习新知识、新思想和新观点。(　　)

（2）我愿意尝试用新的观点和新的方法去解决问题。(　　)

（3）我已经能熟练运用计算机进行学习、办公、开展业务活动或进行课堂教学了。

（4）我对将发生的事情总有预见性。(　　)

（5）我的同事总是可以依靠我掌握现有设备的新用法。(　　)

（6）我有幽默感。(　　)

（7）我愿意经常和其他不同公司或部门的专家接触。(　　)

（8）我喜欢在工作中学习新知识。(　　)

(9) 在会议上我会就工作的新方式提出建议。( )

(10) 我常在工作上自加压力，自找动力，自我激励。( )

(11) 我喜欢思考较高的工作目标并将其结果具体化、社会化。( )

(12) 思考问题时我注意放开，不受一些原则或条约的束缚。( )

(13) 我乐意听取朋友、同事们的意见。( )

(14) 我常把自己的工作放到市场上、社会上的层面来审视，以期提出更加完善的举措。( )

(15) 不愿例行公事的人不应该被惩罚。( )

(16) 我对正式的会议讨论感到很沮丧。( )

(17) 当一个新项目开始时，我希望更多地了解工作的数量而非工作的质量。( )

(18) 在工作中我有能力使工作多样化。( )

(19) 我打算离开一个对我来说没有挑战性的工作。( )

(20) 我不在乎别人对我的想法说三道四。( )

三、创新能力测试

创造性人才在行政管理中越来越重要，这类人才能够创造性地完成工作，不会被困难吓倒，不会因为条件不具备而放弃努力。在寻找创新、开发、管理方面的人才时，必须考虑人才的创新能力。

1. 创造力测试判断题

下面是 20 个问题，要求应聘者回答。如符合他的情况，则让他在（ ）里打上“√”，不符合的则打“×”。

(1) 听别人说话时，你总能专心倾听。( )

(2) 完成了上级布置的某项工作，你总有一种兴奋感。( )

(3) 观察事物向来很精细。( )

(4) 你在说话以及写文章时经常采用类比的方法。( )

(5) 你总能全神贯注地读书、书写或者绘画。( )

(6) 你从来不迷信权威。( )

(7) 对事物的各种原因喜欢寻根问底。( )

(8) 平时喜欢学习或琢磨问题。( )

(9) 经常思考事物的新答案和新结果。( )

(10) 能够经常从别人的谈话中发现问题。( )

(11) 从事带有创造性的工作时，经常忘记时间的推移。( )

(12) 能够主动发现问题以及和问题有关的各种联系。( )

(13) 总是对周围的事物保持好奇心。( )

(14) 能够经常预测事情的结果，并正确地验证这一结果。( )

(15) 总是有些新设想在脑子里涌现。( )

(16) 有很敏感的观察力和提出问题的能力。( )

(17) 遇到困难和挫折时，从不气馁。( )

（18）在工作遇上困难时，常能采用自己独特的方法去解决。（ ）

（19）在问题解决过程中找到新发现时，你总会感到十分兴奋。（ ）

（20）遇到问题，能从多方面、多途径去探索解决它的可能性。（ ）

2. 工作创意测试

下面是10个题目，请在括号中的备选答案中选择一个（肯定0分，否定1分）。

（1）接到任务时，是否会问一大堆关于如何完成任务的问题？（ ）

（2）你在完成任务的过程中，是否不善于思考，而习惯于找他人帮忙，或者不断来问别人有关完成任务的问题？（ ）

（3）在任务完成得不好时，你是否会找出一大堆理由来证明任务太难？（ ）

（4）对待多数人认为很难的任务，你是否有勇气和信心主动承担？（ ）

（5）当别人说不可能时，你是否就放弃？（ ）

（6）你完成任务的方法是否与他人不一样？（ ）

（7）在你完成任务时，领导针对任务问一些相关的信息，你是否总能回答上来？（ ）

（8）你是否能够立即行动，并且工作质量总能让领导满意？（ ）

（9）工作完成得好与不好，你是否很在意？（ ）

（10）对于做好了的工作，你能否很有条理地分析成功的原因和不足？（ ）

四、创造力测试

美国心理学家尤金·劳德赛，设计了“你的创造力怎么样呢？”的测验题，并指出测试者只需10分钟左右的时间，就可以测出自己的创造力水平。测验时，只需在每一句话后面，用一个字母表示同意或不同意。A 同意；B 不同意；C 吃不准或不清楚

下面有50个句子，请根据你本人的实际情况，实事求是地填写。

（1）我不做盲目的事，也就是我总是有的放矢，用正确的步骤来解决每一个正确的具体问题。（ ）

（2）我认为，只提出问题而不想获得答案，无疑是浪费时间。（ ）

（3）无论什么事情，要我产生兴趣，总比别人困难。（ ）

（4）我认为合乎逻辑的、循序渐进的方法，是解决问题的最好方法。（ ）

（5）有时，我在小组里发表的意见，似乎使一些人感到厌烦。（ ）

（6）我花大量时间来考虑别人是怎么看我的。（ ）

（7）我自认为是正确的事，比力求博得别人的赞同重要得多。（ ）

（8）我不尊重那些做事似乎没有把握的人。（ ）

（9）我需要的刺激和兴趣比别人多。（ ）

（10）我知道如何在考验面前，保持自己内心的镇静。（ ）

（11）我能坚持很长一段时间来解决难题。（ ）

（12）有时我对事情过于热心。（ ）

（13）在特别无事可做时，我倒常常想出好主意。（ ）

（14）在解决问题时，我常常单凭直觉来判断“正确”或“错误”。（ ）

（15）解决问题时，我分析问题较快，而所收集的资料较慢。(　　)

（16）有时我打破常规去做我原来并未想到要做的事。(　　)

（17）我有搜集东西的兴趣。(　　)

（18）幻想促进了我许多重要计划的提出。(　　)

（19）我喜欢客观而有理性的人。(　　)

（20）如果我在本职工作之外的两种职业中选择一种，我宁愿当一个实际工作者，而不当探索者。(　　)

（21）我能与我的同事或同行们很好地相处。(　　)

（22）我有较高的审美感。(　　)

（23）在我的一生中，我一直在追求着名利和地位。(　　)

（24）我喜欢那些坚信自己结论的人。(　　)

（25）灵感与成功无关。(　　)

（26）争论时使我感到高兴的是，原来与我观点不一致的人变成了我的朋友，即使牺牲我原先的观点也在所不惜。(　　)

（27）我更大的兴趣在于提出新建议，而不在于设法说服别人接受建议。(　　)

（28）我乐意自己一个人整日“深思熟虑”。(　　)

（29）我往往避免做那种使我感到“低下”的工作。(　　)

（30）在评价资料时，我觉得资料的来源比其内容更重要。(　　)

（31）我不满意那些不确定和不可预计的事。(　　)

（32）我不喜欢一味苦干的人。(　　)

（33）一个人的自尊比得到别人的敬慕更重要。(　　)

（34）我觉得力求完美的人是不明智的。(　　)

（35）我宁愿和大家一起工作而不愿意单独工作。(　　)

（36）我喜欢那种对别人产生影响的工作。(　　)

（37）在生活中，我常碰到不能用“正确”或“错误”来加以判断的问题。(　　)

（38）对我来说，“各得其所”“各在其位”是很重要的。(　　)

（39）那些使用古怪和不常用词语的作家，纯粹是为了炫耀自己。(　　)

（40）许多人之所以感到苦恼，是因为他们把事情看得太认真了。(　　)

（41）即使遭到不幸、挫折和反对，我仍然能对我的工作保持原来的精神状态和热情。(　　)

（42）想入非非的人是不切实际的。(　　)

（43）我对“我不知道的事”比“我知道的事”更感兴趣。(　　)

（44）我对“这可能是什么”比“这是什么”更感兴趣。(　　)

（45）我经常为自己在无意中说话伤人而闷闷不乐。(　　)

（46）纵使没有报答，我也乐意为新颖的想法花费大量的时间。(　　)

（47）我认为“出主意很了不起”这种说法是中肯的。(　　)

（48）我不喜欢提出那种显得无知的问题。(　　)

（49）一旦任务在肩，即使受到挫折，我也要坚决完成。(　　)

（50）从下面描述人物性格的形容词中，挑选出 10 个你认为最能说明你性格的

词。(　　)

精神饱满的　有说服力的　实事求是的　虚心的　观察敏锐的
谨慎的　足智多谋的　自高自大的　有主见的　有献身精神的
有独创性的　性急的　高效的　乐于助人的　坚强的
热情的　时髦的　不屈不挠的　自信的　有远见的
机灵的　好奇的　有组织力的　铁石心肠的　思路清晰的
脾气温顺的　爱预言的　拘泥形式的　不拘礼节的　有理解力的
有朝气的　严于律己的　精干的　讲实惠的　一丝不苟的
谦逊的　严格的　感觉灵敏的　无畏的　复杂的
漫不经心的　柔顺的　老练的　有克制力　束手无策的　实干的
好交际的　善良的　创新的　泰然自若的
渴求知识的　孤独的　不满足的　易动感情的

测试题参考标准及分析

一、创新思维能力测试

将得分相加，你便会知道你是一个墨守成规、令人讨厌的人，还是一个勇于创新、积极行动的快活人。

得分24~30分：最令人讨厌。你的被动的、预知的、消极的行为使他人讨厌。你应该走出你的房子，开展些活动。被动的活动，例如看电视，使你的头脑变得迟钝。而当某些事不适合你时，不要发牢骚，以免令朋友讨厌；相反，你要做出一些有创造性的行动。人们会被做出创造性行动的人吸引。你心胸开朗，敢于尝试的话，你就不会令人讨厌，得到快乐。

得分17~23分：尚算快乐。尽管你不令人讨厌，但是，你可令自己更快乐。你应该走出你的房子，做些通常没有做的事情，例如，参观画廊、参加健美操学习班。

得分10~17：非常快乐。你是个生龙活虎的人，他人认为你值得羡慕。对于有趣的事，你不希望他人做，你要自己做。你不以消极的态度使朋友厌烦，你采取的是乐观、开朗的态度。虽然你的不可预知的特点有不利之处，但是，和你在一起不会沉闷。

二、创新人格测试

【评分标准】

记分方法：A，5分；B，4分；C，3分；D，2分；E，1分。

【测评结果分析】

(1) 总分在60分以上，说明有创新人格特征。

(2) 低于60分，说明创新人格特征不明显。

三、创新能力测试

1. 创造力测试判断题

【评分标准】

如果20道题答案都是打“√”的，则证明创造力很强；

如果有 14~19 道题答案是打"√"的，则证明创造力良好；

如果有 10~13 道题答案是打"√"的，则证明创造力一般；

如果低于 10 道题答案是打"√"的，则证明创造力较差。

2. 工作创造测试

【评分标准】

题号	1	2	3	4	5	6	7	8	9	10
是	−1	0	0	4	−1	3	2	0	0	0
不确定	0	1	1	0	0	0	1	1	1	1
否	2	4	2	−2	2	1	0	2	3	2

【测评结果分析】

如果受测试者能够得 10 分，就很棒了，说明他创造力很强；能够得 7 分以上，则说明他具有一定的创造力；如果低于 7 分，就说明他没有多少创造力了；如是低于 5 分，受测试者完全没有创造力，简直是一个木头人。

四、创造力测试【评分标准】

题号后分别为 A、B、C 的评分。

(1) 0 1 2　(2) 0 1 2　(3) 4 1 0　(4) −2 0 3　(5) 2 1 0

(6) −1 0 3　(7) 3 0 −1　(8) 0 1 2　(9) 3 0 −1　(10) 1 0 3

(11) 4 1 0　(12) 3 0 −1　(13) 2 1 0　(14) 4 0 −2　(15) −1 0 2

(16) 2 1 2　(17) 0 1 2　(18) 3 0 −1　(19) 0 1 2　(20) 0 1 2

(21) 0 1 2　(22) 3 0 −1　(23) 0 1 2　(24) −1 0 2　(25) 0 1 3

(26) −1 0 2　(27) 2 1 0　(28) 2 0 1　(29) 0 1 2　(30) −2 0 3

(31) 0 1 2　(32) 0 1 2　(33) 3 0 −1　(34) −1 0 2　(35) 0 1 2

(36) 1 2 3　(37) 2 1 0　(38) 0 1 2　(39) −1 0 2　(40) 2 1 0

(41) 3 1 0　(42) 1 0 2　(43) 2 1 0　(44) 2 1 0　(45) −1 0 2

(46) 3 2 0　(47) 0 1 2　(48) 0 1 3　(49) 3 1 0　(50)

◆下面每个形容词得 2 分

精神饱满的　观察敏锐的　不屈不挠的　柔顺的　足智多谋的

有主见的　有献身精神的　有独创性的　感觉灵敏的　无畏的

创新的　好奇的　有朝气的　热情的　严于律己的

◆下面每个形容词得 1 分

自信的　有远见的　不拘礼节的　一丝不苟的

虚心的　机灵的　坚强的

◆其余得 0 分【测评结果分析】

将分数累计起来，110~140 分，创造力非凡；85~109 分，创造力很强；56~84 分，创造力强；30~55 分，创造力一般；15~29 分，创造力弱；−21~14 分，无创造力。

附录二 创新思维训练题

（1）假设有一个池塘，里面有无穷多的水。现有 2 个空水壶，容积分别为 5 升和 6 升。问题是：如何只用这 2 个水壶从池塘里取得 3 升的水。

（2）周雯的妈妈是豫林水泥厂的化验员。一天，周雯来到化验室做作业，做完后想出去玩。“等等，妈妈还要考你一个题目。”妈妈叫住她，然后接着问，“你看这 6 只做化验用的玻璃杯，前面 3 只盛满了水，后面 3 只是空的。你能只移动 1 只玻璃杯，就把盛满水的杯子和空杯子间隔起来吗？”爱动脑筋的周雯，是学校里有名的“小机灵”，她只想了一会儿就做到了。请你想想看，“小机灵”是怎样做的？

（3）一间囚房里关押着两个犯人。监狱每天都会为这间囚房提供一罐汤，让这两个犯人自己来分。起初，这两个人经常会发生争执，因为他们总是有人认为对方的汤比自己的多。后来他们找到了一个两全其美的办法：一个人分汤，让另一个人先选。于是争端就这么解决了。可是，现在这间囚房里又加进来一个新犯人，现在是三个人来分汤。必须寻找一个新的方法来维持他们之间的和平。该怎么办呢？

（4）在一张长方形的桌面上，放了 n 个一样大小的圆形硬币。这些硬币中可能有一些不完全在桌面内，也可能有一些彼此重叠；当再多放一个硬币而它的圆心在桌面内时，新放的硬币便必定与原先某些硬币重叠。请证明整个桌面可以用 $4n$ 个硬币完全覆盖。

（5）一个球、一把长度大约是球的直径 2/3 长度的直尺，你该怎样测出球的半径？方法很多，看看谁的比较巧妙。

（6）五个大小相同的一元人民币硬币，要求两两相接触，应该怎么摆？

（7）某城市发生了一起汽车撞人逃逸事件，该城市只有两种颜色的车，蓝色 15%、绿色 85%，事发时有一个人在现场目睹了全过程。他指证是蓝车。但是据专家在现场分析，当时那种条件下能分辨正确颜色的可能性是 80%。那么，肇事的车是蓝车的概率到底是多少？

（8）1=5，2=15，3=215，4=2145，那么 5=？

（9）一个人花 8 块钱买了一只鸡，9 块钱卖掉了。然后他觉得不划算，花 10 块钱又买回来了，11 块卖钱给另外一个人。问他赚了多少？

（10）有一种体育竞赛共含 M 个项目，有运动员 A、B、C 参加，在每一项目中，第一、第二、第三名分别得 X、Y、Z 分，其中 X、Y、Z 为正整数且 $X>Y>Z$。最后 A 得 22 分，B 与 C 均得 9 分，B 在百米赛中取得第一。求 M 的值，并问在跳高中谁得第二名？

（11）一个家庭有两个小孩，其中有一个是女孩，问另一个也是女孩的概率（假定生男生女的概率一样）。

（12）为什么下水道的盖子是圆的？

（13）有 7 克、2 克砝码各一个，天平一只，如何只用这些物品三次将 140 克的盐分成 50 克、90 克各一份？

（14）陈奕迅有首歌叫《十年》，吕珊有首歌叫《365 夜》，那现在问，十年可能有多少天？

（15）烧一根不均匀的绳要用一个小时，如何用它来判断半个小时？烧一根不均匀的绳，从头烧到尾总共需要1个小时，现在有若干条材质相同的绳子，问如何用烧绳的方法来计时1个小时15分钟呢？（微软的笔试题）

（16）古时欧洲有两个相邻的国家，本来关系很好，两国的货币完全等值通用。后来，两国发生了金融纠纷，虽然货币仍可通用，但甲国却首先宣布，乙国货币在甲国使用须打9折。接着，乙国也如法炮制，宣布甲国货币在乙国使用也须打9折。这也就是说，一张100元的钞票，在甲、乙两国之间，到另一个国家去，就只能作为90元使用，即只能兑换另一个国家的90元货币。有一个富有创新智慧的聪明人发现，这是一个可加以利用的赚钱机会。没过多久，他竟从中发了一笔不小的财。请问：此人是怎么从中发财的？

（17）某地农村的一个村子里，曾经发生过这样一件事：一头小水牛，掉进了一个约两平方米的水井中，井里的水很深，距井边约有两米左右。村民们见了都很着急，为了救出小水牛，大家想了不少办法。有的说，人下去把它拉上来。可是怎么下去拉？谁也说不具体；同时也没人敢下去。有的说，用绳子套，试了一阵，根本套不住，还惹得小水牛在井里乱跳乱撞。后来，一个头脑灵活、精明能干的中年农民想出了一个办法。一试，果然灵。在村民们的一片欢呼声中，终于将小水牛毫发未损地救了上来。请问：这个农民想出了一个什么办法？

（18）公元1066年，我国宋朝英宗年间，黄河发洪水，冲垮了河中府（今山西省永济市）城外的一座浮桥，连同两岸岸边用来拴住铁桥的每个有1万多斤重的8个铁牛也被冲到了河里。洪水退去以后，为了重建浮桥，需将这8个大铁牛打捞上来。这在当时可是一件极为困难的事，河中府府衙为此事贴了招贤榜。

后来，一个叫怀炳的和尚揭了招贤榜。怀炳经过一番调查摸底和反复思考，指挥一帮船工终于将8个大铁牛全都捞上了岸。

请问：怀炳想出了什么样的办法？

（19）有三个学生到一家小旅店去住宿，他们只住一个晚上，每人交了10元钱，由服务员拿到旅店老板那里去登记。老板对服务员说："他们是学生，没什么收入，少收他们五元钱吧！"于是老板退了五张一元的钞票给服务员。服务员想，三个人分五元钱不好分，便从中取了两元钱放进自己的腰包，然后退给每个学生一元钱。事后，这位服务员感到迷惑不解：每个学生实际上只交了9元，3×9是27元，我拿了2元，加起来总共才29元，而三个学生最初交的是30元，怎么少了一元钱呢？

请问：是否真是少了一元钱？

参考答案

（1）①先把5升的灌满，倒在6升里，这时6升的壶里有5升水；②再把5升的灌满，用5升的壶把6升的灌满，这时5升的壶里剩4升水；③把6升的水倒掉，再把5升壶里剩余的水倒入6升的壶里，这时6升的壶里有4升水；④把5升壶灌满，倒入6升的壶

（2）把第二个满着的杯子里的水倒到第五个空着的杯子里。

（3）甲分三碗汤，乙选认为最多和最少的倒回壶里再平分到剩余的两个杯子里，让丁先选，其次是甲，最后是乙。

（4）假如先前 N 个中没有重叠，且边上的都超出桌子的边，且全都是紧靠着的，那么根据题意就可以有：空隙个数 $Y=3N/2+3$（自己推算）。每一个空都要一个圆来盖，桌面就一共有圆的数为：$Y+N=3N/2+3=5N/2+3\leqslant 4N$（除 $N=1$ 外），所以可以用 $4n$ 个硬币完全覆盖。

（5）用绳子围球一周后测绳长来计算半径（用纸筒套住球来测更准）；借助排水法测体积后计算半径。

（6）要两人才能做到，先在平面上摆放一枚，再在这枚硬币的正面立着放两枚（这两枚是侧面接触的），这样，这三枚硬币之间形成一个三角形空隙。剩下的两枚在空隙处交叉就行了，注意这两枚同样是平躺着，但可能需要翘起一定的角度。

（7）$15\%\times 80\%/(85\%\times 20\%+15\%\times 80\%)$

（8）因为 1=5，所以 5=1

（9）2 元

（10）$M=5$。C 得第二名因为 A、B、C 三人得分共 40 分，三名得分都为正整数且不等，所以前三名得分最少为 6 分，$40=5\times 8=4\times 10=2\times 20=1\times 20$，不难得出项目数只能是 5，即 $M=5$。A 得分为 22 分，共 5 项，所以每项第一名得分只能是 5，故 A 应得 4 个第一名、1 个第二名。$22=5\times 4+2$，第二名得 2 分，又 B 百米得第一，$9=5+1+1+1+1$，所以跳高中只有 C 得第二名，B 的 5 项共 9 分，其中百米第一 5 分，其他 4 项全是 1 分，$9=5+1+1+1+1$，即 B 除百米第一外全是第三，跳高第二必定是 C 所得。

（11）1/3（因为你知道一共有两个小孩，其中一个是女孩，而你已知的那个女孩并不知道是她第一个孩子还是第二个孩子，所以她的概率是 1/3。如果题目换成已知第一个是女孩，那么第二个是女孩的概率就是 1/2 了）。

（12）主要是因为如果是方的、长方的或椭圆的，盖子很容易掉进地下道。但圆形的盖子嘛，就可以避免这种情况了。另外，圆形的盖子可以节省材料，增大洞口面积，井盖及井座的强度增加，不易轧坏。

（13）①天平一边放 7+2=9 克砝码，另一边放 9 克盐。②天平一边放 7 克砝码和刚才得到的 9 克盐，另一边放 16 克盐。③天平一边放刚才得到的 16 克盐和再刚才得到的 9 克盐，另一边放 25 克盐。

（14）十年可能包含 2~3 个闰年，3 652 或 3 653 天。1900 年这个闰年 2 月就是 28 天，1898—1907 年这 10 年就是 3651 天，闰年如果是整百的倍数，如 1800、1900，那么这个数必须是 400 的倍数才有 29 天，比如 1900 年 2 月有 28 天，2000 年 2 月有 29 天。

（15）①一根绳子从两头烧，烧完就是半个小时。②一根要一头烧，一根从两头烧，两头烧完的时候（30 分钟），将剩下的一根另一端点着，烧尽就是 45 分钟。再从两头点燃第三根，烧尽就是 1 小时 15 分钟。

(16) 在甲国买东西卖给乙国人，收取乙国货币，到乙国，买东西，卖给甲国人，收取甲国货币。再到甲国买，卖给乙国人收取乙国货币，一直反复。

(17) 往井里填土。

(18) 大铁牛比较重，冲不走，牛底泥沙被冲走，大铁牛不断翻跟头，跑到上游去了。

(19) 不是。实际上是三个学生掏了 27 元，每人 9 元。房价 25 元，加上服务员收的 2 元，正好。

参考文献

[1] 阿茹汗. 手机上的易居中国 [J]. 新商务周刊，2013 (12)：66-69.

[2] 沃伦·贝格尔. 绝佳提问——探询改变商业与生活 [M]. 常宁，译. 杭州：浙江人民出版社，2015.

[3] 拉里·基利，瑞安·派克尔，布赖恩·奎因，等. 创新十型 [M]. 余锋，宋志慧，译. 北京：机械工业出版社，2014.

[4] 聂元昆，王建中. 创业管理：新创企业管理理论与实务 [M]，北京：高等教育出版社，2011.

[5] 沈鑫，裴庆祺，刘雪峰. 区块链技术综述 [J]. 网络与信息安全学报，2016，2 (11)：11-20.

[6] 刘志阳，李斌，任荣伟等. 创业管理 [M]. 上海：上海财经大学出版社，2016.

[7] 汤姆·凯利，戴维·凯利. 创新自信力 [M]. 赖丽薇，译. 北京：中信出版社，2014.

[8] 袁勇，王飞跃. 区块链技术发展现状与展望 [J]. 自动化学报，2016，42 (04)：481-494.

[9] 鲁百年. 创新设计思维：设计思维方法论以及实践手册 [M]. 北京：清华大学出版社，2015.

[10] 邢璐，移动互联网背景下商业模式选择研究 [J]. 现代营销·信息版，2019 (10)：199.

[11] 叶文振. 大学生创业导论 [M]. 厦门：厦门大学出版社，2015.

[12] 比尔·博内特，戴夫·伊万斯. 斯坦福大学人生设计课 [M]. 周芳芳，译. 北京：中信出版社，2017.

[13] 李时椿. 创新与创业管理：理论、实践、技能（第 5 版） [M]. 南京：南京大学出版社，2017.

[14] 杜绍基. 设计思维玩转创业 [M]. 北京：机械工业出版社，2016.

[15] 余来文，林晓伟，封智勇，范春风. 互联网思维 2.0：物联网、云计算、大数据 [M]. 北京：经济管理出版社，2017.

[16] 王可越，税琳琳，姜浩. 设计思维创新导引 [M]. 北京：清华大学出版社，2017.

[17] 佚名. 10 亿赌局. 百度百科，2020.

[18] 艾瑞咨询，2020 年中国移动互联网内容生态洞察报告. 艾瑞网，2020/6/18 18：16：59.

[19] 彼得·斯卡辛斯基，罗恩·吉布森. 从核心创新 [M]. 陈劲，译. 北京：中信出版社，2009.

[20] 蔡自兴. 中国人工智能40年 [J]. 科技导报，2016，34（15），12-32.

[21] 李东进，秦勇. 企业管理学 [M]. 北京：中国发展出版社，2016.

[22] 李时椿. 创业管理（第3版）[M]. 北京：清华大学出版社，2015.

[23] 米哈里·契克森米哈赖. 心流：最优体验心理学 [M]. 张定绮，译. 北京：中信出版社，2017.

[24] 张惠丽，汪达. 职业生涯规划与大学生素质发展 [M]. 北京：科学出版社，2009.

[25] 张玉利. 创业管理（第4版）[M]. 北京：机械工业出版社，2017.

[26] 赵军、杜伟杰. 互联网时代商业模式的“四新”特征 [J]. 信息化建设，2017（04）.

[19] 彼得·德鲁克. [illegible][M]. [illegible], 译. 北京: 中信出版社, 2009.
[20] [illegible]. 中国人工智能40年[J]. 科技导报, 2016, 34(15): 12-32.
[21] [illegible]. [illegible][M]. 北京: 中国发展出版社, 2016.
[22] 李时椿. 创业管理(第3版)[M]. 北京: 清华大学出版社, 2015.
[23] 米哈里·契克森米哈赖. 心流: 最优体验心理学[M]. [illegible], 译. 北京: 中信出版社, 2017.
[24] 张[illegible], 刘[illegible]. 职业生涯规划与创业教育[M]. 北京: 科学出版社, 2009.
[25] 张玉利. 创业管理(第4版)[M]. 北京: 机械工业出版社, 2017.
[26] 赵[illegible], 刘[illegible]. 互联网时代创业模式的[illegible][J]. [illegible], 2017(04).